高等职业教育新形态一体化教材

环境自动监测系统运营

于婉婷　侯亮　主编

黄拓　蒋利华　刘诗娇　副主编

化学工业出版社

·北京·

内容简介

《环境自动监测系统运营》教材以职业能力培养为核心,系统涵盖了地表水水质自动监测系统运行维护、环境空气自动监测系统运行维护和污染源自动监测系统运行管理三个学习情境,共包含 8 个工作项目 24 个任务。每个任务包含引导问题、知识准备、任务实施、知识测试和效果评价 5 个教学内容,形成闭环教学体系。本书采用活页式装订,配套丰富的教育资源,详细介绍了环境自动监测系统的组成架构、工作原理和操作方法、安装与验收、日常运营管理等内容,具有较强的实用性和操作性。

《环境自动监测系统运营》可作为高职高专院校、职业本科院校环境保护类相关专业的教材,也可作为环境监测领域从业人员的职业培训教材。

图书在版编目（CIP）数据

环境自动监测系统运营 / 于婉婷,侯亮主编.
北京：化学工业出版社,2025.8. —（高等职业教育新形态一体化教材）. — ISBN 978-7-122-48224-2

Ⅰ.X83

中国国家版本馆 CIP 数据核字第 2025E79669 号

责任编辑：王文峡　　　　　　文字编辑：丁海蓉
责任校对：李雨晴　　　　　　装帧设计：韩　飞

出版发行：化学工业出版社
　　　　　（北京市东城区青年湖南街 13 号　邮政编码 100011）
印　　装：中煤（北京）印务有限公司
787mm×1092mm　1/16　印张 14　字数 338 千字
2025 年 9 月北京第 1 版第 1 次印刷

购书咨询：010-64518888　　　售后服务：010-64518899
网　　址：http://www.cip.com.cn
凡购买本书,如有缺损质量问题,本社销售中心负责调换。

定　　价：48.00 元　　　　　　　　版权所有　违者必究

前言

环境监测是保护环境的基础工作，是推进生态文明建设的重要支撑。《关于加快建立现代化生态环境监测体系的实施意见》明确提出，构建"全覆盖、现代化、智能化"的生态环境监测网络，环境自动监测系统作为环境监测数智化转型的核心载体得到了越来越广泛的应用。

为响应《国家职业教育改革实施方案》关于深化产教融合的部署要求，适应新形势下环境监测人才培养的需要，编者校企联合编写了这本《环境自动监测系统运营》教材。本教材以环境自动监测系统运维规范要求为依据，以培养高素质环境自动监测系统运维技术技能型人才为目标，以环境自动监测系统运维工作过程为导向，系统介绍了环境自动监测系统的基本原理、组成结构、操作要点、运营维护等方面的知识和技能。生态文明建设正迈向"减污降碳、协同增效"的新阶段，期待本教材能为培养新时代环境监测"数智工匠"提供专业支撑。

本教材内容系统、全面。教材内容涵盖了地表水、环境空气、水污染源和固定污染源常见环境场景的自动监测技术，从系统的组成架构、各类监测仪器的工作原理和操作方法，到系统的运营管理、数据审核以及故障分析及处理等内容，构建了一个完整、系统的知识体系。教材编写过程力求图文并茂、通俗易懂，展示了大量自动监测系统的现场图片，便于理解和掌握。

本教材实践导向性突出。教材内容紧密结合环境自动监测系统运营实际工作过程，详细介绍了环境自动监测系统的现场安装调试、试运行与验收、数据采集与处理、日常运维记录填写等实际操作流程和规范。每个任务都配备了任务实施环节，引导学生运用所学知识解决实际问题。

本教材紧跟行业前沿和技术发展。环境自动监测技术日新月异，新的监测仪器、监测方法和数据分析技术不断涌现。为了使学生能够掌握最新的行业动态和前沿技术，教材在编写过程中密切关注国家标准更新和行业发展趋势，注重展示最新的自动监测技术要求和新设备新方法的应用。

本书为校企合作开发教材，由长沙环境保护职业技术学院于婉婷和力合科技（湖南）股份有限公司侯亮担任主编；力合科技（湖南）股份有限公司黄拓和长沙环境保护职业技术学院蒋利华、刘诗娇担任副主编。主编于婉婷曾获湖南省教学能力比赛一等奖，指导学生参加技能竞赛获湖南省一等奖；

主编侯亮从事环境自动监测行业20余载,曾荣获教育部国家级教学成果奖二等奖。同时感谢参与编写的力合科技(湖南)股份有限公司的文立群、陈龙龙、谭巍。本书的编写人员均有丰富的实践教学和现场实操经验。

书中不足之处恳请行业同仁不吝指正,共同推进环境监测职业教育与行业发展的协同进步。

编者
2025年3月

目 录

学习情境一 地表水水质自动监测系统运行维护   1

项目一　明确地表水水质自动监测要求   1
  任务一　熟悉地表水水质自动监测系统组成与功能   2
  任务二　地表水水质自动监测系统建设   14
项目二　地表水水质自动分析仪器操作   21
  任务一　五参数指数测定   21
  任务二　高锰酸盐指数测定   31
  任务三　氨氮指数测定   38
  任务四　总磷、总氮指数测定   46
项目三　地表水水质自动监测站运行维护   53
  任务一　质量保证与质量控制实施   53
  任务二　监测站运行维护   61

学习情境二 环境空气自动监测系统运行维护   69

项目四　明确环境空气自动监测要求   69
  任务一　熟悉环境空气自动监测系统组成与功能   70
  任务二　环境空气自动监测系统安装   76
项目五　环境空气自动分析仪操作   83
  任务一　颗粒物测定   83
  任务二　气态污染物测定   87
项目六　环境空气自动监测站运行维护   93
  任务一　质量保证与质量控制实施   93
  任务二　监测站运行维护   102

学习情境三 污染源自动监测系统运行管理   109

项目七　水污染源自动监测系统运行管理   109
  任务一　水污染源自动监测仪器工作原理   110

任务二	水污染源自动监测系统的安装与调试	122
任务三	水污染源自动监测系统的试运行与验收	134
任务四	水污染源自动监测系统数据有效性判别	143
任务五	水污染源自动监测系统运营管理	149

项目八　固定污染源自动监测系统运行维护　　159
任务一	固定污染源自动监测系统采样与分析	159
任务二	固定污染源自动监测系统安装与调试	175
任务三	固定污染源自动监测系统验收	188
任务四	CEMS 数据采集与处理	196
任务五	固定污染源自动监测系统运营管理	205

附　录　　217

附录 A	地表水自动监测站运维记录表格	217
附录 B	环境空气自动监测站运维记录表格	217
附录 C	水污染源自动监测系统验收报告格式	217
附录 D	水污染源自动监测系统比对监测验收报告格式	217
附录 E	水污染源自动监测站运维记录表格	217
附录 F	水污染源自动监测系统运行比对监测报告格式	217
附录 G	固定污染源烟气排放连续监测系统技术指标验收报告	217
附录 H	固定污染源烟气排放连续监测系统日常巡检、校准和维护原始记录表	217

二维码一览表

序号	附录序	名称	页码
1	附录 A	地表水自动监测站运维记录表格	65
2	附录 B	环境空气自动监测站运维记录表格	106
3	附录 C	水污染源自动监测系统验收报告格式	141
4	附录 D	水污染源自动监测系统比对监测验收报告格式	141
5	附录 E	水污染源自动监测站运维记录表格	156
6	附录 F	水污染源自动监测系统运行比对监测报告格式	156
7	附录 G	固定污染源烟气排放连续监测系统技术指标验收报告	192
8	附录 H	固定污染源烟气排放连续监测系统日常巡检、校准和维护原始记录表	214

学习情境一

地表水水质自动监测系统运行维护

 引言

地表水水质自动监测系统关水质的实时连续监测和远程监控，及时掌握主要流域重点断面水体的水质状况和水污染源的排污情况，进一步加强水污染防治工作、改善地表水环境质量、保障饮用水安全提供了有效措施。

传统的环境监测工作以实验室监测为主，存在监测频次低、响应慢、采样误差大、监测数据分散、不能及时反映环境变化状况等缺陷，难以满足政府和企业环境管理的有效需求。从环境监测设备行业的发展趋势和国际先进环境监测经验来看，自动监测已成为有关部门及时获得连续性监测数据的有效手段。

随着环境监测体制改革的深入进行，谋划新时代生态环境监测体系，按时完成地表水国家考核断面水质监测事权的上收是环境监测部门面临的重要课题。为确保监测数据"真、准、全"，加大环境监测信息公开力度，根据生态环境部的战略决策，今后的地表水环境质量监测将采用以自动监测为主、手工监测为辅的技术体系。《"十三五"国家科技创新规划》进一步明确"提高生态环境监测立体化、自动化、智能化水平，推进陆海统筹、天地一体、上下协同、信息共享的生态环境监测网络建设"。自动监测行业发展的重要性充分凸显出来。

项目一　明确地表水水质自动监测要求

 项目描述

地表水水质自动监测系统是国家重点流域和湖库水体、重大水利工程项目、国控重点企业排污项目的水质监测大数据的主要来源。本项目主要讲解地表水水质自动监测系统的组成和功能，以及自动监测系统的建设要求。本项目内容是自动监测系统的学习基础，掌握系统的组成、功能和建设这些基本知识，是对后续内容学习的有效铺垫。

学习情境一　地表水水质自动监测系统运行维护

 学习目标

知识目标	技能目标	素质目标
1. 掌握地表水水质自动监测系统的功能； 2. 掌握地表水水质自动监测系统的单元结构及功能； 3. 掌握地表水水质自动监测站建站原则和要求	1. 能准确说出地表水水质自动监测系统的基本组成； 2. 能选择合理的采水方式； 3. 能选择合理的站址和站房类型	1. 培养务实求真的职业精神； 2. 培养持之以恒的责任意识； 3. 培养综合分析和判断能力

任务一
熟悉地表水水质自动监测系统组成与功能

笔记

 引导问题

1. 在前置课程中学过手工监测方法，国家大力推动自动监测行业的发展，你能说出手工监测与自动监测有哪些优势和劣势吗？

2. 手工采集水样需要到布点位置用采水器在指定深度采水，采集的水样须带回实验室进行分析。那自动监测系统是怎么在无人看管的情况下实现自动采集水样并进入分析仪器的呢？用了哪些设备完成采水工作呢？不同地理条件是不是有不同的采水方法？

 知识准备

一、水质自动监测发展历史

水质自动监测起初主要用于水环境的自动监测。美国于1959年在俄亥俄河开始水质自动监测。1960年，美国纽约州开始建立针对州内河流湖泊的大面积水体联合监测系统。至1975年，美国在各州共有13000个水质自动监测站，构成了一个相对系统的水质自动监测网。目前，除美国外，英国、德国、日本等国在水环境的自动监测方面已有相当规模的应用。

我国的水质自动监测起步于20世纪80年代。1988年天津作为试点设立了第一个水质连续自动监测系统。1995年以后，作为试点，上海、北京等地也先后建立了水质连续自动监测站。1998年以来，生态环境部门先后在松花江、辽河、海河、黄河、淮河、长江、珠江、太湖、巢湖、滇池等10个重点流域建成了100个国家地表水水质自动监测站，各地方根据环境管理需要，也陆续建立了400多个地方级地表水水质自动监测站，实现了水质自动监测周报。在城市供水水质监测体系方面，截至2009年，全国重点城市共监测了397个集中式供水水源地，其中地表水水源地244个，地下水水源地153个。目前，住房和城乡建设部（以下简称住建部）已建成了国家和地方两级的城市供水水质监测网，其中，国家网由住建部城市供水水质监测中心（国家水质中心）和

36个重点城市的供水水质监测站组成，基本实现了水质监测信息的汇总管理。

2006年后，我国水质自动监测系统迅猛发展，初步形成了市、省、国家三级网络。现在我国水质自动监测系统共建成471个市的约1000个降水监测点位，978条河流和112座湖泊（水库）的1940个地表水水质评价、考核、排名断面，338个地级及以上城市的906个集中式饮用水水源监测断面，能实现水质实时监测。并按《地表水环境质量标准》（GB 3838—2002）进行水质分类。

二、水质自动监测发展意义

实施水质自动监测，可实现水质的实时连续监测和远程监控，达到及时掌握主要流域重点断面的水质状况、预警预报重大或流域性水质污染事故、解决跨行政区域的水污染事故纠纷、监督总量控制制度落实情况和排放达标情况等目的。及时、准确、有效是水质自动监测的技术特点，近年来，水质自动监测技术在许多国家地表水监测中得到了广泛的应用，我国的水质自动监测站（以下简称水站）的建设也取得了较大的进展，生态环境部已在我国重要河流的干支流、重要支流汇入口及河流入海口、重要湖库湖体及环湖河流、国界河流及出入境河流、重大水利工程项目等断面上建设了大量水质自动监测站，监控包括七大水系在内的63条河流、13座湖库的水质状况。

三、地表水水质自动监测系统功能

地表水水质自动监测系统是一套以自动分析仪器为核心，运用现代传感器技术、自动测量技术、自动控制技术、计算机应用技术以及相关的专用分析软件和通信网络所组成的一个综合性的自动监测体系（图1-1为地表水水质自动监测站房）。

图1-1 地表水水质自动监测站房

系统可实现如下功能：

① 监测数据的自动获取、上传平台与统计处理，如针对日、周、月、季、年统计相应测量周期的平均数、极值等，并报出相应统计报告及图表。

② 收集监测数据、系统运行资料及环境资料并长期存储在指定位置以备检索。

③ 系统具有监测项目超标及子站状态信号显示、报警功能，如正常运行、停电保护、来电自动恢复、远程故障诊断等功能，便于例行维修和应急故障处理。

四、地表水水质自动监测系统组成

地表水水质自动监测系统（图1-2）主要由采水单元、预处理与配水单元、控制单元（数据采集与传输单元）和辅助单元等组成。

（一）采水单元

1. 组成与功能

采水单元的功能是从监测水体采集仪器测试所需的水样。根据《地表水和污水监测技术规范》（HJ/T 91—2002），采水单元应采到被测断面有代表性的水样，并保证水样

学习情境一 地表水水质自动监测系统运行维护

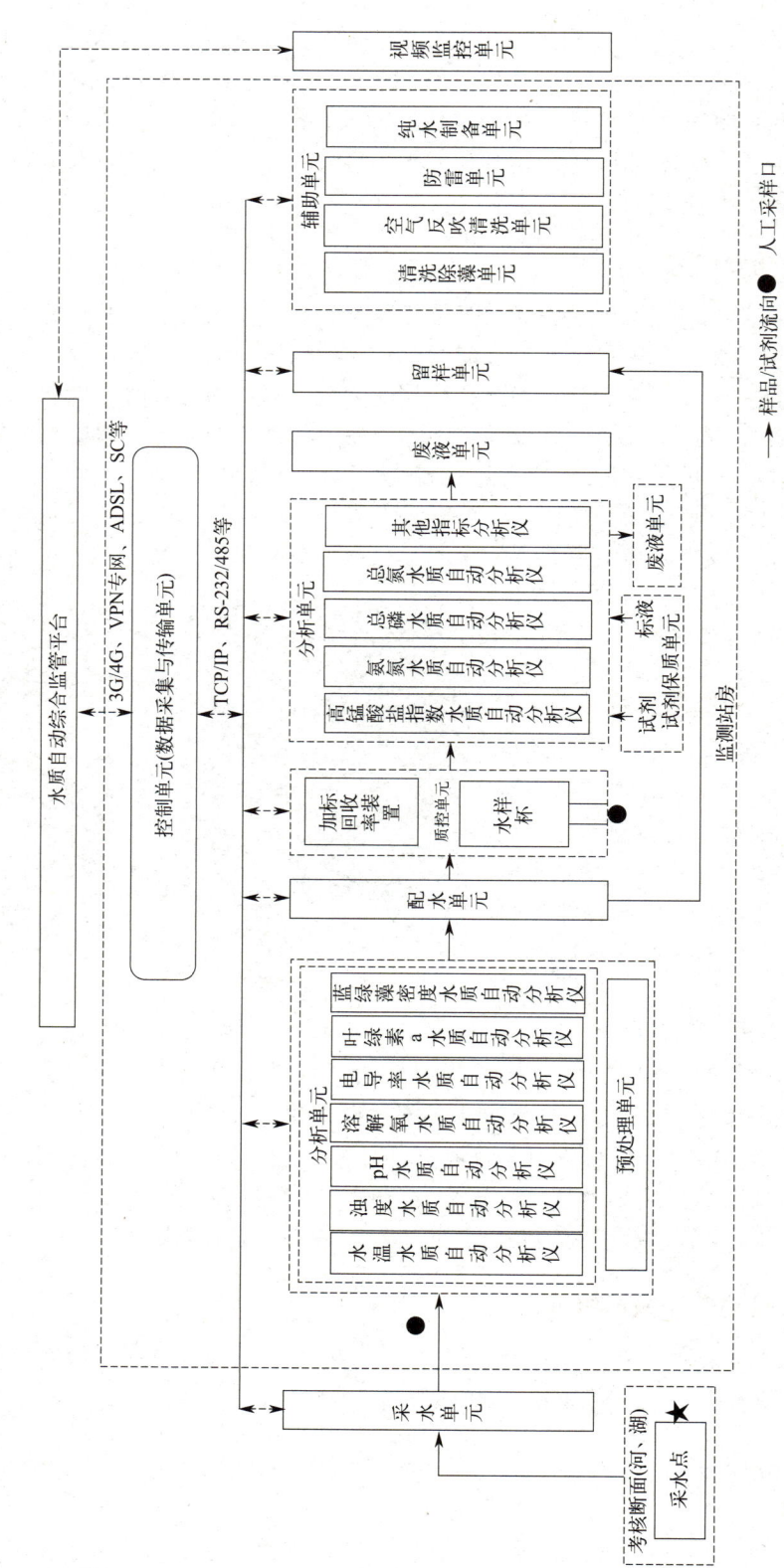

图 1-2 地表水水质自动监测系统组成

在传输的管路中不发生物理、化学性质的变化。

采水单元在结构上主要包括采水装置、采水泵（自吸泵或潜水泵）、采水管路、防堵塞装置和保温配套装置等。采水装置取水口在不影响航道运行的前提下，应尽量靠近河道中泓线；取水口能够随水位变化调整，固定取水深度，同时与水体底部保持足够的距离，防止底质、淤泥对水样监测结果造成影响。采水点位水深大于1m时，采水装置取水口应设置在水面下0.5m处；采水点位水深在0.5～1m时，采水装置取水口应设置在1/2水深处；采水点位水深不足0.5m时，采水装置取水口宜设置在1/2水深处，且采水装置取水口应进行比对监测，比对不合格时应调整采水点位位置。采水单元应按照"一用一备"原则配置双泵和双管路，并且能够自动或手动切换。

采水管路应采用耐用、耐热、耐压的环保材质，具有良好的化学稳定性，不与水样中监测项目发生物理作用或化学反应。管路公称直径不小于25mm（DN 25），敷设时应确保采水管路平滑并具有一定坡度。地上管路通过外层敷设伴热带或保温棉实现保温和防冻功能；地下管路应敷设于当地冻土层以下，或采用深埋和排空方式实现管路防冻，经过水面冰冻层的管路应安装电加热装置；保温结构应具有足够的机械强度以防止损坏，结构简单，易于维修，且具备良好的防水性能等特点。采水管路回排水口应设置在采水点位下游，与采水点位间的距离应不小于20m，回排水总管公称直径不小于150mm（DN 150）。采水管道应具有防意外堵塞和方便泥沙沉积后清洗的功能，管路应易于拆卸和清洗。采水管道应有除藻和反清洗设备，可以通入清洗水进行自动反冲洗。

笔记

水泵一般根据采水方式的需要和水泵的吸程、扬程等参数进行选择，选用的材质应适应水体环境，具备防腐、防漏等性能。潜水泵或自吸泵的取水头前端应安装过滤装置，防止水样中的砂石和浮游类生物进入采水管道。

另外，采水设施还应设置防护标识和警报装置，以减少意外损坏或失窃的发生。

根据取水口工况的不同，如取水点位地形、河床宽度、水位变化幅度、水流速等因素，通常会设计不同的采水方式。比较常见的采水方式有以下几种。

(1) 栈桥式采水

栈桥式采水装置一般由栈桥浮筒、采水管路、升降机、水泵等组成。采水装置在河道上的布设位置既不能影响航道又要保障采水正常。栈桥一般为钢结构或混凝土结构，栈桥基础建设需牢固可靠。栈桥式采水参考示意图见图1-3，具体要求如下：

① 护栏高度不低于1.2m，栈桥宽度不小于1m，桥面采用防滑钢板或做防滑处理；

② 栈桥在堤岸的一端若距地面较高，应设计台阶，并加装扶手与护栏连接，方便工作人员上下；

③ 护栏临堤岸一端安装向护栏内方向开启的活动门，并加锁防止外人擅自进入；

④ 栈桥前端加装警示灯，在栈桥醒目位置设置安全警示标识。

(2) 浮筒式采水

浮筒式采水装置一般由浮筒、采水管路、船锚、钢索和水泵等组成。浮筒上方安装警示标识，采水装置在河道上的布设位置既不能影响航道又要保障采水正常。浮筒式采水参考示意图见图1-4，具体要求如下：

① 保证在汛期和枯水期能正常工作而不会损坏；

② 设有必要的保温、防冻、防腐、防淤、防撞及防盗措施，并对采水装置采取必

要的固定措施。

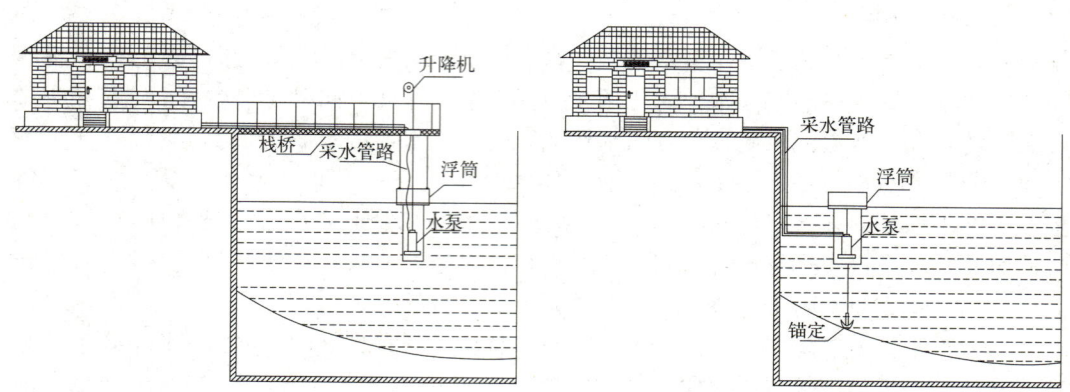

图 1-3　栈桥式采水参考示意图　　　图 1-4　浮筒式采水参考示意图

（3）悬臂式采水

悬臂式采水装置一般由浮筒、采水导杆、采水管路、固定桩、钢索和水泵等组成。采水浮筒和采水导杆通过钢索连接，保证采水装置不会因水流速较快而被冲走。悬臂式采水参考示意图见图 1-5，具体要求如下：

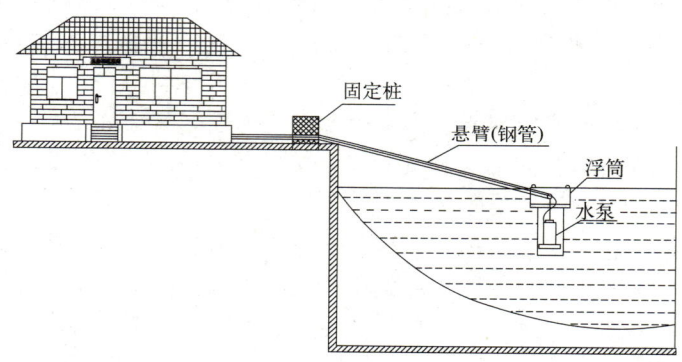

图 1-5　悬臂式采水参考示意图

① 采水导杆采用镀锌钢管，一端采用万向连接器连接河岸浇筑混凝土桩，保证悬臂能随水位变化而转动，必要时左右采用钢索牵引，另一端连接浮筒；

② 潜水泵在浮筒下随水位上下浮动；

③ 浮筒上方安装警示标识，采水装置在河道上的布设位置既不能影响航道又要保障采水正常。

（4）浮桥式采水

浮桥式采水装置一般由基础柱、钢索、浮桥、采水浮筒、采水管路和采水泵等组成。采水浮桥由高分子量、高密度材料制作的水上浮筒拼接而成。浮桥式采水参考示意图见图 1-6，具体要求如下：

① 浮桥随水位变化上下浮动，采水浮桥应安装警示标志；

② 浮桥采水装置在河道上的布设位置既不能影响航道又要保障采水正常。

（5）拉索式采水

该采水方式可用于采水点所在地河岸陡峭、水流较急的无通航断面。拉索式采水装

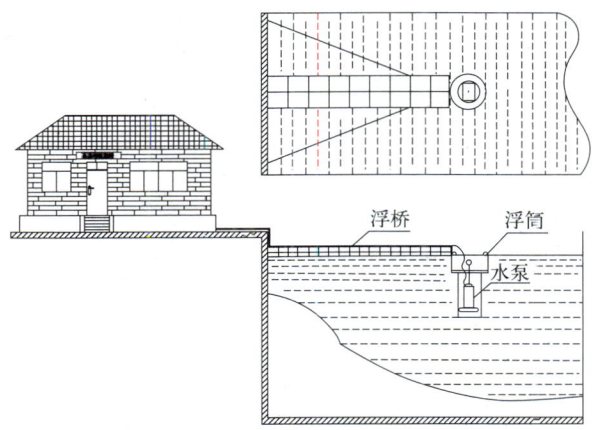

图1-6 浮桥式采水参考示意图

置一般由基础立柱、钢索、滑轮、驱动电机、浮筒管路和采水泵等组成。拉索式采水参考示意图见图1-7，具体要求如下：

① 河流两岸浇筑基础立柱，在两个立柱之间架设钢索，安装滑轮导索；
② 滑轮导索一端连接驱动电机，另一端连接浮筒，浮筒可随水位变化浮动；
③ 浮筒通过驱动电机沿着钢索在采水断面上移动，可以在整个断面上任意采水点采样。

笔记

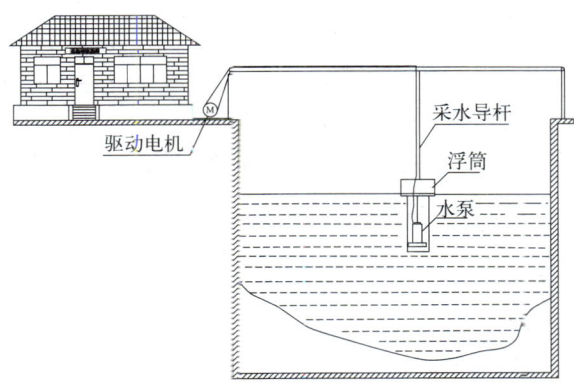

图1-7 拉索式采水参考示意图

2. 维护内容

采水单元的日常维护通常有检查、清洁和更换几种方式，其维护周期可根据水质情况和监测频次调整。表1-1为采水单元维护周期、维护方式及维护内容。

表1-1 采水单元维护周期、维护方式及维护内容

维护周期	维护方式	维护内容
每月	检查	检查取水口，采水设备和输水管线是否有漏水和堵塞现象，防止折叠和堵塞，防止人为的偷盗和破坏； 检查自吸泵储水罐中是否有水； 根据管路压力判断水泵运行情况
	清洁	清理潜水泵或取水头周边杂物，刷洗滤网，防止堵塞，必要的时候对水泵泵体进行清洗； 清洗维护采水管路，防止漏水和堵塞

续表

维护周期	维护方式	维护内容
每季度	检查	检查水泵线缆连接情况； 检查水泵泵体的清洁情况、内部风叶运转及水量情况； 检查取水管路，特别是潜入水中的管道部分，防止折叠、堵塞
每半年	检查	半年巡检，开展全面的检查保养和隐患排除
每年	更换	对源水泵进行维护保养，视水泵工作情况更换水泵
必要时	更换	必要时更换管路接头、电路的空气开关和稳压器

3. 故障处理

① 采水泵压力不够或上不了水：检查采水管路是否有漏水或接头是否脱落，及时更换管路，加固接头；检查采水泵是否能正常工作，发现故障及时更换。

② 采集的水样泥沙太多或水泵搁浅：该类情况通常发生在旱季水位下降较多，水泵采用岸边固定方式的情况下，检查采水泵是否被泥沙掩埋或搁浅，及时将水泵放入水中。

③ 采水泵无法启动：检查采水泵电源是否打开，电源线是否有损坏漏电，管路是否折叠或拉断，在确保安全的情况下用万用表检测泵接头处电压是否正常，电源线和采水泵出现问题建议直接更换。

（二）预处理与配水单元

1. 组成与功能

预处理与配水单元是为了保证分析仪器的监测需要，对采集的水样进行预处理（超声波匀化、过滤等），然后根据各分析仪器需要的压力和流量，将水样输送到各仪器后面的水样杯，并提供管路反吹洗、加标制样等功能。

预处理与配水单元主要由进样排样管路、五参数水箱、超声波清洗机、水样杯、质控模块及反吹洗系统组成。集成管路图见图1-8。

预处理与配水单元的工作流程为：

① 系统到达测试周期，排空五参数水箱、超声波清洗机和各水样杯中留存的水样。

② 开启源水泵，将水样抽入五参数水箱。

③ 五参数水箱水位到达液位开关处，开启配样泵和相关球阀，将水样送入超声波清洗机。

④ 超声波清洗机中水位到达液位开关处，开启超声波，对水样进行匀化、过滤后，送入水样杯中。

⑤ 水样杯中的液位开关检测到水位后停止取水，控制单元发送测试命令给各分析仪器。

⑥ 启动反吹洗功能，用清水和压缩空气对采样管路进行反吹洗。

⑦ 如果到达设定的加标回收测试周期，分析仪器测试完成后，控制单元给质控模块发送命令，开始自动配制加标回收所需的水样，配制完成后再启动分析仪测试。

对水样的预处理，既要保证能够除去水中较大的颗粒杂质和泥沙，又要保证进入分析仪器的水样中被测成分不变。超声波匀化、过滤是常见的预处理方法之一，利用超声波的空化效应，可以碎化水样中的悬浮物，再经过过滤，使水样在高效率处理的同时，既保持被测成分不变，又不会堵塞仪器管路。

任务一 熟悉地表水水质自动监测系统组成与功能

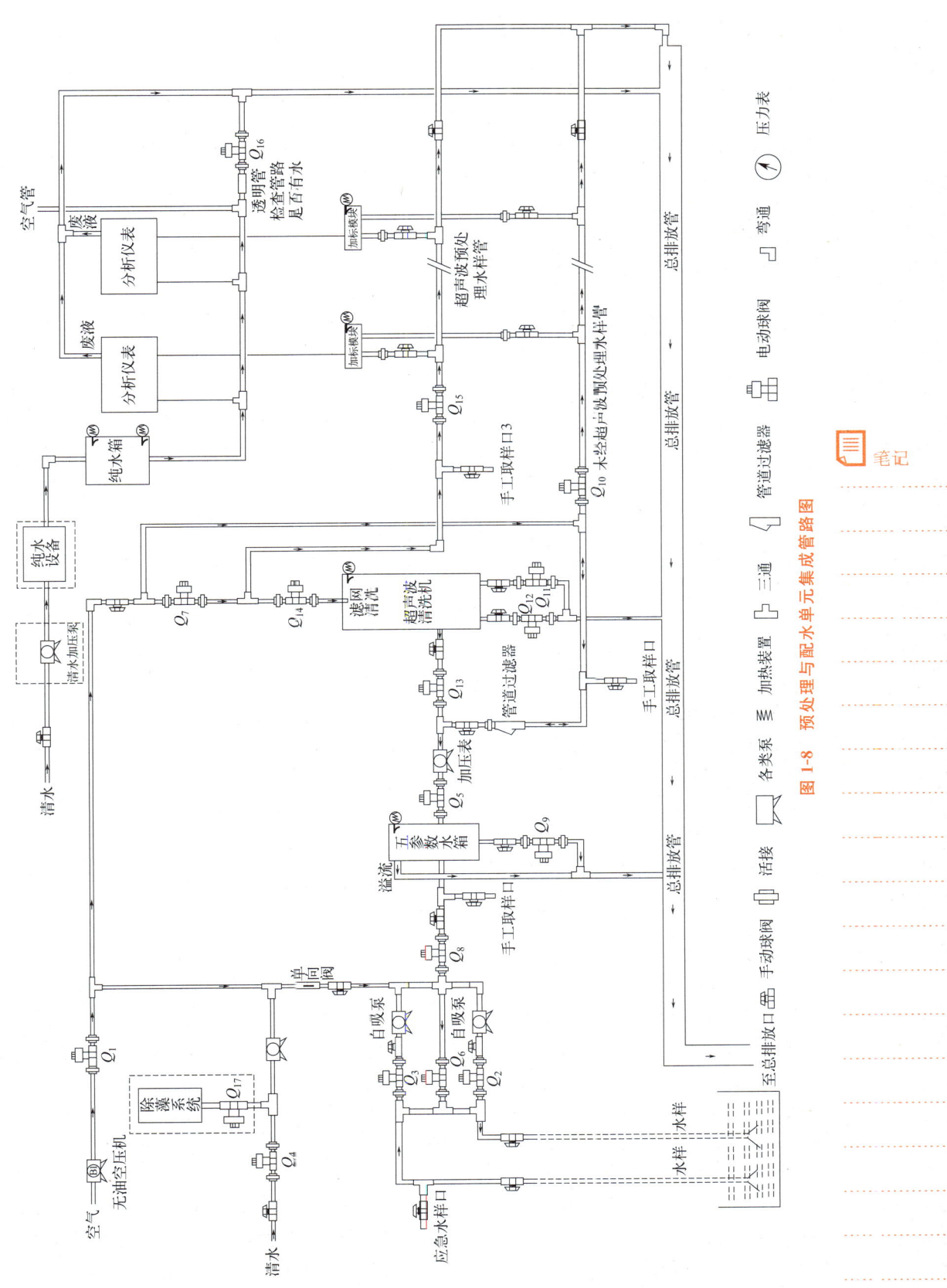

图1-8 预处理与配水单元集成管路图

自动加标回收为力合水站集成系统的特色功能，通过质控模块的控制，模拟手工加标回收制样的过程，使标准样品精准地加入水样杯中，与系统的自动标样核查功能一起组成了更完善的质控体系。

配水单元还包括自来水反冲洗、空压机反吹洗和杀菌除藻装置（选配），用于清洗采样和预处理管路，采用水气混合冲洗和臭氧清洗的方式，定期自动清洗，可以确保系统管路内部不被堵塞、污染，不受藻类影响。

2. 维护内容

预处理与配水单元的维护方式通常为检查、清洁和更换，维护周期可根据现场的监测频次和水质情况适当调整。表1-2为预处理与配水单元维护周期、维护方式及维护内容。

表1-2 预处理与配水单元维护周期、维护方式及维护内容

维护周期	维护方式	维护内容
每周	清洁	刷洗五参数水箱并手动排干水箱； 查看水样杯清洁程度，必要的时候对水样杯进行刷洗
每月	检查	检查管路是否通畅，水压是否正常，有无漏水情况； 检查空压机工作状况，给空压机放水； 通过PLC（可编程逻辑控制器）单点控制，检查各球阀和增压泵是否能正常开和关
	更换	定期更换各仪器质控模块内的加标回收标准液
每季度	检查	检查水样杯下端软管是否老化，根据需要进行清洗和更换； 检查管路滤芯、超声波滤芯是否堵塞，根据需要进行清洗和更换； 检查除藻装置中的除藻剂有效性和使用量，及时进行更换和补充
每半年	检查	开展全面的检查保养和隐患排除
每年	更换	维护维修或更换各类泵、电磁阀、球阀和过滤装置等

3. 故障处理

① 配水管路出现滴漏和气泡现象：检查各接头、沉淀池、过滤器和水杯连接处是否有松脱，必要时重新连接。

② 气泵和清水增压泵若出现故障建议请厂家人员维修或直接更换新设备。

③ 沉淀池和水杯水量出现异常：检查配水管路中各球阀是否能正常工作，定期清洗球阀，必要时进行更换。

（三）控制单元（数据采集与传输单元）

1. 组成与功能

控制单元由基站控制软件、工业控制计算机、PLC控制器和通信网络组成。控制单元要能够实现水质自动监测仪器的校准、低浓度和高浓度标样核查、加标回收率测试等控制功能。而且应具有水质自动监测仪器过程日志、仪器关键参数、环境参数记录和上传功能；当仪器发生异常时，具有异常信息（包括采水故障、部件故障、超标报警、缺试剂报警等）记录、上传功能；异常停机恢复后具有自动排空、自动清洗管路并自动复位到待机状态的功能；可设置水质自动采样器自动留样条件，水质自动采样器留样后自动密封。

图1-9为控制单元原理图。工业控制计算机是基站控制软件的载体，提供各种通信接口，与各设备连接，采用主流配置，确保操作系统和基站控制软件的流畅稳定运行。基站控制软件是整个控制系统的核心，可以直观地显示各种设备的工作状态和监测结

果，给仪器发送各种指令，对监测结果进行运算和存储，并将数据上传到指定的环保平台。PLC 控制器主要负责按流程控制采水单元、配水单元、辅助单元的工作。通信网络一般采用光纤宽带和 4G 无线传输的方式，用于与环保平台的通信。

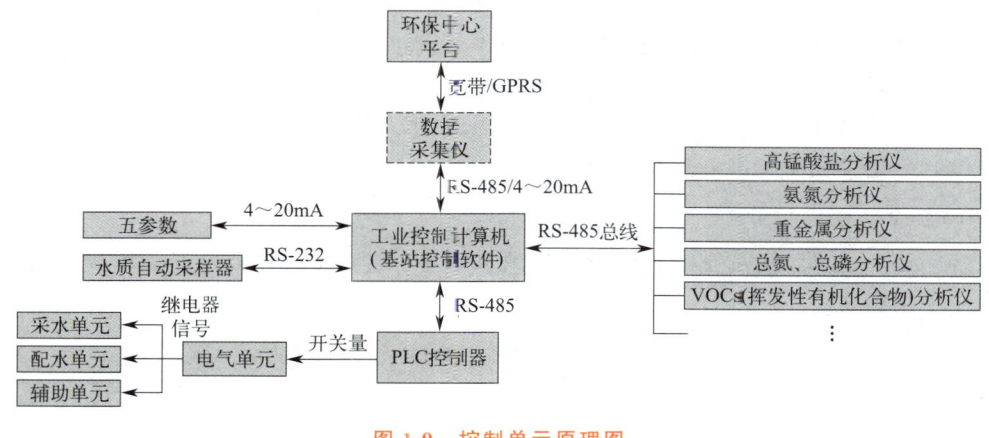

图 1-9　控制单元原理图

2. 维护内容

控制单元的维护方式通常为检查、清洁和更换。表 1-3 为控制单元维护周期、维护方式及维护内容。

表 1-3　控制单元维护周期、维护方式及维护内容

维护周期	维护方式	维护内容
每天	检查	通过环保平台远程查询监测数据和状态，发现异常时去现场处理
每周	检查	检查工控机基站控制软件和中间件软件，以及数据采集仪的工作状态
每月	检查	进行计算机杀毒、清理系统垃圾； 对数据库进行备份操作，降低数据损坏丢失的风险； 对网络进行检查维护，给无线网络充值，保障数据传输的稳定性； 检查各设备信号传输是否正常，接头有无松动； 通过 PLC 单点控制，检查水泵和各电磁阀等部件是否正常工作
每季度	检查	检查数据记录的完整性
每半年	检查	开展全面的检查保养和隐患排除
每年	更换	维护维修或更换继电器和传感器等

3. 故障处理

① 工控机反应慢：检查工控机是否感染了病毒，及时杀毒和清除系统垃圾。

② 工控机无法存储数据：检查内存和硬盘空间是否已满，及时备份数据库。

③ 工控机上取得的数据和仪器显示数据不一致：检查工控机软件是否死机，检查工控机上的软件设置是否正确。

④ 网络连接失败：检查光纤猫、路由器、交换机、网线连接是否正常，无线通信网络需查询是否欠费。

（四）辅助单元

1. 组成与功能

辅助单元是确保系统和仪器稳定运行的相关设施，主要包括电力保障、试剂存储、

纯水制备、废液处理等部分。

电源电压的稳定性关系到分析仪器和控制单元工作的稳定性和工作寿命，突发断电容易导致仪器或操作系统损坏，因此水站一般配备15kW的稳压电源和UPS电源。试剂的保质关系到各分析仪器能否长时间准确测试，常用的试剂保质方法就是低温存储，因此各仪器均配备了电子制冷箱。分析仪器的测试和清洗过程需要大量纯水，纯水机自动供水的方式减轻了运维人员的工作量，也避免了疏忽导致的仪器报故障。废液处理单元对仪器测试过程中产生的废液进行收集，经过pH调节、中和沉降、活性炭吸附和选择性过滤，达到安全标准后进行排放。

2. 维护内容

辅助单元的维护方式通常为检查、清洁和更换。表1-4为辅助单元维护周期、维护方式及维护内容。

表1-4　辅助单元维护周期、维护方式及维护内容

维护周期	维护方式	维护内容
每月	检查	检查试剂冰箱的温控是否正常,有无结冰,清理内部积水; 检查废液处理单元接头有无松动、老化现象,有无试剂残留或喷溅痕迹,及时更换相关部件; 检查废液处理单元碱液桶液位,及时补充5mol/L氢氧化钠溶液
每季度	检查	检查废液处理单元滤芯使用次数,达到上限时需更换整套滤芯
	清洁	清洗纯水机水箱
每半年	检查	半年巡检,开展全面的检查保养和隐患排除
每年	检查	检查维护稳压电源和UPS电源,检查UPS电池储电情况,如有必要,请更换电池
	更换	废液处理单元隔膜泵泵膜磨损、老化时,及时更换; 更换纯水机滤芯

3. 故障处理

① 稳压电源或UPS电源无电压输出：联系厂家维修，可暂时直接接市电工作。

② 废液处理效果不佳：须检查滤芯是否达到使用次数上限，及时更换。

③ 废液到达液位处而未启动废液处理：须检查液位传感器电路，若传感器损坏需及时更换。

④ 纯水机不制水或一直制水：须检查液位开关是否正常。出水水质较差时，需更换超纯化柱或滤芯。

任务实施

在地表水水质自动监测站的建设过程中，采水单元建设是重要的一部分，建设者需因地制宜采取不同的采水方式，保证采到的水样具有稳定性、代表性等。列举4种采水方式并分析其使用的环境。

知识测试

1. 采样装置的取水口应设在水下（　　）m范围内，并能够随水位变化适时调整位置，同时与水体底部保持足够的距离，防止底质淤泥对采样水质的影响。

2. 采水管道应有（　　）和（　　）设备，可以通入清洗水进行自动反冲洗。

任务一 熟悉地表水水质自动监测系统组成与功能

3. 运行维护主要是定期对水站站房及配套设施进行巡检检查，巡检检查频次不得低于每（　　）一次。

4. 地表水水质自动监测系统主要由（　　）单元、（　　）单元、控制单元（数据采集与传输单元）和辅助单元等组成。

5. 为保证水站的稳定运行，一般配备（　　）电源和（　　）电源。

 ## 效果评价

评价表

项目名称	项目一　明确地表水水质自动监测要求		学生姓名	
任务名称	任务一　熟悉地表水水质自动监测系统组成与功能		分数	
考核内容			分值	考核得分
说出手工监测与自动监测的优缺点			30 分	
说出地表水水质自动监测系统的组成			30 分	
说出采水单元的主要组成及维护要点			20 分	
说出预处理与配水单元主要功能及维护方法			20 分	
总本得分				
教师评语：				

 笔记

任务二
地表水水质自动监测系统建设

 引导问题

1. 在前置课程中学过地表水手工监测点位布设方法，而自动监测站点需要在地面上建设站房，内部放置地表水水质自动监测系统，是不是什么地方都可以建站呢？对建站的地点有什么要求呢？

2. 站房是不是一个简单的房子呢？对站房建设有什么具体要求吗？站房要具备哪些功能要求呢？

 知识准备

一、站房建设

（一）站址选择基本原则

站址选择必须遵循下列基本原则。

① 基本条件的可行性：具备土地、交通、通信、电力、清洁水及地质等良好的基础条件。

② 水质的代表性：根据监测的目的和断面的功能，水质具有较好的代表性。

③ 站点的长期性：不受城市、农村、水利等建设的影响，站点具有比较稳定的水位和河流宽度，能够保证系统长期运行。

④ 系统的安全性：水站周围环境条件安全、可靠。

⑤ 运行维护的经济性：便于日常运行维护和管理。

另外，河流监测断面一般选择在水质分布均匀、流速稳定的平直河段，距上游入河口或排污口的距离大于1km，原则上与原有的常规监测断面一致或者相近，以保证监测数据的连续性。湖库断面的水力交换情况要较好，所在位置能全面反映被监测区域湖库水质真实状况，避免设置在回水区、死水区以及容易造成淤积和水草生长处。

（二）建站基础条件

为确保系统长期稳定运行，选择的建站位置必须满足以下基础条件：

① 交通方便，到达水站的时间一般不超过4h。

② 站房周边应具备稳定的供电条件，供电电源宜使用380V交流电、三相四线制、频率50Hz，受条件限制可采用220V交流电；电源总功率应大于站房所有用电设备额定功率的1.5倍。

③ 具有自来水或可建自备井水源，水质符合生活用水要求。
④ 通信条件良好，且通信线路或无线网络质量符合数据传输要求。
⑤ 采水点距站房距离一般不超过 300m，枯水期不超过 350m，且有利于敷设管线及保温设施。
⑥ 站房的总排水必须排入水站采水点的下游，排水点与采水点间的距离应不小于 20m。
⑦ 最低水面与站房的高度差不超过采水泵的最大扬程。
⑧ 断面常年有水，河道摆幅应小于 30m，采水点水深不小于 1m，保证能采集到水样；采水点最大流速一般应低于 3m/s，有利于采水设施的建设和运行维护，保证安全。

（三）站房建设类型及选择

站房建设根据站点的现场环境、建设周期、监测仪器设备安装条件等实际情况，采用标准型站房、简易型站房、小型站房、浮体型站房等方式进行系统建设。站房内部具备仪器室（区）、质控室（区）等功能分区，预留监测项目扩展空间，必要时可设置值班室等其他用房。标准型站房中仪器室使用面积不宜小于 60m²，质控室使用面积不宜小于 15m²，值班室使用面积不宜小于 15m²，其他用房可根据实际需要安排；简易型站房应设置仪器区和质控区，使用面积不宜小于 20m²，其中宽度不宜低于 2.4m，长度不宜低于 5m。标准型站房和简易型站房的净空高度不应低于 2.4m。仪器室内应在适当位置设置地漏，且应与站房排水系统相连。

1. 站房类型

（1）标准型站房

国家地表水水质自动监测站站房建设，原则上优先采用标准型站房设计（图 1-10），以保证国家地表水自动监测站的长久运行。

标准型站房的建设包括用于承载系统仪器设备的主体建筑物及外部保障条件。站房内部具备独立或分区域的仪器室、质控室等完备功能区。站房结构应为混凝土框架结构。站房地面标高（±0.00）应根据当地水位变化情况而定，能够抵御 100 年一遇的洪水，站房抗风等级原则上应满足 12 级台风要求，可根据当地气象条件适当调整。

(a)   (b)

图 1-10 标准型站房

（2）简易型站房

简易型站房（图 1-11）内部仅具备独立或合并建设的仪器工作区和质控区。站房主体建筑物可采用混砖结构或钢架结构，钢架结构应符合《门式刚架轻型房屋钢结构技术规范》（GB 51022—2015）的要求，可抗七级以下地震。站房内部进行隔热保温处理，钢架结构站房夹层应采用保温防火材质，地板应具有防滑设计。站房内应配置不小于1m长的工作台。

(a)

(b)

图 1-11　简易型站房

（3）小型站房

小型站房（图 1-12）将预处理与配水、控制、分析、数据采集和传输等设备直接集成于一个控制柜或金属箱体中，直接安装于现场，无须另外建设站房，一般为箱柜式结构，不具备独立的质控区域和设施，具有用地面积更小、安装方便等特点。站房由外箱体、内部金工件及附件装配组成，机柜承重不低于600kg，具有密闭性能和防水防冲击性能，整体防护等级达到 IP 54 以上。站房外表面应进行耐腐蚀处理，内部进行隔热保温处理，保温夹层应采用防火不燃材质。

（4）浮体型站房

浮体型站房将预处理与配水、控制、分析、数据采集和传输等设备直接安装在浮体内，无须另外建设站房，配有太阳能等供电设备的站房，不具备独立的质控区域和设施。图 1-13 是典型的浮体型站房——浮船站，船体采用双层玻璃钢结构，各层填充隔热发泡材料，具有较强的保温和防晒功能，配合温控散热风扇，保证船舱内环境温度低于45℃。水质预处理采用在取水管前端安装过滤网筒的方式过滤预处理水样。试剂采用水下低温保存方式，延长试剂保质期。

图 1-12　小型站房

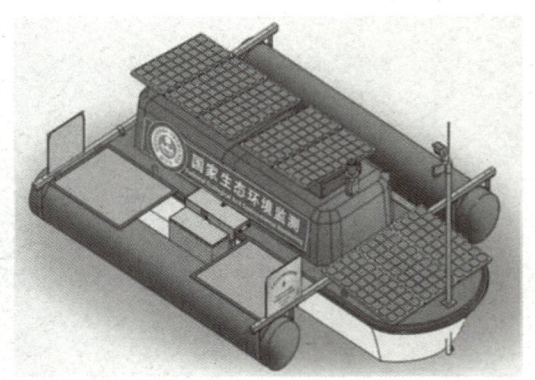
图 1-13　浮船站

2. 站房选择原则

① 优先选择标准型站房，站房站址能满足站房建设面积要求的，优先采用单层站

房结构；

② 站房站址存在洪涝隐患的情况下，优先采用双层站房结构，仪器室宜布置在二楼；

③ 站房站址受建设条件影响时，如地基不稳固、受当地规范限制、河道影响等，采用简易型站房；

④ 站房站址受建设条件制约，如景区、城区、管制区具体面积等制约，可采用小型站房；

⑤ 站房站址根据建设要求须选定在河、湖（库）中且水深在 10m 以内的，采用水上固定平台站；

⑥ 在湖（库）中进行站房建设无法满足供电要求时，可采用浮船站；

⑦ 国界监测断面站房必须为标准型站房；

⑧ 站房外观和风格应统一，且具有生态环境部门统一标志。

二、监测项目

根据监测目的、水质特点确定监测项目，分为必测项目和选测项目，见表 1-5。对于选测项目，应根据水体特征污染因子、仪器设备适用性、监测结果可比性以及水体功能进行确定。仪器不成熟或其性能指标不能满足当地水质条件的项目不应作为自动监测项目。

表 1-5 地表水水质自动监测站必测项目与选测项目

水体	必测项目	选测项目
河流	常规五参数、高锰酸盐指数、氨氮、总磷、总氮	挥发酚、挥发性有机物、油类、重金属、粪大肠菌群、流量、流速、流向、水位等
湖、库	常规五参数、高锰酸盐指数、氨氮、总磷、总氮、叶绿素 a	挥发酚、挥发性有机物、油类、重金属、粪大肠菌群、藻类密度、水位等

三、仪器性能指标

地表水水质自动监测系统各仪器性能指标应符合或优于表 1-6 要求，仪器性能核查按照表 1-6 要求执行。

表 1-6 地表水水质自动监测系统仪器性能指标技术要求

仪器名称	性能指标		技术要求	
常规五参数自动监测仪	水温	正确度	±0.5℃ 以内	
	pH	正确度	±0.1 pH 以内	
	溶解氧	正确度	±0.3mg/L 以内	
	电导率	正确度	标准溶液值＞100μS/cm	5% 以内
			标准溶液值≤100μS/cm	±5μS/cm 以内
		精密度	≤5%	
	浊度	正确度	±10% 以内	
		精密度	≤5%	
高锰酸盐指数自动监测仪		正确度	±10% 以内	
		精密度	≤5%	
		检出限	≤0.5mg/L	
	标准曲线	零点示值误差	±1.0mg/L 以内	
		其他点示值误差	±10% 以内	
		直线相关系数	≥0.98	

续表

仪器名称	性能指标	技术要求	
氨氮自动监测仪	正确度	±10%以内	
	精密度	≤5%	
	检出限	≤0.05mg/L	
	标准曲线	零点示值误差	±0.2mg/L以内
		其他点示值误差	±10%以内
		相关系数	≥0.98
总磷自动监测仪	正确度	±10%以内	
	精密度	≤5%	
	检出限	≤0.01mg/L	
	标准曲线	零点示值误差	±0.02mg/L以内
		其他点示值误差	±10%以内
		直线相关系数	≥0.98
总氮自动监测仪	正确度	±10%以内	
	精密度	≤5%	
	检出限	≤0.1mg/L	
	标准曲线	零点示值误差	±0.3mg/L以内
		其他点示值误差	±10%以内
		直线相关系数	≥0.98

笔记

 任务实施

通常，站房站址尽可能选择国控手工监测断面处，以保证监测数据的连续性。但是，在实际现场并不具备建站条件，如果你是自动站的建设负责人，请指出：

1. 地表水自动监测站站址必须满足哪些要求？
2. 怎样选择一个可以建设站房的位置？

另外，站房建设好之后要长期、稳定运行，一个站点站址的选择需要经过严格的论证，请查找相关资料，说明站址选用的论证过程。

 知识测试

1. 采水点距站房距离一般不超过（   ）m，枯水期时不超过（   ）m，且有利于敷设管线及保温设施。

2. 采水点最大流速一般应低于（   ）m/s，有利于采水设施的建设和运行维护，保证安全。

3. 国家地表水水质自动监测系统的标准监测项目为九参数，分别为：（   ）、pH、（   ）、电导率、（   ）、氨氮、（   ）、总氮和总磷。湖库站点还新增了（   ）参数。

4. 站房的配套设施包括"四通一平"，"四通"包括（   ）、（   ）、（   ）、（   ）。

5. 国家地表水水质自动监测站站房建设原则上优先采用（   ）式站房。

效果评价

评价表

项目名称	项目一 明确地表水水质自动监测要求		学生姓名	
任务名称	任务二 地表水水质自动监测系统建设		分数	
考核内容			分值	考核得分
说出站址选择基本原则			30分	
说出不同类型站房的使用场景			30分	
根据站址选择合适的站房类型			20分	
说出地表水水质自动监测的必测项目			20分	
总体得分				

教师评语：

项目二 地表水水质自动分析仪器操作

 **项目描述**

分析单元是地表水水质自动监测系统的核心部分，是水站的重要组成部分，由满足监测项目要求的自动监测仪器组成。多家企业的自动监测仪器外观上和结构上虽多有不同，但都是遵照国家要求的设备标准建造的。本项目介绍了地表水水质自动分析仪器的工作原理，以及仪器的操作方法。

 笔记

学习目标

知识目标	技能目标	素质目标
1. 掌握地表水水质自动分析仪工作原理； 2. 掌握地表水水质自动分析仪性能要求； 3. 掌握地表水水质自动分析仪器结构组成	1. 能够口述地表水水质自动分析仪工作流程； 2. 能够以团队的形式完成地表水水质自动分析仪性能测试； 3. 能够进行地表水水质自动分析仪基本故障处理	1. 培养坚定的服务精神和奉献精神； 2. 培养持续的工匠精神和钻研精神； 3. 培养问题综合分析和判断能力

任务一 五参数指数测定

 引导问题

在项目一中学习了地表水常规五参数监测项目，包括水温、pH、溶解氧、电导率和浊度，大家仔细观察五参数自动分析仪，会发现五参数水池中只配备了四个测定探头，那它是如何实现五个参数的测定的呢？哪一个探头能满足两项参数的测定？

知识准备

一、概述

水质监测常规五参数包括水温、pH、溶解氧（DO）、电导率和浊度。

水的物理、化学性质与水温（℃）有密切关系，水中溶解性气体（如氧、二氧化碳等）的溶解度、水生生物和微生物活动、化学和生物化学反应速率及盐度、pH 等都受水温变化的影响。水温的测量对水体自净、热污染判断及水处理过程的运转控制等都具有重要的意义。

pH 是一个无量纲参数，其值为水中氢离子活度的负对数，常用来衡量水溶液酸碱性的强弱。随着氢离子浓度的增加，水溶液的酸性逐渐增强，pH 值下降；随着氢氧根离子浓度的增加，水溶液的碱性逐渐增强，pH 值上升。

溶解在水中的分子态氧称为**溶解氧**（DO），用每升水里氧气的质量（毫克）表示（mg/L），水中溶解氧的含量与空气中氧的分压、水的温度都有密切关系。清洁的地表水的溶解氧一般接近饱和，水中溶解氧的多少是衡量水体自净能力的一个指标。

电导率表示溶液导电能力的大小，水溶液的电导率与其所含无机酸、碱、盐的量密切相关，因此该指标常用于推测水中离子的总浓度或含盐量。新鲜蒸馏水的电导率为 $0.5\sim2\mu S/cm$，超纯水的电导率小于 $0.1\mu S/cm$，天然水的电导率多在 $50\sim500\mu S/cm$ 之间。

浊度是反映水中的不溶性物质对光线透过时阻碍程度的指标，其单位用 NTU（度）表示。水中的悬浮物一般是泥土、砂粒、微细的有机物和无机物、浮游生物、微生物和胶体物质等。水的浊度不仅与水中悬浮物质的含量有关，而且与它们的大小、形状及折射率等有关。浊度通常仅用于天然水、饮用水和部分工业用水，而废（污）水中不溶性物质含量高，一般要求测定悬浮物。

《地表水环境质量标准》（GB 3838—2002）对五类地表水的水温、pH、溶解氧的限值作出了规定，如表 2-1 所示。

表 2-1 《地表水环境质量标准》（GB 3838—2002）对五类地表水的水温、pH、溶解氧的限值

项目	水质类别				
	Ⅰ类	Ⅱ类	Ⅲ类	Ⅳ类	Ⅴ类
水温/℃	人为造成的环境水温变化应限制在：周平均最大温升≤1；周平均最大温降≤2				
pH（无量纲）	6～9				
溶解氧/(mg/L) ≥	饱和率90%（或7.5）	6	5	3	2

二、方法原理

（一）pH

采用玻璃电极法进行监测。以玻璃电极为指示电极，以 Ag/AgCl 为参比电极，组成 pH 复合电极，如图 2-1 所示。利用 pH 复合电极电动势随氢离子活度变化而发生偏移的原理来测定水样的 pH 值。pH 计上有温度补偿装置，用以校准温度对电极的影响。环境温度低于 15℃时，请勿使用电极。

（二）水温

水温作为现场监测的项目之一，常用 pH 电极内置的温度元件（热敏电阻/热电阻）进行测量。

（1）**热敏电阻**

热敏电阻是利用半导体的热敏性制成的电阻，采用 NTC 温度探头法进行监测。

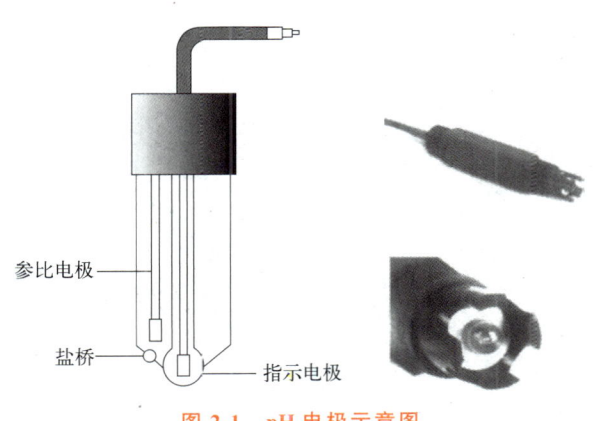

图 2-1 pH 电极示意图

NTC 热敏电阻在一定的测量功率下,电阻值随着温度上升而迅速下降。水温测量范围为 0~100℃,分度为 0.1℃。

(2) **热电阻**

热电阻是中低温区最常用的一种温度检测器。它的主要特点是测量精度高、性能稳定。其中铂热电阻的测量精确度是最高的,它不仅广泛应用于工业测温中,而且被制成标准的基准仪。

(三)溶解氧

目前溶解氧的自动监测方法主要有电化学法(Clark 溶氧膜电极)、荧光猝灭法等。膜电极法是电流测定法,根据分子氧透过薄膜的扩散速率来测定水中溶解氧的含量。

荧光法溶解氧传感器基于荧光猝熄原理(图 2-2)。光电传感器向荧光层发射绿色脉冲光,绿色脉冲光照射到荧光物质上使荧光物质激发并发出红光,由于氧分子可以带走能量(猝熄效应),所以激发红光的时间和强度与氧分子的浓度成反比。通过测量激发红光与参比光的相位差,并与内部标定值对比,从而可计算出氧分子的浓度。传感器中还可以计算流体温度和大气压。溶解氧测量范围为 0~20mg/L,分辨率为 0.01mg/L。

(四)电导率

电导率采用四级式电导池法进行监测。电导率测量仪的测量原理是将两块平行的极板(图 2-3)放到被测溶液中,在极板的两端加上一定的电势(通常为正弦波电压),然后测量极板间流过的电流。根据欧姆定律,电导率(G)是电阻(R)的倒数,是由导体本身决定的。

溶液的电导率和其离子浓度成比例关系。水溶液的电导率取决于离子的性质和浓度、溶液的温度和黏度等。

(五)浊度

浊度可用目视比浊法或散射光法进行测定。

90°散射光法采用特定波长的红外线(860nm),使之穿过一段水样,并从与入射光呈 90°的方向上检测被测水样中的颗粒物所散射的光量,从而测试水样的浊度。浊度测量范围为 0~4000FNU,分辨率为 0.01FNU。图 2-4 为浊度的测量原理图及浊度电极的基本构造示意图。

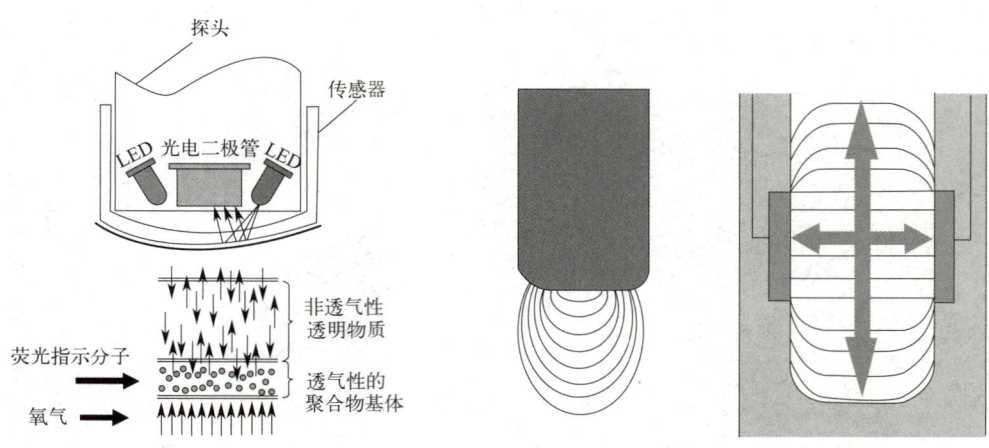

图 2-2　荧光猝灭法示意图　　　　图 2-3　电导率测量仪示意图

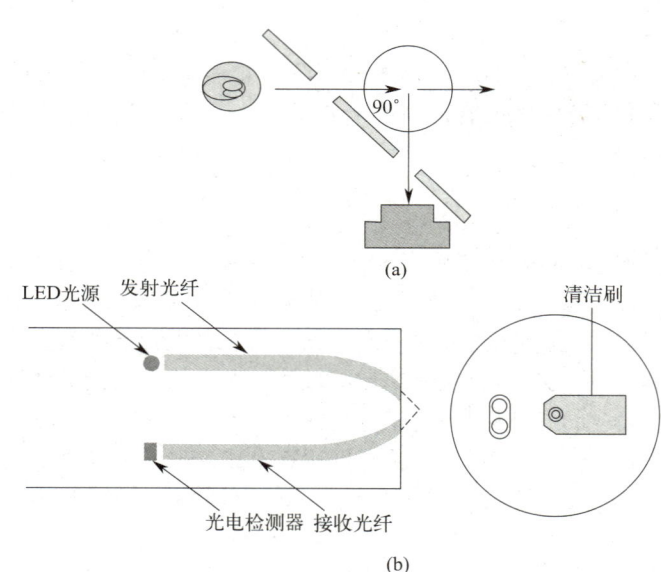

图 2-4　浊度的测量原理图（a）及浊度电极的基本构造示意图（b）

三、仪器校准与测试

仪器的测试主要有校准、测试和性能审核三种方式。仪器测试周期、测试方式及测试内容如表 2-2 所示。

表 2-2　仪器测试周期、测试方式及测试内容

测试周期	测试方式	测试内容
每周	测试	标样核查
每月	校准	仪器校准
每月	比对测试	与第三方实验室比对实验
每年	性能审核	准确度测试
		精密度测试

（一）标液测试

① 配制各仪器测试所需的标准样品。
② 对各仪器电极或探头进行简单的清洗，并用软布或纸巾擦干。
③ 将各参数的电极或探头分别放置在标准液中，待读数稳定。
④ 记录各参数标样测试结果，计算相对误差，一般应在±10%的误差范围内。

（二）仪器校准

打开仪器电源开关，屏幕显示各通道接入的传感器（图 2-5）。
按主界面上"CAL"下方对应的操作按键，屏幕显示校准界面（图 2-6）。

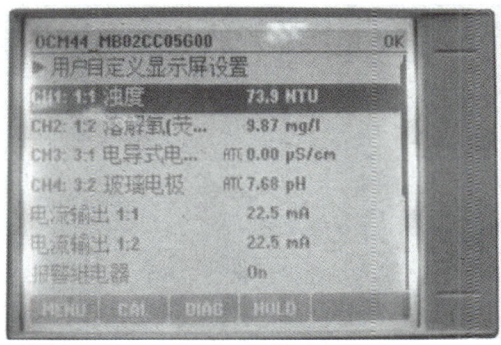

图 2-5　仪器主界面

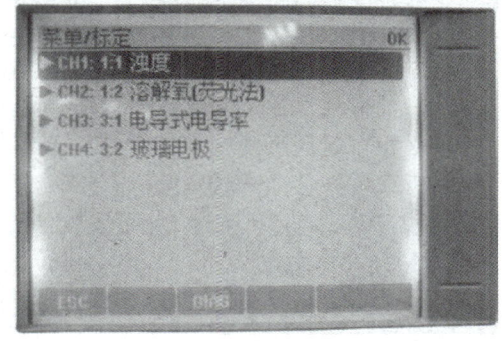

图 2-6　校准界面

选择需要校准的参数，按下飞梭旋钮，进入当前校准的参数（图 2-7），根据向导操作对仪器进行校准。校准前把校准电极放入校准液中。

1. pH

目前最常规的校准方法为两点校准，即选择 pH＝4.00 和 pH＝6.86 的标准缓冲液进行两点校准。

（1）校准步骤

① 进入校准菜单，将校准模式选择为两点校准。
② 清洗电极，把用清水洗完后的 pH 电极泡在 pH＝6.86 的标准液中（图 2-8），启动校准程序，直到屏幕显示稳定电位值（或 pH 值），手动输入当前温度下的 pH 值（或直接确认），按键确认。

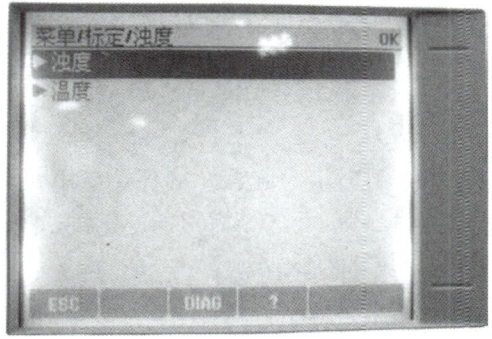

图 2-7　参数校准界面

图 2-8　pH 校准示意图

③ 然后用蒸馏水漂洗电极，再把电极泡在 pH＝4.00 的标准液中，启动校准程序，直到屏幕显示稳定电位值（或 pH 值），手动输入当前温度下的 pH 值（或直接确认），按键确认，完成校准。

④ 校准完成后，检查仪器斜率是否在规定范围内。如斜率在范围内或前后两次校准偏差相对平稳，则校准成功，否则排查故障后重新校准。

【注意】校准时，缓冲液选择的顺序为一般先用 pH＝6.86，再用 pH＝4.00。

（2）校准失败处理

① 对玻璃电极进行清洗保养，然后进行校准。

② 检查电解液和盐桥，判断是否需要更换。

③ 若判断整支电极有问题，须及时更换。

2. 溶解氧

一般是将五参数 DO 电极（膜法、荧光法）放在空气中进行校准，仪器上出现的数值应该是相应温度下的饱和溶解氧的值。如果需要零点校准，需使用无氧水。

电极（荧光法）的校准步骤：

① 从水中取出探头，用湿布擦拭以去除碎屑及滋生的微生物。

② 清洁传感器帽，将探头放在提供的校准包中，加入少量（25～50mL）水，使用校准包将探头保护起来（探头远离阳光或其他热源。不要将探头接触任何硬的表面）。

③ 从主菜单中输入气压值或海拔值，选择相应操作步骤，按键确认。当读数稳定下来后，校准将自动完成。

④ 完成后按"确认"键返回主菜单，并将探头重新放入需要测试的水中。

3. 电导率

（1）零点校准

使用零点校准程序定义电导率传感器唯一的零点。必须先定义零点，然后再使用参考溶液或过程试样首次校准传感器。

零点校准步骤：

① 将电极从水样中取出，用干净的毛巾擦干传感器。

② 将干的传感器放在空气中，按键选择零点校准。

③ 当读数稳定下来后，查看校准结果，若成功则按键确认。

（2）标准溶液校准

使用标准溶液校准，调整传感器读数，以匹配标准溶液的值。使用与预期测量读数相同或比预期测量读数更大的溶液作为参考溶液。

标准溶液校准步骤：

① 使用去离子水彻底冲洗传感器。

② 将传感器放入标准溶液中，拖住传感器，使它不会接触容器，确保传感器与容器各侧之间的距离至少为 2in（1in＝2.54cm）。搅动传感器，以去除气泡。

③ 当读数稳定下来后，查看校准结果，若成功则按键确认。

4. 浊度

传感器在使用过程中，本身器件老化、测量物体颗粒发生变化、安装环境改变等都会对测量结果产生影响，要克服这些因素的影响就必须定期进行校准。

【注意】浊度校准必须使用黑色器皿（材质不反光，见图 2-9）。高浓度浊度标准液需搅拌后使用。

有 3 种校准模式："一点校准""二点校准"和"三点校准"。其中"一点校准"只是偏移量校准，适用于已经完成多点校准以后的传感器在现场应用时的快速校准。"二点校准"为线性校准，适用于 0～100NTU 量程的校准。"三点校准"为非线性校准，适用于 0～100NTU、0～500NTU、0～2000NTU、0～4000NTU 量程。

图 2-9　黑色标定杯

（三）水样比对

① 按地表水管理要求，每月须与有资质的第三方实验室进行水样比对测试。

② 水样比对时须对水样进行均匀分配，测试时须对水样进行摇匀。

（四）准确度测试

① 选择浓度值接近日常水样值的标准样品。

② 按照标液测试程序连续测量 6 次。

③ 记录仪器测试值，计算相对误差（RE），相对误差绝对值最大的为仪器准确度。相对误差由式(2-1)计算：

$$RE = \frac{\bar{x} - c}{c} \times 100\% \quad (2\text{-}1)$$

式中　$\bar{x}$——质控样品多次测定平均值；
　　　c——质控样推荐值或标样配制值。

（五）精密度测试

① 选择浓度值接近日常水样值的标准样品。

② 按照标液测试程序连续测量 6 次。

③ 记录仪器测试值，计算其相对标准偏差（RSD）（多次测定结果的标准偏差 SD 与多次测定结果的平均值之比），由式（2-2）计算：

$$RSD = \frac{\sqrt{\frac{1}{n-1} \sum_{i=1}^{n} (x_i - \bar{x})^2}}{\bar{x}} \times 100\% \quad (2\text{-}2)$$

式中　n——质控样品测定次数；
　　　x_i——质控样品第 i 次测定值；
　　　$\bar{x}$——质控样品多次测定平均值。

四、仪器维护

（一）维护周期

仪器的运行维护主要有检查、清洗和更换三种。仪器维护周期、维护方式及维护内容见表 2-3。

表 2-3 仪器维护周期、维护方式及维护内容

维护周期	维护方式	维护内容
每周	清洁	清洁各电极探头、五参数仪器蓄水池
每月	补充	补充 DO 电极电解液
每半年	更换	更换 DO 电极薄膜,用清洗液清洗电极。更换浊度电极、DO(YSI)电极清洁刷
有必要时	更换	更换电极

(二)清洗仪器

① 将仪器切换至维护保养状态。

② 将仪器从五参数蓄水池中取出,用软湿布轻轻擦拭电极薄膜或探头表面,并用纯水冲洗。

③ pH 电极:

a. 先用 0.1mol/L 稀盐酸溶液浸泡电极探头 5min。

b. 再用温热的加有洗洁精的温水浸泡电极探头 5min。

c. 用纯水彻底漂洗干净。

④ 电导率传感器:电导率电极一般不需要保养,若电极被严重污染,则会影响测试准确度。因此,需要通过目视检查,来确定是否清洗电极。

建议每个月对电极表面进行清洗,根据污染物类型选择合适的清洗方式。

a. 油和油脂:使用油脂去除剂清洗。

b. 石灰和金属氢氧化物:使用稀盐酸(3%)溶解黏附物,随后使用大量清水彻底清洗。

c. 硫化物:使用盐酸(3%)和硫胺(商业用)混合液清洗,随后使用大量清水彻底清洗。

d. 蛋白质:使用盐酸(0.5%)和胃蛋白酶(商业用)混合液清洗,随后使用大量清水彻底清洗。

⑤ 浊度传感器:具备传感器自清洗(刮刷或超声波)功能的传感器,能较为有效地防止污染物的附着和气泡的产生。

若因电极测试面受污染,测试值与实际水样值差距过大,建议手动清洗电极测试面。电极测试面清洗方法见表 2-4。

表 2-4 电极测试面清洗方法

污染物	清洗试剂
油和油脂	油脂去除剂(或者洗洁精)
沉淀、松软黏附物、生物附着	软布或软刷,加有清洁剂的温自来水
盐类、石灰沉积物	用醋酸(体积分数为 20%)软布或软海绵溶解黏附物,随后使用大量清水彻底清洗

有刮刷的传感器需要定期(1 年)更换密封圈。

⑥ 溶解氧探头:用清洗液浸泡电极探头(【注意】**电极探头最上方的参考电极不能接触清洗液,否则会损坏电极**),再用配备的黄色研磨薄片磨砂面轻轻擦拭电极最顶端的一点(金阴极),用纯水漂洗。

（三）清洗蓄水池

① 关闭仪器，排出蓄水池内剩余水样。
② 用刷子清洁蓄水池。
③ 用自来水冲洗干净后将电极装回，进行采水测试，确保无漏水现象。
④ 也可用反冲洗程序对蓄水池及管路进行反冲洗。

（四）更换电极薄膜以及补充电解液

① 将仪器切换至维护保养状态，取出电极。
② 清洗电极表面，旋下电极薄膜。
③ 更换新薄膜，补充电解液至八分满，用笔轻轻敲击薄膜外侧面，以赶出多余的气泡，将电极探头插入薄膜并旋紧。
④ 用纯水冲洗电极。
⑤ 关闭仪器维护保养菜单。

（五）更换电极

① 将仪器切换至维护保养状态或关闭仪器电源，从蓄水池中取出电极，清洗电极探头，用滤纸吸干电极探头外壁水珠，从主电极上取下老化电极探头。
② 取出新电极探头，在防水圈上或探头接合处的圆环上涂上硅油，安装在主电极上。
③ 用纯水冲洗电极，再用滤纸吸干电极外壁水珠。
④ 打开仪器电源进行校准。

五、常见故障分析及处理

仪器具有故障自检报警功能，可帮助用户定位故障。仪器在使用过程中出现的故障类型、原因分析及解决方案参见表2-5。

表2-5 故障类型、原因分析及解决方案

故障类型	原因分析	解决方案
测试值异常	测试值超量程	修改设置，更换量程
	测试无效	关机重启
校准失败	设置错误	检查仪器设置
	传感器组件连接错误	检查仪器连接是否正确
	电极探头被污染	清洁电极探头
	电极薄膜破裂	更换薄膜
	无电解液	添加电解液
	长时间没有校准	校准仪器
	斜率超出范围	更换薄膜或电极
	电极电压超出量程	更换薄膜或电极
测试值漂移	电极探头或测试窗口被污染	清洁电极探头或测试窗口
	蓄水池水位过浅	检查蓄水池是否漏水或被堵塞
	电极没有被完全极化或校准	极化、校准或更换电极
	电极测试面有气泡	调整电极的位置

停电异常处理：

① 五参数仪器短暂停电，清洗电极，放入清水中浸泡。

② 若长时间停电，为保护仪器，将电极从蓄水池中取出清洗后，再用专用保护罩罩住。

 任务实施

通过学习五参数自动分析仪器的校准方法、仪器的保养和维护方法，知道了五参数电极的日常清洁、更换和校准是获得准确监测数据的基础。作为运维人员的你，如果在维护仪器时遇到校准失败的情况，你应该怎么处理呢？

 知识测试

1. 五参数分析仪器标准样品的测试每（　　）都要完成。
2. pH 分析仪的校正通常选用 pH=（　　）和 pH=（　　）的标准缓冲液进行两点校正。
3. 准确度和精密度测试须选择浓度值接近（　　）的标准样品。

 笔记

效果评价

评价表

项目名称	项目二　地表水水质自动分析仪器操作		学生姓名	
任务名称	任务一　五参数指数测定		分数	
考核内容			分值	考核得分
说出五参数自动分析仪器的校准方法			30 分	
说出五参数分析仪的维护周期			10 分	
说出五参数分析仪的清洗方法			10 分	
说出五参数分析仪的电极更换方法			10 分	
说出五参数分析仪校准失败时的解决方法			20 分	
说出五参数分析仪测试值漂移时的解决方法			20 分	
总体得分				

教师评语：

任务二 高锰酸盐指数测定

引导问题

1. 在前置课程中学过高锰酸盐指数的手工分析方法,其被列为地表水环境监测基本项目,测定方法为《水质 高锰酸盐指数的测定》(GB 11892—89)。回顾已学知识,思考问题:高锰酸盐指数(COD_{Mn})和化学需氧量(COD_{Cr})均是测定水质中还原性物质消耗的氧化剂的量,为什么将高锰酸盐指数设为地表水必测项目,而没有把化学需氧量设为地表水必测项目?

2. 通过课前预习标准《高锰酸盐指数水质自动分析仪技术要求》(HJ/T 100—2003),发现手工分析方法与自动分析方法相同,那么,手工实验中的加热过程和滴定过程是如何实现全仪器自动操作的呢?

笔记

知识准备

一、概述

高锰酸盐指数是指在一定条件下,用高锰酸钾氧化水样中的某些有机物及无机还原物质,由消耗的高锰酸钾量计算相当的氧量,表示单位为毫克/升(mg/L,以O_2计)。

根据水体中氯离子含量不同,高锰酸盐指数测定分为酸性法和碱性法,常规地表水一般采用酸性法测定,当水样中氯离子浓度大于300mg/L时,则需采用碱性法测定。

在我国,高锰酸盐指数测定的国家标准方法为《水质 高锰酸盐指数的测定》(GB 11892—89),该方法适用于饮用水、水源水和地表水的测定,测量范围0.5~4.5mg/L。《地表水环境质量标准》中对高锰酸盐的限值见表2-6。对污染较重的水,可少取水样,经适当稀释后测定。该方法不适用于测定工业废水中有机污染负荷量,如需测定,可测定化学需氧量(COD_{Cr})。

表2-6 《地表水环境质量标准》中对高锰酸盐指数的限值

水质类别	Ⅰ类	Ⅱ类	Ⅲ类	Ⅳ类	Ⅴ类
高锰酸盐指数/(mg/L)	2	4	6	10	15

二、方法原理

(一)检测方法

高锰酸盐指数自动分析仪采用的方法原理主要有3种:高锰酸盐氧化-比色滴定法、高锰酸盐氧化-ORP电位滴定法和UV法。

前两种方法化学反应过程没有本质的区别,只是判断滴定终点的方法不同,分别根

31

据溶液颜色（分光光度法）变化或者 ORP 电位值（电极检测法）变化来判定滴定终点，并计算水样高锰酸盐指数的测定值。UV 法在欧美和日本应用较多，但在我国尚未推广使用。

力合高锰酸盐指数自动分析仪采用的是比色滴定法，原理如图 2-10 所示。高锰酸盐指数自动分析仪流路结构图如图 2-11 所示。

在一定体积的水样中加入一定量高锰酸钾和硫酸溶液，在 95℃ 的条件下加热消解数分钟后，剩余的高锰酸钾用过量的草酸钠溶液还原，再用高锰酸钾溶液回滴过量的草酸钠，根据回滴的高锰酸钾体积计算出高锰酸盐指数值。

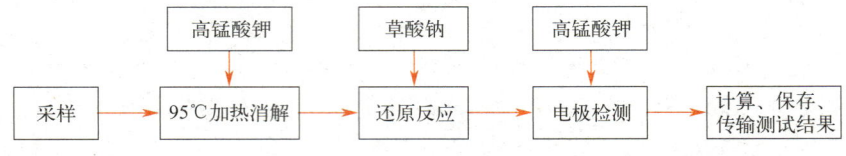

图 2-10　力合高锰酸盐指数自动分析仪原理图

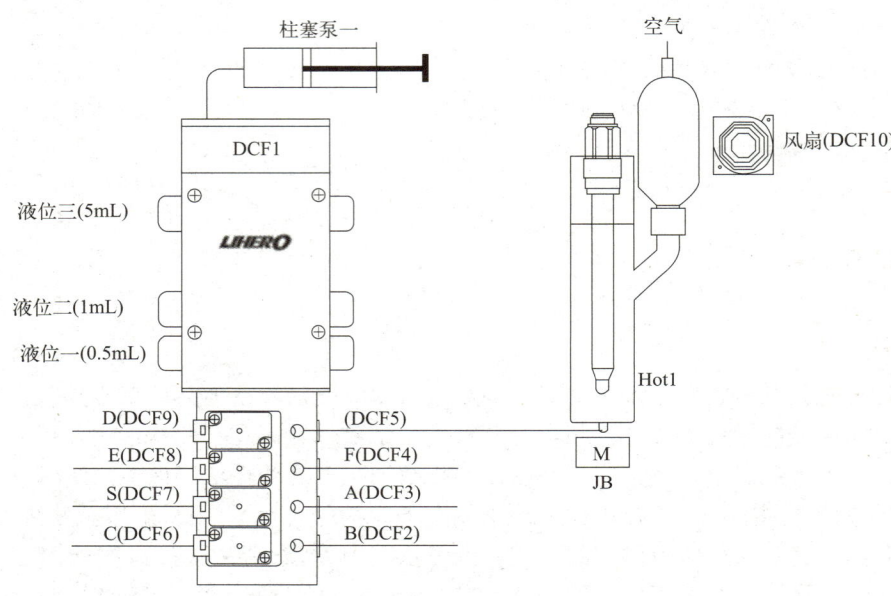

字母说明：
A—标准溶液；B—蒸馏水；C—直排废液；D—消解液；E—氧化剂；F—还原液；S—水样
流路图版本号：LHQS.LLT.KM.DD-3.0　　　　试剂版本号：LHQS.SJSC.KM.DD-2.1

图 2-11　高锰酸盐指数自动分析仪流路结构图

（二）消解方法

目前高锰酸盐指数自动分析仪的消解方法主要分为 3 种，即溶液直接加热消解、电热丝加热消解和油浴消解。

溶液直接加热消解是将加热器安装在消解杯中，加热器外壳由耐高温、耐酸碱腐蚀的稀有金属组成，不对溶液的成分造成干扰，反应时发热部分没入溶液中直接加热，温度信号从温度传感器传输到中央控制器，据此控制加热器的工作状态。

电热丝加热消解是在消解杯的外部缠绕电热丝进行加热，温度信号由温度传感器控制。

油浴消解是在消解杯夹层中加入导热硅油，通过加热器对硅油加热并保持在设定的温度，温度传感器浸没于硅油中，用于导热硅油温度的控制。

力合分析仪采用电热丝加热消解法,更有助于后续维护,如图 2-12 所示。

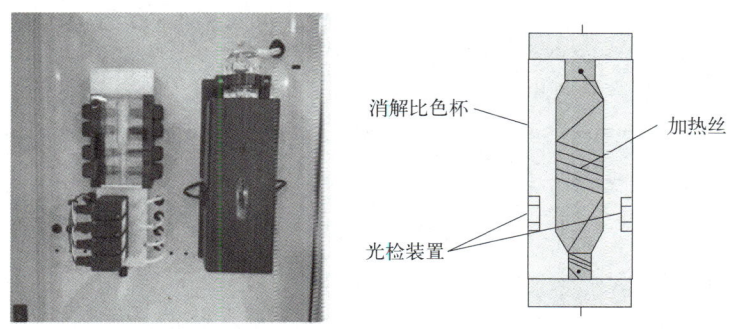

图 2-12　力合高锰酸盐指数自动分析仪电热丝加热消解设备

三、仪器操作

根据地表水运行管理规范和仪器仪表使用要求,需定期对设备进行空白校准、标样核查、加标回收率测试、水样比对、曲线标定以及性能测试等工作。仪器测试周期、测试方式及测试内容见表 2-7。

表 2-7　仪器测试周期、测试方式及测试内容

测试周期	测试方式	测试内容
每周	自动测试或现场核查	标样核查
每周	自动测试	加标回收率测试
每半月	校准	空白校准
每月	与实验室进行比对	水样比对
每季度	校准	曲线标定
每年	性能测试	准确度测试
		精密度测试
		线性测试
		检出限

(一) 标样核查

① 在软件上设置自动标样核查周期(一般每周至少一次)和标样浓度。
② 将配制好的标准样品接入标样口。
③ 仪器根据软件上设置的核查周期,自动启动标样测试。
④ 仪器完成标样测试后,自动计算相对误差(一般要求相对误差在 ±15% 以内),并保存核查结果。
⑤ 每周到现场进行巡查时,更换标准样品。

(二) 加标回收率测试

① 在软件上设置自动加标回收率测试周期(一般每周至少一次)、加标标样浓度及加标体积。
② 将配制好的标准样品放置于加标回收率测试装置中。
③ 仪器根据软件上设置的自动加标回收率测试周期,自动启动加标回收率测试。
④ 仪器完成加标回收率测试后,自动计算加标回收率(一般要求加标回收率在 80%~120% 之间),并保存加标回收率测试结果。

（三）空白校准

① 软件具备远程空白校准功能，可实现远程校准及本地校准。

② 在更换试剂、电极、泵管等关键部件后，须进行空白校准。

③ 进入"测试"菜单，点击"空白校准"按钮，仪器会取蒸馏水进行空白测试。

④ 空白校准后，要与校准前的空白步数进行比较，一般需连续校准空白两次。偏差较大时需检查试剂、蒸馏水以及关键部件的工作状态是否正常。

⑤ 空白校准稳定后，测试已知浓度标样，确保结果在误差范围内。

（四）水样比对

① 按照地表水管理要求，每月与有资质的第三方实验室进行水样比对测试。

② 水样比对时需对水样进行均匀分配，测试时需对水样进行摇匀。

（五）曲线标定

① 仪器在更换光源、检测部件或计量装置后，或者在更换试剂后空白试验偏差较大等情况下，需要重新标定曲线。

② 标定曲线前，要配制适当浓度的标准液，一般选择零点（蒸馏水）、中间点和量程点三点进行标线，按浓度从低到高的顺序依次测试。

③ 标定曲线时，先确认标样管已插入标准液中，再进入"维护"菜单中的"曲线标定"界面（图 2-13），选择合适的量程并点击"设为工作曲线"按钮，然后在标样一至标样三中输入相应浓度值，再点击右侧的"标定"按钮，即开始标定。

④ 完成一个点的标定后，步数框中会显示新测得的步数，点击所在行右侧的"保存"按钮，可将此标样浓度与步数拟合成新的工作曲线。

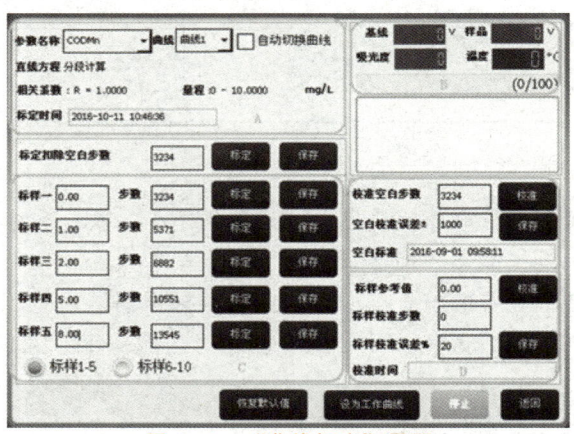

图 2-13 "曲线标定"界面

（六）准确度测试

① 选择浓度值接近日常水样值的标准样品。

② 按照标液测试程序连续测量 6 次。

③ 记录仪器测试值，计算相对误差（RE），相对误差绝对值最大的为仪器准确度。相对误差的计算公式如下。

$$RE = \frac{\bar{x} - c}{c} \times 100\%$$

式中　$\bar{x}$——质控样品多次测定平均值；
　　　c——质控样推荐值或标样配制值。

（七）精密度测试

① 选择浓度值接近日常水样值的标准样品。
② 按照标液测试程序连续测量 6 次。
③ 记录仪器测试值，计算其相对标准偏差（RSD）（多次测定结果的标准偏差 SD 与多次测定结果的平均值之比）。计算公式如下。

$$\text{RSD} = \frac{\sqrt{\frac{1}{n-1}\sum_{i=1}^{n}(x_i - \bar{x})^2}}{\bar{x}} \times 100\%$$

式中　n——质控样品测定次数；
　　　x_i——质控样品第 i 次测定值；
　　　$\bar{x}$——质控样品多次测定平均值。

（八）线性测试

① 按仪器规定的测量范围均匀选择 5 个浓度的标准溶液（含空白）。
② 按样品浓度从低到高的顺序进行测试。
③ 记录测试结果，并计算其相关系数，要求相关系数在 0.999 以上。

（九）检出限

① 按样品分析方式连续测定空白溶液或配制的低浓度标准溶液 6～8 次。
② 仪器的检出限采用实际测试获得的检出限。
③ 记录测试结果，检出限计算公式如下：

$$\text{DL} = 3S_b$$

式中　DL——检出限；
　　　3——常数；
　　　S_b——多次测定结果的标准偏差。

四、仪器维护

（一）维护周期

仪器的运行维护主要有检查、清洁和更换三种，可根据具体情况进行调整。仪器维护周期及维护内容见表 2-8。

表 2-8　仪器维护周期及维护内容

维护周期	维护内容
每周	清理仪器内部、表面及周边卫生，保持仪器清洁； 检查仪器运行环境情况，室内温度不宜过高或过低； 检查蒸馏水消耗情况（未配备纯水机的站点），及时更换蒸馏水； 检查仪器废液存积情况，及时清空废液桶
每半月	检查试剂消耗情况，及时更换试剂； 检查电极工作状态，对电极进行清理维护
每季度	检查仪器采样管路、液位管、检测池、搅拌子、柱塞泵等清洁、使用情况，根据需要清洗或更换部件
每年	检查仪器线路情况，根据需要进行更换

（二）电极维护

经过长时间的测试，电极的表面会有黑色污垢，底部的银白色金属头会变成橙红色，需定期用抗坏血酸溶液浸泡，再用清水冲洗。维护后需进行一次空白测试，并观察测试流程，确保基线值在 40000 左右。

（三）采样管路清洗

水样中的悬浮物容易在管路中积累，影响测试结果，甚至堵塞管路和电磁阀。可根据采样管内壁污染情况，定期将水样阀的软管拔下，用注射器进行手动反冲洗，必要的时候可用稀盐酸进行清洗，如清洗不干净，可直接更换。

（四）检测池清洗

检测池内壁结垢会影响仪器测试，此时应将电极取下，从电极安装孔倒入抗坏血酸溶液，然后进入"维护—模块维护—联动模块"界面，打开搅拌电机，清洗 3min 后，关闭搅拌电机，用注射器和软管从电极安装孔抽出清洗液，再运行一次初始化流程（测试菜单中点击"初始化"按钮），并将电极装好。

（五）液位管清洗

液位管内壁出现污垢时，影响液位计量，容易报缺水样故障或缺试剂故障。此时应将液位管取下（详细的拆卸方法请参考说明书），用稀盐酸及细毛刷清洗液位管内部，然后用清水冲洗液位管。重新安装液位管后，运行一次初始化流程。

（六）柱塞泵维护

柱塞泵针筒和 O 形圈为易耗品，长时间不更换可能导致电机故障和漏气的问题。具体的更换方法请参考说明书，更换时应注意在针筒内壁和 O 形圈上涂抹凡士林，保持润滑。

五、常见故障分析及处理

通常仪器发生故障时，仪器屏幕会有简单的提示，表 2-9 列出了常见的故障类型、原因分析及解决方案，可采取相应的措施排除故障。

表 2-9　常见故障类型、原因分析及解决方案

故障类型	原因分析	解决方案	备注
开机无显示	电源未接通； 显示屏损坏	检查电源连接正常与否； 检查仪器电源保险； 检查显示屏供电是否正常	
试剂报警或液位故障	缺水样或试剂； 管路气密性差或液位检测器发生故障	检查试剂是否充足,试剂管是否插入液面以下； 检查管路气密性； 检查红外对管电压是否正常	
滴定失败	氧化剂或还原液浓度不对； 试剂变质； 电极变脏	观察测试流程是否正常（还原液注入后应无色,滴定时逐渐变紫红色）,更换试剂； 电极 AD 值在无色时为 40000 左右,滴定终点为 47000 左右,电极变脏需清理维护	
电机故障	柱塞泵电机极限失灵或驱动器损坏,以及电机转不动或掉步	检查电机驱动器是否正常； 检查管路是否出现堵塞	当仪器发生电机故障时,仪器不能进行"标定"或测试操作,直到人为排除故障

续表

故障类型	原因分析	解决方案	备注
采样管路堵塞故障	样品过于浑浊，大颗粒物堵塞管路	用稀硝酸(5%)清洗仪器管路多次，然后再用蒸馏水清洗	若不能清洗干净，请更换样品管
测试质控样或标样结果不准确	试剂存在问题或工作曲线偏移	检查试剂是否正常；执行空白或标样校准；重新标定工作曲线	
数据不稳定	光路异常或抽取试剂异常；电极异常	检查AD测试数值是否稳定；检查管路气密性；检查管路、检测池和液位管是否清洁；检查电极内部是否有气泡，气泡多或较大时需更换	

任务实施

仪器维护过程中，运维人员会遇到各种各样的突发状况，这要靠运维人员扎实的基础知识和丰富的运维经验来解决难题。通过本任务的学习，如果你是运维人员，遇到如下问题该如何解决：

1. 高锰酸盐指数分析仪出现测量值异常时，有可能需要做哪几项检查？
2. 高锰酸盐指数分析仪出现试剂、试样缺液现象，应该如何排查？

知识测试

1. 高锰酸盐指数测定方法中，氧化剂是（　　），一般应用于（　　）、（　　）和（　　），不可用于工业废水。
2. 高锰酸盐指数测定根据含氯不同，分为（　　）和（　　），常规地表水一般采用（　　）测量，当水样中Cl大于（　　）mg/L时，则需采用碱性法测定。
3. 高锰酸盐指数自动分析仪判断滴定终点的常用方法有（　　）和（　　）。
4. 在更换试剂、电极、泵管等关键部件后，须进行（　　）。

效果评价

评价表

项目名称	项目二　地表水水质自动分析仪器操作	学生姓名	
任务名称	任务二　高锰酸盐指数测定	分数	
考核内容		分值	考核得分
说出高锰酸盐指数和化学需氧量的不同		20分	
说出高锰酸盐指数分析仪工作原理及流程		20分	
说出高锰酸盐指数分析仪标样核查方法		20分	
说出高锰酸盐指数分析仪空白校准方法		20分	
高锰酸盐指数分析仪缺试剂报警故障处理		20分	
总体得分			

教师评语：

学习情境一 地表水水质自动监测系统运行维护

任务三 氨氮指数测定

引导问题

水体中氮元素超标时,微生物大量繁殖,浮游植物生长旺盛,出现富营养化现象。水体富营养化有哪些危害呢?生活污水中平均含氮量每人每年可达2.5~4.5kg,雨水径流以及农用化肥的流失也是水体中氮的重要来源,请同学们根据前置课程所学知识回答:水中氨氮指的是什么?

笔记

知识准备

一、概述

氨氮是指水中以游离氨（NH_3）和铵离子（NH_4^+）形式存在的氮。动物性有机物的含氮量一般较植物性有机物的高。同时,人畜粪便中含氮有机物很不稳定,容易分解成氨。水中氨氮主要来源于生活污水中含氮有机物受微生物作用的分解产物,焦化、合成氨等工业废水,以及农田排水等。

当氨溶于水时,其中一部分氨与水反应生成铵离子（NH_4^+）,一部分形成水合氨（NH_3）,也称非离子氨。非离子氨是引起水生生物毒害的主要因子,而铵离子相对基本无毒。氨氮是水体中的营养素,过量可导致水体富营养化现象发生;同时氨氮还是水体中的主要耗氧污染物,对鱼类及某些水生生物有毒害。

在《地表水环境质量标准》（GB 3838—2002）中,氨氮是评价地表水和集中式生活饮用水地表水源地水质的基本项目。《地表水环境质量标准》中氨氮限值见表2-10。

表2-10 《地表水环境质量标准》中氨氮限值

水质类别	Ⅰ类	Ⅱ类	Ⅲ类	Ⅳ类	Ⅴ类
氨氮/（mg/L）	0.2	0.5	1.0	1.5	2.0

二、方法原理

（一）分光法

1. 水杨酸分光光度法

在清洗测量室后,待分析样品被加入测量室,并加热至一定温度。然后,一定量的缓冲溶液（调节试样pH为碱性）和水杨酸盐［水杨酸溶液-硝普钠（亚硝基铁氰化钠）］被注入测量室,并进行基线校正。而后将次氯酸钠溶液加入测量室,生成蓝绿色化合物,在一定波长（约697mm）下进行比色测量,生成颜色的深浅程度正比于样品

38

中氨氮的浓度。测定流程如图 2-14 所示。

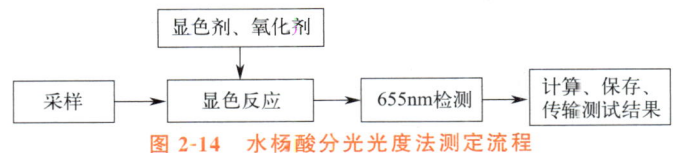

图 2-14　水杨酸分光光度法测定流程

图 2-15 所示是水杨酸分光光度法仪器流路图，图 2-16 所示是水杨酸分光光度法仪器构造图。

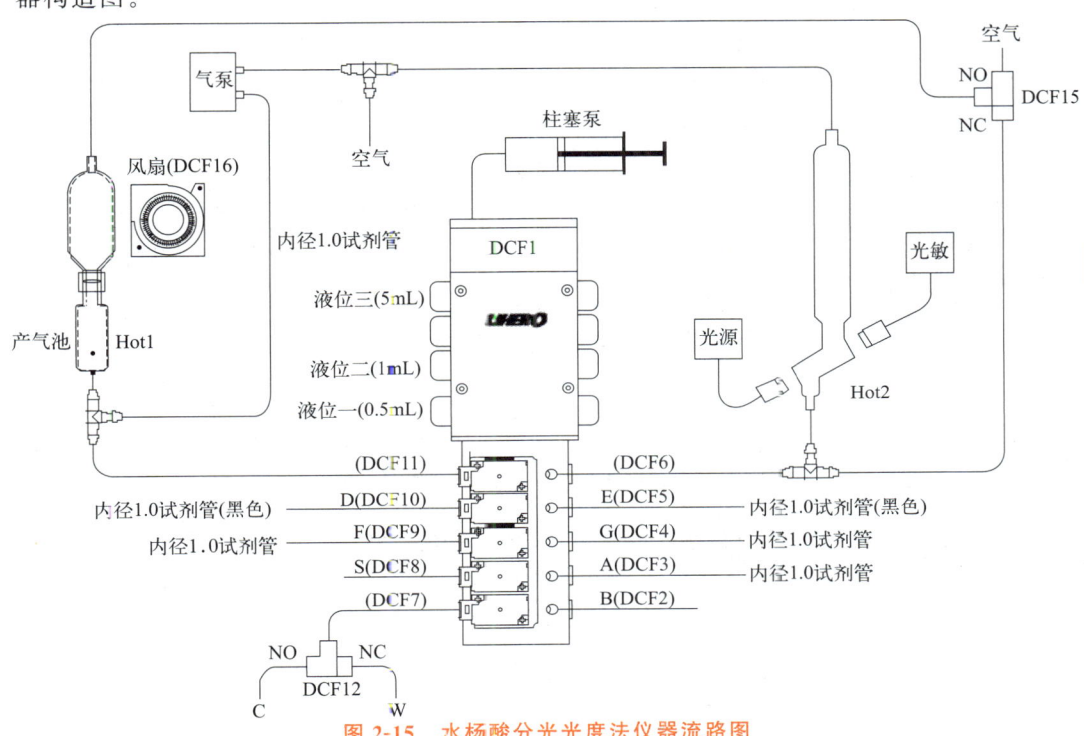

图 2-15　水杨酸分光光度法仪器流路图

字母说明：水杨酸法（655nm 发红色光）

A—标样；B—蒸馏水；C—废水；D—显色剂；E—氧化剂；F—吸收液；G—中和液；S—水样；W—收集废液

2. 纳氏试剂分光光度法

碘化汞（或氯化汞）和碘化钾的碱性溶液（纳氏试剂）与氨反应生成淡红棕色胶态化合物，其色度与氨氮含量成正比，通常可在波长 420nm 处测其吸光度，计算其含量。测定流程如图 2-17 所示。

2016 年 4 月 28 日，第十二届全国人民代表大会常务委员会第二十次会议批准《关于汞的水俣公约》，并于 2017 年 8 月 16 日起正式生效。《关于汞的水俣公约》生效公告中明确指出：自 2017 年 8 月 16 日起，禁止开采新的原生汞矿，各地国土资源主管部门停止颁发新的汞矿勘查许可证和采矿许可证。

纳氏试剂分光光度法由于试剂中含有汞，所以基于纳氏试剂法的自动监测设备已经不再生产，现在水站的分光光度法设备均为水杨酸分光光度法自动分析仪。

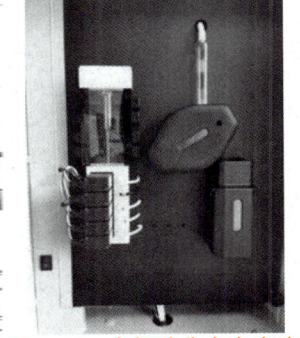

图 2-16　水杨酸分光光度法仪器构造图

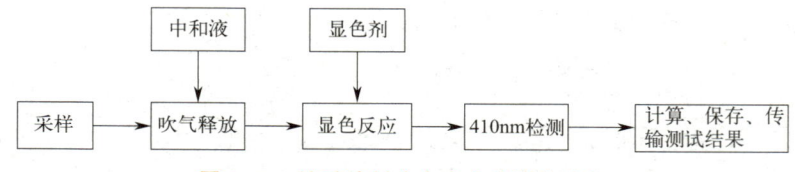

图 2-17 纳氏试剂分光光度法测定流程

（二）电极法

氨气敏电极为复合电极，以 pH 玻璃电极为指示电极，以银-氯化银电极为参比电极。电极放置于盛有 0.1mol/L 氯化铵电解液的塑料管中，管端部紧贴指示电极敏感膜处装有疏水半渗透膜，使内电解液与外部试液隔开，半透膜与 pH 玻璃电极之间有一层很薄的液膜。当水样中加入强碱溶液后，pH 值提高到 11 以上，使水样中的铵盐转化为氨（$NH_4^+ + OH^- \rightleftharpoons NH_3 + H_2O$），生成的氨因扩散作用通过半渗透膜（水和其他粒子则不能通过），使氯化铵电解液膜层内 $NH_4^+ \rightleftharpoons NH_3 + H^+$ 的反应向左移动，导致氢离子浓度改变，通过 pH 玻璃电极测得其变化，以标准电流信号输出，pH 值的变化量正比于氨氮的浓度。测定流程如图 2-18 所示。

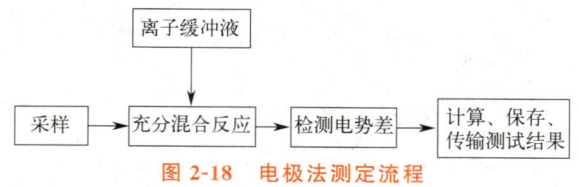

图 2-18 电极法测定流程

图 2-19 是电极法仪器流路图，图 2-20 是电极法仪器构造图。

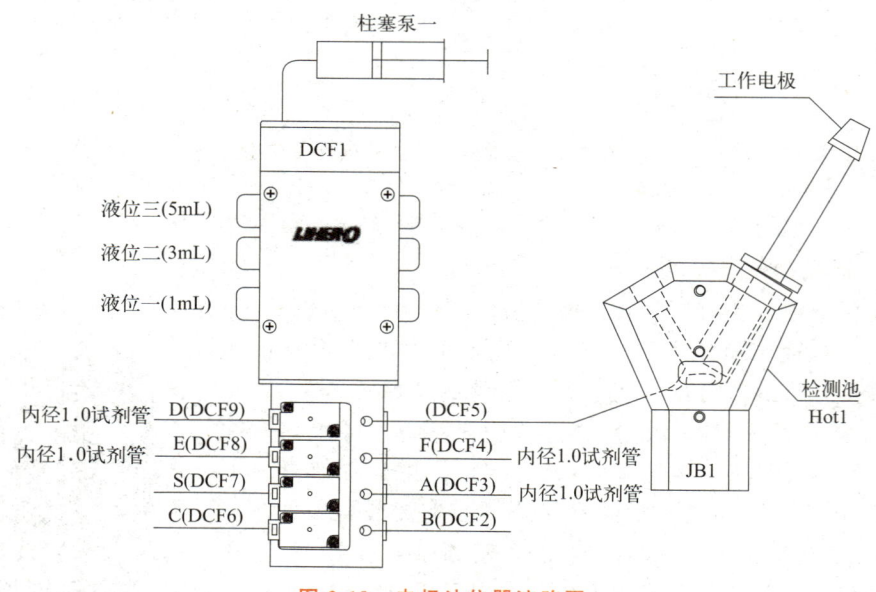

图 2-19 电极法仪器流路图

字母说明：
A—标准溶液；B—蒸馏水；C—清洗水；D—标液一；E—调节液；F—标液二；S—水样

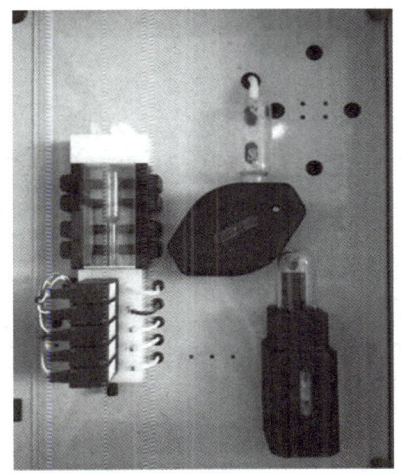

图 2-20　电极法仪器构造图

三、仪器操作

根据地表水运行管理规范和仪器仪表使用要求,需定期对设备进行标样核查、加标回收率测试、水样比对以及性能测试等工作。仪器测试周期、测试方式及测试内容如表 2-11 所示。

表 2-11　仪器测试周期、测试方式及测试内容

测试周期	测试方式	测试内容
每周	自动测试或现场核查	标样核查
每周	自动测试	加标回收率测试
每月	与实验室进行比对	水样比对
每年	性能测试	准确度测试
		精密度测试
		线性测试
		检出限

(一) 标样核查

① 在基站软件上设置自动标样核查周期(一般每周至少一次)和标样浓度。

② 将配制好的标准样品接入标样口。

③ 仪器根据软件上设置的核查周期,自动启动标样测试。

④ 仪器完成标样测试后,自动计算相对误差(一般要求相对误差在 ±15% 以内),并保存核查结果。

⑤ 每周到现场进行巡查时,更换标准样品。

(二) 加标回收率测试

① 在基站软件上设置自动加标回收率测试周期(一般每周至少一次)、加标标样浓度及加标体积。

② 将配制好的标准样品置于加标回收率测试装置中。

③ 仪器根据软件上设置的自动加标回收率测试周期,自动启动加标回收率测试。

④ 仪器完成加标回收率测试后,自动计算加标回收率(一般要求加标回收率在

80%～120%之间），并保存加标回收率测试结果。

（三）水样比对

① 按照地表水管理要求，每月须与有资质的第三方实验室进行水样比对测试。

② 水样比对时须对水样进行均匀分配，测试时须对水样进行摇匀。

（四）准确度测试

① 选择浓度值接近日常水样值的标准样品。

② 按照标液测试程序连续测量 6 次。

③ 记录仪器测试值，计算相对误差（RE），相对误差绝对值最大的为仪器准确度。相对误差的计算公式如下。

$$RE = \frac{\bar{x} - c}{c} \times 100\%$$

式中　$\bar{x}$——质控样品多次测定平均值；

　　　c——质控样推荐值或标样配制值。

（五）精密度测试

① 选择浓度值接近日常水样值的标准样品。

② 按照标液测试程序连续测量 6 次。

③ 记录仪器测试值，计算其相对标准偏差（RSD）（多次测定结果的标准偏差 SD 与多次测定结果的平均值之比）。计算公式如下：

$$RSD = \frac{\sqrt{\frac{1}{n-1}\sum_{i=1}^{n}(x_i - \bar{x})^2}}{\bar{x}} \times 100\%$$

式中　n——质控样品测定次数；

　　　x_i——质控样品第 i 次测定值；

　　　$\bar{x}$——质控样品多次测定平均值。

（六）线性测试

① 按仪器规定的测量范围均匀选择 5 个浓度的标准溶液（含空白）。

② 按样品浓度从低到高的顺序进行测试。

③ 记录测试结果，并计算其相关系数，要求相关系数在 0.999 以上。

（七）检出限

① 按样品分析方式连续测定空白溶液或配制的低浓度标准溶液 6～8 次。

② 仪器的检出限采用实际测试获得的检出限。

③ 记录测试结果。检出限计算公式如下：

$$DL = 3S_b$$

式中　DL——检出限；

　　　3——常数；

　　　S_b——多次测定结果的标准偏差。

四、仪器维护

（一）维护周期

仪器的运行维护主要有检查、清洁和更换三种，可根据具体情况进行调整。仪器维护周期及维护内容如表 2-12 所示。

表 2-12　仪器维护周期及维护内容

维护周期	维护内容
每周	清理仪器内部、表面及周边卫生，保持仪器清洁； 检查仪器运行环境情况，室内温度不宜过高或过低； 检查蒸馏水消耗情况（未配备纯水机的站点），及时更换蒸馏水； 检查仪器废液存积情况，及时清空废液桶
每月	检查试剂消耗情况，及时更换试剂； 查看电极膜的状况，如果有必要，更换氨气敏电极膜和电极填充液
每季度	检查仪器采样管路、液位管、检测池、柱塞泵等清洁、使用情况，根据需要清洗或更换部件
每年	检查仪器线路情况，根据需要进行更换

（二）试剂更换

根据仪器试剂用量选择合适的试剂瓶，并估算试剂的更换周期，定期对试剂进行更换。仪器试剂更换周期如表 2-13 所示。更换前运行推空试剂流程（"测试"菜单中点击"推空试剂"按钮），将试剂管路中残留的试剂推空。

表 2-13　仪器试剂更换周期

试剂编号	试剂名称	保质期	每月用量（按6次/日算）	备注
B	蒸馏水		6L	
E	调节液	>6个月	600mL	
A	标液	>15天	标样核查次数×20mL	
D	标样一	>15天	1200mL	
F	标样二	>15天	1000mL	
试剂保存条件	除蒸馏水外，其余试剂均保存在系统配置的电子冰箱中			

笔记

（三）电极维护

经过长时间的测试，电极膜的表面会变黄或者活性变差，当发现高、低浓度标液的 AD 值（模拟数字转换后得到的值）梯度变小或标准液不能准确测试时，需要检查电极膜的情况。电极膜和填充液的更换请参考说明书相关章节，需要注意的是换膜过程中用塑料镊子操作，不要用手触碰膜的中间部位，膜更换后表面应保持平整。电极安装后，应确保电极探头浸泡在液面以下，同时不能让搅拌子碰到电极探头。

（四）采样管路清洗

水样中的悬浮物容易在管路中积累，影响水样测试结果，甚至堵塞管路和电磁阀。可根据采样管内壁污染情况，定期将水样阀的软管拔下，用注射器进行手动反冲洗，必要的时候可用稀硝酸进行清洗，如清洗不干净，可直接更换。

（五）检测池清洗

当检测池内壁被污染或结垢时，会影响仪器测试。如果是轻微的污染，可将电极取下，从电极安装孔注入蒸馏水，将试管刷伸入检测池刷洗，刷洗完成后运行两次初始化流程（关机重启后等待 10s 或按"ENT"键）。如果污染较严重，可用稀盐酸代替蒸馏水进行清洗。

（六）液位管清洗

当液位管内壁出现污垢时，影响液位计量，容易报缺水样故障或缺试剂故障。此时，应将液位管取下（详细的拆卸方法请参考说明书），用稀盐酸及试管刷对液位管内部进行清洗，然后用清水对液位管进行冲洗。重新安装好液位管后，运行一次初始化流程。

（七）柱塞泵维护

柱塞泵针筒和 O 形圈是易耗品，长时间不更换可能导致电机故障和漏气的问题。具体的更换方法请参考说明书，更换时应注意在针筒内壁和 O 形圈上涂抹凡士林，保持润滑。

五、常见故障分析及处理

通常仪器发生故障时，仪器屏幕会有简单的提示，可根据提示采取相应的措施排除故障。常见故障类型、原因分析及解决方案如表 2-14 所示。

表 2-14　常见故障类型、原因分析及解决方案

故障类型	原因分析	解决方案	备注
开机无显示	电源未接通； 显示屏损坏	检查电源连接正常与否； 检查仪器电源保险； 检查显示屏供电是否正常	
试剂报警或液位故障	缺水样或试剂； 管路气密性差或液位检测器发生故障	检查试剂是否充足，试剂管是否插入液面以下； 检查管路气密性； 检查红外对管电压是否正常	
电机故障	柱塞泵 O 形圈变形； 柱塞泵电机极限失灵；电机驱动器损坏； 电机转不动或掉步	更换 O 形圈和雷射并涂抹凡士林； 检查电机驱动器是否正常； 检查管路是否出现堵塞	当仪器发生电机故障时，仪器不能进行"标定"或测试操作，直到人为排除故障
采样管路堵塞故障	样品过于浑浊，大颗粒物堵塞管路	用稀硝酸(5%)清洗仪器管路多次，然后再用蒸馏水清洗	若不能清洗干净，请更换样品管
测试质控样或标样结果不准确	试剂存在问题； 标样浓度设置不当； 电极膜脏或活性降低； 电极失效	检查试剂是否正常； 选择合适的高、低浓度标液，一般水样浓度在标液高、低浓度之间； 更换电极膜和填充液； 更换电极	一般低浓度标液在 0.2mg/L 以上，高、低浓度标液用同一母液配制，高浓度标液的浓度一般是低度标液的 3～10 倍
数据不稳定	电极探头未浸泡在液面以下或太靠近搅拌子； 抽取试剂异常； 电极膜破损或污染	调整电极安装位置； 检查管路气密性； 检查管路、检测池和液位管是否清洁； 检查 AD 测试数值是否稳定； 更换电极膜和填充液	

任务实施

自动监测系统实际运行过程中,常常会遇到数据问题,如读数超范围、标准曲线斜率偏低、电位读数不稳定、读数漂移等,具体到氨氮自动分析仪,出现以上数据异常现象时,应该从哪里开始排查故障?可能的原因有哪些?

 知识测试

1. 水杨酸法测试水中氨氮,最终生成的化合物的吸光度与氨氮含量成正比,在波长(　　)处测量吸光度,进而得出样品中氨氮含量。
2. 氨氮标液核查的相对误差是(　　)。
3. 当液位管内壁出现污垢时,影响液位计量,容易报(　　)故障。
4. 可根据采样管内壁污染情况,定期将水样阀的软管拔下,用注射器进行手动反冲洗,必要的时候可用(　　)进行清洗,如清洗不干净,可直接更换。

 效果评价

评价表

项目名称	项目二　地表水水质自动分析仪器操作		学生姓名	
任务名称	任务三　氨氮指数测定		分数	
考核内容			分值	考核得分
说出氨氮的来源及危害			10分	
绘制氨氮水杨酸法分光光度法分析仪工作流程图			30分	
说出氨氮水杨酸法分光光度法分析仪数据不稳定故障处理方法			30分	
说出氨氮分析仪电机故障处理方法			30分	
总体得分				
教师评语:				

任务四 总磷、总氮指数测定

引导问题

1. 总氮包括哪几种形态的氮？为什么常规监测项目中既有氨氮，又有总氮？
2. 在手工监测中，总磷和总氮分别采用的是什么方法？请同学们根据标准《总氮水质自动分析仪技术要求》（HJ/T 102—2003）和《总磷水质自动分析仪技术要求》（HJ/T 103—2003）学习总氮和总磷自动分析仪的仪器结构和性能要求。

 笔记

知识准备

一、概述

总磷，简称 TP，水中的总磷含量是衡量水质的重要指标之一。水中磷以元素磷、正磷酸盐、缩合磷酸盐、焦磷酸盐、偏磷酸盐和有机团结合的磷酸盐等形式存在。其主要来源为生活污水、化肥、有机磷农药及近代洗涤剂所用的磷酸盐增洁剂等。

总氮，简称 TN，水中的总氮含量是衡量水质的重要指标之一。总氮是水体中各种形态的有机氮和无机氮的总称，即硝酸盐氮、亚硝酸盐氮、氨氮与有机氮的总称。水体中的有机氮和无机氮有很多，如 NH_4^+、NO_3^-、NO_2^- 等无机氮，蛋白质、有机胺、氨基酸等有机氮，这些都是水体中氮的主要表现形式，它们一起组成了水质环保检测中所定义的总氮，以每升水中含氮的质量（毫克）计算（mg/L），常被用来表示水体受营养物质污染的程度。在特定条件下，如氧化和微生物活动，有机氮可能转化为氨氮。在好氧情况下，氨氮又可被硝化细菌氧化成亚硝酸盐氮和硝酸盐氮。

水中的总磷、总氮含量是衡量水质的重要指标之一。其测定有助于评价水体被污染的状况和自净状况，地表水中氮、磷物质超标时，微生物大量繁殖，浮游生物生长旺盛，出现富营养化状态。

富营养化是指水体中 N、P 等植物必需的矿质元素含量过多而使水质恶化的现象。水体中含有适量的 N、P 等矿质元素，这是藻类植物生长发育所必需的。但是，如果这些矿质元素大量地进入水体，就会使藻类植物和其他浮游生物大量繁殖。这些生物死亡以后，先被需氧微生物分解，使水体中溶解氧的含量明显减少。

接着，生物遗体又会被厌氧微生物分解，产生硫化氢、甲烷等有毒物质，致使鱼类和其他水生生物大量死亡。发生富营养化的湖泊、海湾等流动缓慢的水体，因浮游生物种类的不同而呈现出蓝、红、褐等颜色。富营养化发生在池塘和湖泊中叫作"水华"，发生在海水中叫作"赤潮"。池塘和湖泊的富营养化不仅影响水产养殖业，而且会使水中含有亚硝酸盐等致癌物质，严重地影响人畜的安全饮水。

《地表水环境质量标准》（GB 3838—2002）中对五类水体中总磷、总氮的限值如表2-15 所示。

表2-15 《地表水环境质量标准》中对五类水体中总磷、总氮的限值

项目	水质类别				
	Ⅰ类	Ⅱ类	Ⅲ类	Ⅳ类	Ⅴ类
总磷/(mg/L)	0.02(湖、库 0.01)	0.1(湖、库 0.025)	0.2(湖、库 0.05)	0.3(湖、库 0.1)	0.4(湖、库 0.2)
总氮/(mg/L)	0.2	0.5	1.0	1.5	2.0

二、方法原理

总磷的测定：样品在125℃条件下经过硫酸钾消解后，水样中的含磷化合物转变为正磷酸盐。在酸性介质中，锑盐存在下，正磷酸盐与钼酸铵反应，生成磷钼杂多酸，并立即被抗坏血酸还原，生成蓝色化合物。用分光光度法于波长880nm处测定吸光度，由吸光度值查询标准工作曲线，计算出总磷含量。

总氮的测定：样品在125℃条件下经碱性过硫酸钾消解后，水样中的含氮化合物转变为硝酸盐，用硫酸肼在催化剂的存在下将硝酸盐还原为亚硝酸盐，用N-(1-萘)乙二胺二盐酸盐分光光度法于波长546nm处测定吸光度，由吸光度值查询标准工作曲线，计算总氮含量。

图 2-21 为总磷、总氮自动分析仪检测流程，图 2-22 为总磷、总氮自动分析仪流路图，图 2-23 为总磷、总氮自动分析仪仪器构造图。

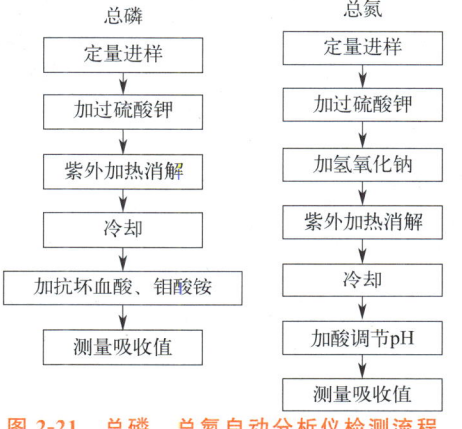

图 2-21 总磷、总氮自动分析仪检测流程

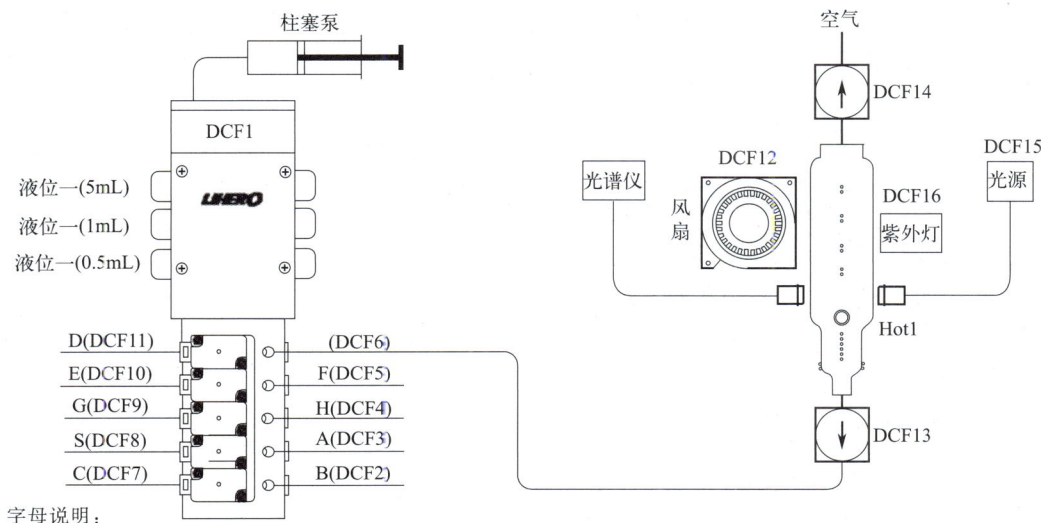

字母说明：
总磷：A—标准溶液；B—蒸馏水；C—直排废液；E—消解液；G—还原液；H—显色剂；S—水样
总氮：A—标准溶液；B—蒸馏水；C—直排废液；D—中和液；E—消解液；F—调节液；S—水样

图 2-22 总磷、总氮自动分析仪流路图

三、仪器操作

根据地表水运行管理规范和仪器仪表使用要求，需定期对设备进行空白校准、标样

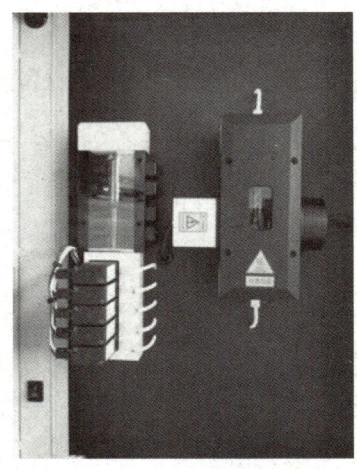

图 2-23　总磷、总氮自动分析仪仪器构造图

核查、加标回收率测试、水样比对、曲线标定以及性能测试等工作。仪器测试周期、测试方式及测试内容见表 2-16。

表 2-16　仪器测试周期、测试方式及测试内容

测试周期	测试方式	测试内容
每周	自动测试或现场核查	标样核查
每周	自动测试	加标回收率测试
每半月	校准	空白校准
每月	与实验室进行比对	水样比对
每季度	校准	曲线标定
每年	性能测试	准确度测试
		精密度测试
		线性测试
		检出限

（一）标样核查

① 在软件上设置自动标样核查周期（一般每周至少一次）和标样浓度。

② 将配制好的标准样品接入标样口。

③ 仪器根据软件上设置的核查周期，自动启动标样测试。

④ 仪器完成标样测试后，自动计算相对误差（一般要求相对误差在±15％以内），并保存核查结果。

⑤ 每周到现场进行巡查时，更换标准样品。

（二）加标回收率测试

① 在软件上设置自动加标回收率测试周期（一般每周至少一次）、加标标样浓度及加标体积。

② 将配制好的标准样品放置于加标回收率测试装置中。

③ 仪器根据软件上设置的自动加标回收率测试周期，自动启动加标回收率测试。

④ 仪器完成加标回收率测试后，自动计算加标回收率（一般要求加标回收率在80％～120％之间），并保存加标回收率测试结果。

（三）空白校准

① 光谱仪测试两个及两个以上参数时无法执行空白校准命令，若需校准可将标样管或者水样管插入蒸馏水中，启动测试，查看空白吸光度。单个参数测试时可按正常空白校准执行此命令。

② 软件具备远程空白校准功能，可实现远程校准及本地校准。

③ 在更换试剂、光源、泵管等关键部件后，须进行空白校准。

④ 进入"测试"菜单，点击"空白校准"按钮，仪器会取蒸馏水进行空白测试。

⑤ 空白校准后，要与校准前的空白吸光度进行比较，一般需连续校准空白两次。偏差较大时需检查试剂、蒸馏水以及关键部件的工作状态是否正常。

⑥ 空白校准稳定后，测试已知浓度标样，确保结果在误差范围内。

（四）水样比对

① 按照地表水管理要求，每月与有资质的第三方实验室进行水样比对测试。

② 水样比对时须对水样进行均匀分配，测试时须对水样进行摇匀。

（五）曲线标定

① 仪器在更换光源、检测部件或计量装置后，或者在更换试剂后空白吸光度变化等情况下，需要重新标定曲线。

② 光谱仪的曲线标定与其他参数标定有差异。若只测试单个参数，可在曲线管理中进行标定；若测试两个或两个以上参数，则工作曲线不能在曲线管理中进行标定。若总氮、总磷同时测试，可配制总氮、总磷的混标，从水样管或者标样管进样，执行测试命令，从数据查询中查得吸光度，再代入曲线中拟合方程。

③ 标定曲线前，要配制适当浓度的标准液，一般选择零点（蒸馏水）、中间点和量程点三点进行标线，按浓度从低到高的顺序依次测试。

④ 完成一个点的标定后，在数据查询中记录吸光度，到曲线管理中输入浓度对应的吸光度，点击所在行的右侧的"保存"按钮，可将此标样浓度与吸光度拟合成新的工作曲线。

笔记

（六）准确度测试

① 选择浓度值接近日常水样值的标准样品。

② 按照标液测试程序连续测量 6 次。

③ 记录仪器测试值，计算相对误差（RE），相对误差绝对值最大的为仪器准确度。相对误差的计算公式如下：

$$RE = \frac{\bar{x} - c}{c} \times 100\%$$

式中　$\bar{x}$——质控样品多次测定平均值；

c——质控样推荐值或标样配制值。

（七）精密度测试

① 选择浓度值接近日常水样值的标准样品。

② 按照标液测试程序连续测量 6 次。

③ 记录仪器测试值，计算其相对标准偏差（RSD）（多次测定结果的标准偏差 SD

与多次测定结果的平均值之比)。计算公式如下:

$$RSD = \frac{\sqrt{\frac{1}{n-1}\sum_{i=1}^{n}(x_i - \bar{x})^2}}{\bar{x}} \times 100\%$$

式中　n——质控样品测定次数;
　　　x_i——质控样品第 i 次测定值;
　　　$\bar{x}$——质控样品多次测定平均值。

(八) 线性测试

① 按仪器规定的测量范围均匀选择 5 个浓度的标准溶液(含空白)。
② 按样品浓度从低到高的顺序进行测试。
③ 记录测试结果,并计算其相关系数,要求相关系数在 0.999 以上。

(九) 检出限

① 按样品分析方式连续测定空白溶液或配制的低浓度标准溶液 6~8 次。
② 仪器的检出限采用实际测试获得的检出限。
③ 记录测试结果,检出限计算公式如下:

$$DL = 3S_b$$

式中　DL——检出限;
　　　3——常数;
　　　S_b——多次测定结果的标准偏差。

四、仪器维护

(一) 维护周期

仪器的运行维护主要有检查、清洁和更换三种,可根据具体情况进行调整。仪器维护周期及维护内容见表 2-17。

表 2-17　仪器维护周期及维护内容

维护周期	维护内容
每周	清理仪器内部、表面及周边卫生,保持仪器清洁; 检查仪器运行环境情况,室内温度不宜过高或过低; 检查蒸馏水消耗情况(未配备纯水机的站点),及时更换蒸馏水; 检查仪器废液存积情况,及时清空废液桶
每半月	检查试剂消耗情况,及时更换试剂
每季度	检查仪器采样管路、液位管、检测池、柱塞泵等清洁、使用情况,根据需要清洗或更换部件
每年	检查仪器线路情况,根据需要进行更换; 通过读取基线强度判断光谱仪是否正常、光源强度、光纤老化程度; 检查紫外灯亮度

(二) 试剂更换

根据仪器试剂用量选择合适的试剂瓶,并估算试剂的更换周期,定期对试剂进行更换。试剂更换周期见表 2-18。更换前运行推空试剂流程("测试"菜单中点击"推空试剂"按钮),将试剂管路中残留的试剂推空。更换试剂后,进行 1~2 次空白校准。

表 2-18 试剂更换周期

试剂编号	试剂名称	保质期	每月用量（按6次/日算）	备注
B	蒸馏水		18L	
D	中和液	>6个月	200mL	
E	消解液	>3个月	90mL	
F	调节液	>2个月	270mL	
G	还原液	>1个月	200mL	
H	显色剂	>2个月	180mL	
A	标液	>3个月	1800mL	
AA	标液	>3个月	1800mL	
试剂保存条件		除蒸馏水外，其余试剂均保存在系统配置的电子冰箱中		

（三）光信号调整

现有光谱仪采用脉冲氙灯作为测试光源，氙灯的谱图在 300～600nm 处光信号较强，测试过程中若发现测试异常，可以先检查光信号是否正常。在维护条件下，向检测池打入 10mL 蒸馏水。在光谱菜单中打开光源，点击"测量信号"，正常情况下，275nm 处的信号强度会在 30000～60000 之间，若不在此区间，可调节光源端电阻"LOW"与"HIGH"调节光强。

（四）采样管路清洗

水样中的悬浮物容易在管路中积累，影响水样测试结果，甚至堵塞管路和电磁阀。可根据采样管内壁污染情况，定期将水样阀的软管拔下，用注射器进行手动反冲洗，必要的时候可用稀盐酸进行清洗，如清洗不干净，可直接更换。

（五）高压阀更换

在测试过程中，若加热过程中出现液体反弹到液位管或者与空气连接端的空气管冒气泡，且明显看到检测池中消解时的液体变少，基本可以判断高压电池阀漏气，此时需要重新更换。

（六）液位管清洗

当液位管内壁出现污垢时，影响液位计量，容易报缺水样故障或缺试剂故障。此时，应将液位管取下，用稀盐酸及细毛刷对液位管内部进行清洗，然后用清水对液位管进行冲洗。重新安装好液位管后，运行一次初始化流程。

（七）柱塞泵维护

柱塞泵针筒和 O 形圈为易耗品，长时间不更换可能导致电机故障和漏气的问题。更换时应注意在针筒内壁和 O 形圈上涂抹凡士林，保持润滑。

五、常见故障分析及处理

通常仪器发生故障时，仪器屏幕会有简单的提示。表 2-19 列出了常见的故障类型、原因分析及解决方案，可采取相应的措施排除故障。

表 2-19 常见故障类型、原因分析及解决方案

故障类型	原因分析	解决方案	备注
开机无显示	电源未接通；显示屏损坏	检查电源连接正常与否；检查仪器电源保险；检查显示屏供电是否正常	

续表

故障类型	原因分析	解决方案	备注
试剂报警或液位故障	缺水样或试剂；管路气密性差或液位检测器发生故障	检查试剂是否充足，试剂管是否插入液面以下；检查管路气密性；检查红外对管电压是否正常	
电机故障	柱塞泵电机极限失灵或驱动器损坏，以及电机转不动或掉步	检查电机驱动器是否正常；检查管路是否出现堵塞	当仪器发生电机故障时，仪器不能进行"标定"或测试操作，直到人为排除故障
采样管路堵塞故障	样品过于浑浊，大颗粒物堵塞管路	用稀盐酸清洗仪器管路多次，然后再用蒸馏水清洗	若不能清洗干净，请更换样品管
测试质控样或标样结果不准确	试剂存在问题或工作曲线偏移	检查试剂是否正常；执行空白或标样校准；重新标定工作曲线	
空白较高	试剂纯度不够	更换蒸馏水；采用进口试剂（过硫酸钾）测试	总氮对试剂纯度要求很高

📝 笔记

任务实施

作为一名运维人员，需要对分析仪的结构有清晰的认识，对仪器出现的报警信息有快速判断的能力。假如分析仪在运行过程中出现"缺试剂"或"缺水样"报警，可能的原因有哪些？应该采取哪些措施来消除警报？

知识测试

1. 水体中 N、P 等植物必需的矿物质元素含量过多而使水质恶化的现象称为（   ）。
2. 总磷 24h 量程漂移，要求相对误差≤（   ）。
3. 总氮 24h 零点漂移，要求相对误差≤（   ）。
4. 总磷、总氮自动分析仪标样核查每（   ）做一次。

效果评价

评价表

项目名称	项目二　地表水水质自动分析仪器操作		学生姓名	
任务名称	任务四　总磷、总氮指数测定		分数	
考核内容			分值	考核得分
简述总氮、总磷的来源及危害			25 分	
对照总磷分析仪仪器流路图，说出总磷分析仪的工作流程			25 分	
说出总氮分析仪空白校准测试方法			25 分	
说出仪器空白较高的故障处理方法			25 分	
总体得分				

教师评语：

项目三　地表水水质自动监测站运行维护

项目描述

为了保障地表水水质自动监测站站房及辅助设施、采水、控制、检测、数据传输等各单元长期有效运行，监测流程全程状态可控，通过引入低浓度标样核查/低浓度漂移、高浓度标样核查/高浓度漂移及多点线性核查、实际水样比对3个级别的质控手段，配合视频观察、远程质控、飞行检查等多种质控措施，结合水质自动综合管理平台对运维和质控过程中关键参数进行记录，考核运维工作质量，并通过数据平台有效数据审核结果，判断水站运行状态，有效掌握其监测断面水质变化情况。

通过对多个水站组成的监测网络的有效数据联网汇总，就可对河流、地区、流域乃至全国的水质变化情况进行监空和分析。因此，做好每一个水站的运行维护和质控工作，为每个监控断面提供有效的数据支撑，具有深远的意义。

笔记

学习目标

知识目标	技能目标	素质目标
1. 掌握质控措施及实施频次； 2. 掌握运行维护具体实施内容及频次； 3. 掌握运行维护管理注意事项	1. 能够根据现场情况合理选择质控措施； 2. 能够判断自动监测数据是否为有效数据； 3. 能够制作每月运维计划和质控计划	1. 培养爱岗敬业、忠于职守的职业精神； 2. 培养认真负责、诚实守信的工作意识； 3. 培养按章操作、确保安全的职业操守

任务一
质量保证与质量控制实施

引导问题

地表水水质自动监测系统每隔4小时测定一组数据，每日上传6组数据，要保证监测数据的准确性就必须要有质控措施，地表水自动监测系统实施的质控措施有哪些呢？实施频次如何？不同自动监测仪器的质控措施技术要求是什么？请同学们结合标准《地表水水质自动监测站（常规五参数、COD_{Mn}、$NH_3\text{-}N$、TP、TN）运行维护技术规范》（HJ 915.3—2024）进行学习。

53

学习情境一　地表水水质自动监测系统运行维护

知识准备

一、运行要求

（一）基本要求

① 水温、pH、溶解氧、电导率、浊度每 1h 监测一次，其他监测项目每 4h 监测一次，必要时可适当调整。

② 高锰酸盐指数、氨氮、总磷、总氮水质自动监测仪器每 24h 应至少开展一次期间自动标样核查，自动标样核查包括低、高 2 个浓度，每个浓度各测试一次，核查性能指标应满足水质自动监测仪器质量控制要求。应根据监测项目水质类别限值选择合适的标准溶液浓度，设置自动标样核查的上限值，具体要求如下：

a. 监测项目对应的水质类别为Ⅰ类、Ⅱ类时，通常设置为Ⅱ类水质标准限值的 2 倍；
b. 监测项目对应的水质类别为Ⅲ～Ⅴ类时，通常设置为水质类别标准限值的 2 倍；
c. 总磷（湖、库）对应的水质类别为Ⅰ～Ⅲ类时通常设置为 0.2mg/L；
d. 监测项目无水质标准限值或对应的水质类别为劣Ⅴ类水时，通常设置为该监测项目前 7 日水质测定均值的 2 倍。

③ 水站原则上应连续运行，因电力故障、采水故障、水位过低、自然断流等不可抗力因素导致停运的，应及时向相关主管部门报告。

（二）运行参数管理及设置

水样测试和标样核查应使用同一量程或设置为同一稀释流程（稀释倍数）。

关键参数（斜率、截距、消解温度等能表征监测过程且对监测结果产生影响的参数）和运行日志（采样、分析、数据传输等能表征监测过程的记录）不得随意更改，如确需变更，应履行审核手续。

二、质量保证与质量控制

（一）质控措施及频次

① 高锰酸盐指数、氨氮、总磷、总氮水质自动监测仪器应按照运行要求分别开展低浓度和高浓度自动标样核查。

② pH、溶解氧、电导率、浊度水质自动监测仪器每周至少开展 1 次标样核查；无须频次加密时，2 次标样核查的时间间隔不得小于 4d。

③ 高锰酸盐指数、氨氮、总磷、总氮水质自动监测仪器每月至少开展 1 次多点线性核查。

④ 针对测试评价结果为Ⅲ～劣Ⅴ类的水体，高锰酸盐指数、氨氮、总磷、总氮水质自动监测仪器每月至少开展 1 次集成影响检查，测试采水单元、预处理单元和配水单元对水质测试结果的影响，其中浊度大于 1000NTU 时可不开展集成影响检查。

⑤ 针对测试评价结果为Ⅲ～劣Ⅴ类的水体，高锰酸盐指数、氨氮、总磷、总氮水质自动监测仪器每月至少开展 1 次加标回收率测试。

⑥ 每季度至少开展 1 次实际水样比对，当水质类别发生变化时，可根据需求调整实施频次。

⑦ 仪器具备自动质控功能的，多点线性核查、加标回收测试等质控措施可采用自动方式开展。

⑧ 当某一监测项目上1个月20d以上测定日均值均为Ⅰ类、Ⅱ类时，该监测项目应按照Ⅰ类、Ⅱ类水体的实施频次开展质控；否则，应按照Ⅲ～劣Ⅴ类水体的实施频次开展质控。具体要求见表3-1。

表3-1 质控措施及实施频次

质控措施	水质类别		最低频次	监测项目
	Ⅰ类、Ⅱ类	Ⅲ～劣Ⅴ类		
低浓度标样核查/低浓度漂移	√	√	1次/24h	高锰酸盐指数、氨氮、总磷、总氮
高浓度标样核查/高浓度漂移	√	√	1次/24h	总磷、总氮
常规五参数标样核查	√	√	1次/7d	pH、溶解氧、电导率、浊度
多点线性核查	√	√	1次/月	高锰酸盐指数、氨氮、总磷、总氮
集成影响检查	—	√	1次/月	
加标回收率测试	—	√	1次/月	
实际水样比对	√	√	1次/季度	pH、溶解氧、电导率、浊度、高锰酸盐指数、氨氮、总磷、总氮

注：√代表该措施项目需要按规定频次进行质控，—代表该措施项目无须开展。

笔记

（二）质控措施实施要求

① 多点线性核查未通过时，维护后仪器应先开展低浓度和高浓度的标样核查，通过后再次开展多点线性核查。

② 集成影响检查、实际水样比对未通过时，应进一步排查原因，直至核查通过。

③ 更换试剂（清洗用水、检查用标准样品除外）后，应至少使用两个不同浓度的校正液进行校正；当监测仪器关键部件更换后，应开展多点线性核查，必要时应开展实际水样比对。

④ 停运后再次恢复到运行条件时应开展标样核查，并对监测数据进行分析，水质环境比停运前变化较大的，还应进行实际水样比对。

⑤ 所有质控测试均应形成记录。

（三）质控措施技术要求

水站运维人员根据水站水质情况完成质控考核，并通过运维管理平台及时提交质控结果。当质控结果超过允许误差范围时，仪器处于失控状态，应及时查找原因、排除故障，重新进行质控考核，在质控考核合格前水站数据均为无效数据。表3-2为水站自动监测仪器质量控制要求。

表3-2 水站自动监测仪器质量控制要求

仪器类型	质控措施		性能指标	技术要求
高锰酸盐指数水质自动监测仪器	低浓度标样核查	Ⅰ～Ⅲ类水体	绝对误差	±1.0mg/L以内
		Ⅳ类、劣Ⅴ类水体	相对误差	±5%标样核查上限值以内
	24h低浓度漂移		相对误差	±10%以内
氨氮水质自动监测仪器	低浓度标样核查	Ⅰ～Ⅲ类水体	绝对误差	±0.2mg/L以内
		Ⅳ类、劣Ⅴ类水体	相对误差	±5%标样核查上限值以内
	24h低浓度漂移		相对误差	±5%以内
总磷水质自动监测仪器	低浓度标样核查	Ⅰ～Ⅲ类水体	绝对误差	±0.02mg/L以内
		Ⅳ类、劣Ⅴ类水体	相对误差	±5%标样核查上限值以内
	24h低浓度漂移		相对误差	±5%以内

续表

仪器类型	质控措施		性能指标	技术要求	
总氮水质自动监测仪器	低浓度标样核查	Ⅰ～Ⅲ类水体	绝对误差	±0.3mg/L 以内	
		Ⅳ类、劣Ⅴ类水体	相对误差	±5%标样核查上限以内	
	24h 低浓度漂移		相对误差	±5%以内	
	高浓度标样核查		相对误差	±10%以内	
	24h 高浓度漂移		相对误差	±10%以内	
	多点线性核查		相关系数 r	≥0.98	
			相对误差	浓度>20%标样核查上限值	±10%以内
			绝对误差	浓度≤20%标样核查上限值	参照低浓度核查要求
	加标回收率测试		加标回收率	80%～120%	
	集成影响检查		相对误差	±10%以内	
高锰酸盐指数、氨氮、总磷、总氮水质自动监测仪器	实际水样比对		相对误差	$C_x > B_Ⅳ$	≤20%
				$B_Ⅱ < C_x ≤ B_Ⅳ$	≤30%
				$C_x ≤ B_Ⅱ$	≤40%
				除湖库总磷外,当自动监测结果和实验室分析结果均低于 $B_Ⅱ$ 时,认定比对实验结果合格。当湖库总磷自动监测结果和实验室分析结果均低于 $B_Ⅲ$ 时,认定比对实验结果合格。注:①C_x 为实验室分析结果;②B 为 GB 3838 规定的水质类别限值;③总氮无河流水质标准,可参考湖库标准	
水温水质自动监测仪器	实际水样比对		绝对误差	±0.5℃以内	
pH 水质自动监测仪器	标准溶液测试		绝对误差	±0.15 以内	
	实际水样比对		绝对误差	±0.5 以内	
溶解氧水质自动监测仪器	标准溶液测试		绝对误差	±0.3mg/L 以内	
	实际水样比对		绝对误差	±0.8mg/L 以内	
				当溶解氧自动监测仪与便携仪器均过饱和时,比对结果合格	
电导率水质自动监测仪器	标准溶液测试		绝对误差	标准溶液值≤100μS/cm	±5μS/cm 以内
			相对误差	标准溶液值>100μS/cm	±5%以内
	实际水样比对		绝对误差	便携检测结果≤100μS/cm	±10μS/cm 以内
			相对误差	便携检测结果>100μS/cm	±10%以内
浊度水质自动监测仪器	标准溶液测试		相对误差	30NTU<标准溶液值≤50NTU	±10%以内
			相对误差	50NTU<标准溶液值<1000NTU	±15%以内
	实际水样比对		相对误差	便携检测结果≤50NTU	±30%以内
			相对误差	便携检测结果>50NTU	±20%以内
				当浊度自动监测仪与便携仪器检测结果均≤30NTU 或≥1000NTU 时,判定比对结果合格	

（四）质控措施核查方法

1. 低浓度标样核查和 24h 低浓度漂移

高锰酸盐指数、氨氮、总磷、总氮水质自动监测仪器每日自动测试 1 次标样核查上限值 0～20% 范围内的标准溶液，按照式(3-1) 计算测定结果相对于标准溶液质量浓度的绝对误差：

$$AE_i = x_i - \rho \quad (3\text{-}1)$$

式中　AE_i——第 i 日标样核查测定结果相对于标准溶液浓度值的绝对误差，mg/L；
　　　x_i——第 i 日标样核查测定结果，mg/L；
　　　ρ——标准溶液质量浓度值，mg/L。

按照式(3-2) 计算测试值 24h 前后的变化幅度相对于标样核查上限值的百分比（LD_i），表示为 24h 低浓度漂移：

$$LD_i = \frac{x_i - x_{i-1}}{IC} \times 100\% \quad (3\text{-}2)$$

式中　LD_i——第 i 日 24h 低浓度漂移，%；
　　　x_i——第 i 日标样核查测定结果，mg/L；
　　　x_{i-1}——第 i 日的前一日标样核查测定结果，mg/L；
　　　IC——标样核查上限值，mg/L。

2. 高浓度标样核查和 24h 高浓度漂移

高锰酸盐指数、氨氮、总磷、总氮水质自动监测仪器每日自动测试 1 次标样核查上限值 80% 左右的标准溶液，按照式(3-3) 计算测定结果相对于标准溶液质量浓度的相对误差（RE_i）：

$$RE_i = \frac{x_i - \rho}{\rho} \times 100\% \quad (3\text{-}3)$$

式中　RE_i——第 i 日标样核查测定结果相对于标准溶液浓度值的相对误差，%；
　　　x_i——第 i 日标样核查测定结果，mg/L；
　　　ρ——标准溶液质量浓度值，mg/L。

按照式(3-4) 计算测试值 24h 前后的变化幅度相对于标样核查上限值的百分比（HD_i），表示为 24h 高浓度漂移：

$$HD_i = \frac{x_i - x_{i-1}}{IC} \times 100\% \quad (3\text{-}4)$$

式中　HD_i——第 i 日 24h 高浓度漂移，%；
　　　x_i——第 i 日标样核查测定结果，mg/L；
　　　x_{i-1}——第 i 日的前一日标样核查测定结果，mg/L；
　　　IC——标样核查上限值，mg/L。

3. 标样核查

pH、溶解氧、电导率、浊度水质自动监测仪器使用标准溶液开展期间标样核查。pH、电导率、浊度采用与监测断面水质监测项目测定结果相接近的标准溶液开展核查，每月应至少更换 2 个不同标准值的标准溶液；溶解氧采用空气中饱和溶解氧或无氧水核查，且每月至少涵盖一次空气中饱和溶解氧和无氧水核查。

其中，pH、溶解氧标液核查按照式(3-5) 计算绝对误差：

$$AE = x - \rho \quad (3\text{-}5)$$

式中　　AE——绝对误差；
　　　　x——仪器测定值；
　　　　ρ——标准溶液标准值。

浊度、电导率标样核查结果按照式(3-6)计算相对误差：

$$RE = \frac{x-\rho}{\rho} \times 100\% \tag{3-6}$$

式中　　RE——相对误差；
　　　　x——仪器测定值；
　　　　ρ——标准溶液标准值。

4. 多点线性核查

高锰酸盐指数、氨氮、总磷、总氮水质自动监测仪器依次测试标样核查上限值区间范围内四个点（含零点、低、中、高四个浓度）的标准溶液，并计算每个点测试的示值误差。空白样测试的示值误差以绝对误差表示；其他三个浓度标准溶液测试的示值误差以相对误差表示，并基于最小二乘法线性拟合，按照式(3-7)计算拟合曲线的线性相关系数（r）：

笔记

$$r = \left[\frac{\sum_{i=1}^{4}(\rho_i - \bar{\rho}) \times (x_i - \bar{x})}{\sqrt{\sum_{i=1}^{4}(\rho_i - \bar{\rho})^2 \times \sum_{i=1}^{4}(x_i - \bar{x})^2}} \right]^2 \tag{3-7}$$

式中　　r——线性相关系数；
　　　　x_i——第 i 个标准溶液仪器测定值，mg/L；
　　　　$\bar{x}$——不同浓度标准溶液仪器测定值的平均值，mg/L；
　　　　ρ_i——第 i 个标准溶液质量浓度值，mg/L；
　　　　$\bar{\rho}$——标准溶液质量浓度平均值，mg/L。

5. 加标回收率测定

高锰酸盐指数、氨氮、总磷、总氮水质自动监测仪器开展一次实际水样测定后，对同一样品加入一定量的标准溶液，仪器测试加标后样品，以加标前后水样的测定值变化计算加标回收率。按照式(3-8)计算加标回收率（P）：

$$P = \frac{y-x}{m} \times 100\% \tag{3-8}$$

式中　　P——加标回收率，%；
　　　　y——加标后水样测定值，mg/L；
　　　　x——样品测定值，mg/L；
　　　　m——加标量，mg/L。

6. 集成影响检查

水站开始采水时在采水口处人工采集水样，经预处理后取上清液摇匀，直接经高锰酸盐指数、氨氮、总磷、总氮自动监测仪器测试，与水站自动监测的结果比对，用于检查集成对水样代表性的影响。按照式(3-9)计算水站自动监测的结果相对于人工采样仪器测试结果的误差：

$$RD = \frac{A_1 - A_2}{A_2} \times 100\% \tag{3-9}$$

式中　　RD——集成影响检查相对误差，%；

A_1——水站自动测试结果，mg/L；

A_2——人工采样仪器测试结果，mg/L。

7. 实际水样比对

水质自动监测系统采水时，在站房内或采水点位人工采集原水，高锰酸盐指数、氨氮、总磷、总氮项目采样保存后送实验室按标准方法分析，水温、pH、溶解氧、电导率、浊度项目使用经过检定的便携式仪器检测，计算自动监测的结果相对于实验室分析结果或便携仪器检测结果的误差。其中，水温、pH、溶解氧等项目按照式(3-10)计算实际水样比对绝对误差：

$$AE = x - B \qquad (3-10)$$

式中　AE——实际水样比对绝对误差；

　　　x——自动监测仪器测定值；

　　　B——便携仪器监测值。

高锰酸盐指数、氨氮、总磷、总氮、电导率、浊度项目按照式(3-11)计算实际水样比对相对误差：

$$RE = \frac{x - B}{B} \times 100\% \qquad (3-11)$$

式中　RE——实际水样比对相对误差，%；

　　　x——自动监测仪器测定值；

　　　B——电导率、浊度为便携仪器监测值，其他指标用实验室分析方法测定所得测定值。

三、监测数据有效性评价

（一）有效性评价

① 当低浓度标样核查、24h 低浓度漂移、高浓度标样核查和 24h 高浓度漂移任意一项不满足表 3-2 要求时，则前 24h 数据无效；

② 水站维护、水质自动分析仪故障和质控测试期间所有缺失的监测数据均视为无效数据；

③ 当常规五参数标样核查结果不满足表 3-2 要求时，则此次至上次核查期间获取的监测数据为无效数据；

④ 质控合格后数据经审核通过后才视为有效数据。

（二）测试结果计算的修约标准

在测试计算中，所有质控测试结果计算的修约方法遵守《数值修约规则与极限数值的表示和判定》要求。监测项目质控测试结果修约要求见表 3-3。

表 3-3　监测项目质控测试结果修约要求

指标		保留小数位数	指标	保留小数位数
相对误差/%		1	氨氮/(mg/L)	2
绝对误差	水温/℃	1	总磷/(mg/L)	3
	pH(无量纲)	2	总氮/(mg/L)	2
溶解氧/(mg/L)		2	叶绿素 a/(μg/L)	3
电导率/(μS/cm)		1	蓝绿藻密度/(cells/mL)	1
浊度/NTU		1	相关系数	3
高锰酸盐指数/(mg/L)		1	加标回收率/%	1

(三)数据有效率计算

① 数据有效率计算如下：

数据有效率＝（应获取数据－无效数据）/应获取数据×100％

② 停电、停水（自来水）或采水设施损坏等原因导致的停站的缺失数据不纳入应获取数据。

③ 断流或水位过低、地震、封航、暴雨、台风等不可抗力因素停站或无法维护导致的无效数据不纳入应获取数据。

任务实施

现对在现场运行的总磷自动分析仪进行高浓度标样核查，现场水质为Ⅲ类水，标液浓度为 0.4000mg/L，一周测量值为 0.377586mg/L、0.380697mg/L、0.381033mg/L、0.379691mg/L、0.383897mg/L、0.382448mg/L 和 0.380504mg/L，24h 高浓度标样核查要求为±10％，24h 高浓度漂移要求为±10％，判断此仪器以上检查是否符合要求。

笔记

知识测试

1. 每周进行的质控措施，与前一次时间间隔不得小于（　　）d；每月开展的质控措施，与前一次时间间隔不得小于（　　）d。

2. 针对所有水站，氨氮、高锰酸盐指数、总磷、总氮应每（　　）小时至少进行1次高浓度标样核查和低浓度标样核查。

3. 针对Ⅲ～劣Ⅴ类水体，氨氮、高锰酸盐指数、总磷、总氮每（　　）至少进行1次实际水样比对，Ⅰ类、Ⅱ类水体至少（　　）进行一次实际水样比对。

4. 当监测仪器长时间停机再次恢复运行时应进行（　　）和（　　）。

5. 常规五参数水质分析仪每（　　）天要进行标样核查。

效果评价

评价表

项目名称	项目三　地表水水质自动监测站运行维护	学生姓名	
任务名称	任务一　质量保证与质量控制实施	分数	
考核内容		分值	考核得分
说出地表水自动监测的质控措施有哪些？		20分	
说出每日要完成哪些质控措施？		20分	
说出每月要完成哪些质控措施？		20分	
说出实际水样比对方法？		20分	
说出集成影响检查如何实施？		20分	
总体得分			

教师评语：

任务二 监测站运行维护

引导问题

地表水自动监测站的稳定运行,主要靠运维人员对站点的定期维护。远程维护和现场维护的内容有哪些?如何填写运行维护记录表?如果发现系统异常情况,应该如何处理呢?请同学们结合《地表水水质自动监测站(常规五参数、COD_{Mn}、NH_3-N、TP、TN)运行维护技术规范》(HJ 915.3—2024)进行学习。

知识准备

一、运维人员基本素养

(一)职业操守

爱岗敬业,忠于职守。
按章操作,确保安全。
认真负责,诚实守信。
遵规守纪,着装规范。
团结协作,相互尊重。
保护环境,文明运营。
不断学习,努力创新。
反应迅速,合理收费。

(二)专业技能

作为地表水水质自动监测系统的运维技术人员,熟练掌握监测技术与方法是基本要求。监测人员不仅需要了解地表水水质自动监测站系统的基本组成,监测项目的分析方法,仪器设备测量流程、操作步骤、常见故障处理,还应该明了所使用方法的原理、适用的对象、影响测定准确性的干扰因素等,唯有如此,才算得上是熟练掌握监测技术与方法。

二、运行维护实施

(一)运维计划与运维报告

1. 运维计划

运维单位定期制订运维计划,内容包括维护时间、维护人员、维护内容(试剂更换、耗材更换、仪器校准、部件清洗)等。

2. 运维报告

运维单位每月 3 日前应提交上月运维报告，内容包括水站参数配置、维护人员、实际巡检日期、维护内容、维护效果等。

（二）质控计划与质控报告

1. 质控计划

运维单位每月最后一周应制订下月质控计划，内容包括水站各监测项目质控措施、计划质控时间以及质控测试所采用标准溶液浓度等。

2. 质控报告

运维单位每月 3 日前应提交上月质控报告，内容包括水站名称、仪器配置、维护人员、已实施的质控措施、质控实施日期、各监测项目标准溶液浓度、质控结果说明、校准及维护措施数据有效率等。

（三）远程维护

运维人员应每天通过平台查看监测数据，对水站运行状态和数据质量进行相应判断，对站点的运维情况及相关信息进行统计和评价。

1. 远程巡视

① 每日对水站运行条件及设备运行状况进行远程查看，具体工作如下：

a. 检查数据采集与传输状况，确认是否获取了水站全部仪器的监测数据和过程日志；

b. 根据仪器质控结果、过程日志判断仪器运行情况及数据的可靠性；

c. 对前一天监测数据有效性进行审核并对异常数据进行标记，形成监测数据审核日志。

② 远程监视采水设施、水位以及站房内外情况，如发现异常，应及时报告和处置，必要时前往现场确认和维护。

③ 远程查看是否存在非法入侵行为。

④ 远程查看浮船站是否存在船体移位告警，如发现异常应及时报告和处置。

⑤ 远程查看浮船站船体蓄电池电量，如电量过低应及时进行充电。

2. 远程控制

① 出现异常数据时，远程或自动对监测仪器开展校准、复位、水样/标样测试、校准等维护工作。

② 当监测数据出现异常时，运维人员远程发送必要的质控测试命令，根据测试结果综合判断数据有效性。一旦确定水质发生重大变化或仪器设备故障，应及时报告和处置，必要时前往现场确认和维护。

（四）现场维护

1. 例行维护

① 每周应按照以下要求采用人工或自动等方式开展维护。

a. 检查采水点周边环境，记录水体颜色、嗅味、水位变化等情况，及时清理漂浮物等杂物；当水位发生较大变化时应调整采水口位置以保障采水正常；在封冻期前做好采排水管路和站房保温等维护工作。

b. 通过回看视频确认采水设施、站房是否存在异常情况。

c. 查看站房内外运行环境，确认室内温度、湿度等条件是否满足要求，保持站房内干净整洁，检查站房外部安防等设施是否正常。

d. 检查采配水单元是否正常，包括采水浮筒固定情况、采水泵、增压泵、空气泵、手阀、电动阀工作状态以及采排水管路是否存在漏液或堵塞情况，必要时应清洗并排除故障。

e. 查看水质自动监测仪器及空压机、不间断电源（UPS）、除藻装置、纯水机等辅助设备是否正常，必要时应更换耗材。

f. 启动水质自动采样器，检查水质自动采样器工作状态。

g. 检查水质自动监测仪器、控制单元、监控中心平台三者监测数据和运行日志是否一致。

h. 查看试剂使用状况，及时添加或更换试剂，试剂使用时间最长不超过90d。

i. 查看废液收集情况，避免出现泄漏等情况。

j. 应及时清除站房周围的杂草和积水，检查站房是否有漏水现象，站房外围的其他设施是否有损坏或被水淹没。

② 每月应按照以下要求采用人工或自动等方式开展维护：

a. 清洗采水单元、配水与预处理单元；

b. 备份与存储监测数据，备份时间应不低于3年；

c. 检查稳压电源及不间断电源（UPS）输出是否符合要求；

d. 检查视频设备功能是否正常，发现问题应及时处置；

e. 检查空气压缩机和清水增压泵的工作状态。

③ 每季度应按照以下要求采用人工或自动等方式开展维护：

a. 启停各泵、阀，检查工作状态是否正常；

b. 检查控制单元软硬件运行状态是否正常。

④ 每年应按照以下要求开展维护：

a. 对站房及仪器设备开展全面养护；

b. 按要求更换站房内消防装置，通过具有资质的专业机构对防雷设施进行检测、维护或更换，并出具报告。

⑤ 根据要求或结合实际运行情况，定期更换光源、电极、泵、阀、传感器等关键零部件及泵管等易耗品。

2. 定期养护

定期养护内容及频次见表3-4。

表3-4 定期养护内容及频次

	工作内容	周	月	季度	半年	年	备注
站房	消防设施更换					√	
	防雷检测					√	
	空调及供暖设施维护			√			浮船站除外
	船体清洗				√		
采配水单元	潜水泵清洗	√					
	采水辅助设施清洗			√			
	五参数检测池清洗	√					
	沉降池清洗		√				
	过滤器清洗	√					
	水样杯清洗	√					

续表

工作内容		周	月	季度	半年	年	备注
分析单元	试剂更换		√				可根据仪器要求执行
	耗材及配件更换				√		
	废液处置		√				
	保养检修		√				
	试剂贮存箱温度检查	√					
控制单元及数据采集传输单元	网络通信设备检查			√			
	工控机检查			√			
辅助设备	稳压电源检查		√				
	UPS检查		√				
	空压机检查		√				
	纯水机滤芯维护			√			
	太阳能板检查		√				
	太阳能板清洁		√				
	风力发电机检查		√				
	蓄电池检查		√				
	舱室漏水报警设备检查	√					
	警示灯检查					√	
	自动定位系统检查					√	
	视频设备检查		√				
	自动采样器检查	√					
	数据备份		√				
	备机维护		√				

（五）异常情况处置要求

1. 异常情况判定

出现以下数据时，应视情况采取标样核查、现场排查、留样复测、实际水样比对等措施，确认数据是否异常：

① 带有异常标识的监测数据；

② 自动监测仪器设备状态参数异常、运行日志异常或监测仪器设备故障的监测数据；

③ 通过监测项目之间相关性分析、气象条件分析、水站所在地历史数据分析认为不合常理的监测数据；

④ 其他情况导致的异常数据。

2. 异常情况处置

① 确认仪器通信存在障碍或仪器状态异常、仪器故障时，应尽快前往现场查明原因，处理故障。

② 仪器或系统发生故障时，对于在现场能够诊断明确且可通过更换备件解决的问题，应在现场解决故障；对于其他不易诊断和检修的故障，或48h内无法排除的仪器故障，应采用备机替代发生故障的仪器，同时应对备机开展多点线性核查，并对监测数据进行分析，监测数据与更换备机前变化较大时，还应开展实际水样比对。

③ 经核实确为监测项目测定结果对应的水质类别发生变化时，及时报送相关生态环境主管部门。

3. 补充监测要求

① 出现以下情况时，运维单位应按要求对所有监测项目开展人工补充监测工作：

a. 采水设施故障、供电故障等基础保障原因，或河道整治、清淤、施工等导致水站停运；
　　b. 监测水体受高泥沙、高浊度、高盐度、藻类聚集等复杂情况影响，导致自动监测数据准确度达不到要求；
　　c. 水站升级改造等其他因素导致无法正常运行的情况。
　　② 台风、暴风雪、地震、洪水、泥石流、塌方、断流、结/化冰期等不可抗力因素导致无法人工采样时，可不开展人工补充监测工作。

三、运行记录要求

（一）运行记录基本要求

　　运维单位应按照管理需求记录水站运行情况和维护情况，记录形式不限，应至少包括以下基本内容：
　　① 水站检查维护记录，应包含水站名称、维护日期、运维单位、维护人员、检查维护内容及处理说明等；
　　② 仪器设备检修记录，应包含水站名称、维护日期、运维单位、维护人员、故障仪器设备型号及编号、故障情况及发生时间、检修情况说明、部件更换说明、修复后质控测试情况说明、正常投入使用时间等信息；
　　③ 水站仪器关键参数设置及变更记录，应包含水站名称、设置时间或变更时间、仪器名称及型号、测量原理及分析方法、关键参数变更后情况及变更原因说明；
　　④ 水站试剂及标准样品更换记录，应包含水站名称、维护日期、运维单位、维护人员、仪器名称、试剂名称、标准样品浓度、试剂体积、试剂配制时间、试剂有效期、试剂更换时间等信息；
　　⑤ 易耗品和备品备件更换记录，应包含水站名称、维护日期、运维单位、维护人员、易耗品/备品备件名称、规格型号、更换日期、更换原因说明等信息；
　　⑥ 应记录废液收集量、收集时间、转运记录等信息；
　　⑦ 运维记录应清晰、完整。平台具备填报功能的可通过平台填报，平台不具备的应在现场及时填写，与仪器相关的记录可放置在现场并妥善保存。

 笔记

（二）运行记录表格

　　附录 A（可扫描二维码查看）给出了水站运维常用表格。
　　① 水站自动监测设备运营维护日常巡检表（附录表 A-1）；
　　② 水站自动监测仪校准记录表（附录表 A-2）；
　　③ 水站自动监测仪校验记录表（附录表 A-3）；
　　④ 水站自动监测设备故障维修记录表（附录表 A-4）；
　　⑤ 标准溶液核查结果记录表（附录表 A-5）；
　　⑥ 易耗品更换记录表（附录表 A-6）；
　　⑦ 标准物质更换记录表（附录表 A-7）；
　　⑧ 比对试验结果记录表（附录表 A-8）；
　　⑨ 异常和缺失数据标识和补充（附录表 A-9）。

附录 A

四、运维管理

（一）站房管理

① 保持站房干净整洁，做好站房及辅助设施的日常维护保养工作，以及防雷、抗灾、防盗等工作。

② 非运维人员确因工作需要进入水站，须由运维人员陪同，并做好登记备案。

③ 非运维人员进入站内不得有干扰正常监测工作的操作或行为，包括操作仪表、拷贝数据等，如有上述行为运维人员应及时制止并上报总站。

（二）试剂管理

① 国控水站使用试剂的纯度需在分析纯（A.R.）以上，标准溶液的试剂纯度应在优级纯（G.R.）以上。质控、核查工作应使用有证标准物质。

② 运维机构应安排专人配制国控水站使用的试剂，应采用专用试剂瓶盛装，贴有明确标识（包括试剂名称、标液浓度、配制人、配制时间、有效期），并做好相关记录。

③ 试剂更换周期，应结合试剂特性，并根据技术规范要求定期更换，更换试剂后应立即对仪器进行校准、核查。

④ 国控水站所用的强酸、强碱、有毒化学物质，运维机构应遵照《危险化学品安全管理条例》严格管控，严禁用于其他用途。

（三）备品备件管理

① 运维机构根据现场需求建立备品备件和备机库，建立备品备件档案并通过平台备案，详细记录国控水站备品备件、备机使用和更换情况，由总站不定期对档案材料进行检查、核实。每20个国控水站运维机构建立不少于一个备品备件库，每10台在用仪器配置不少于1台备机。

② 运维机构更换仪器关键零部件，须对仪器进行重新校准、核查。

③ 更换备机，须对备机进行校准和多点线性核查。

（四）数据审核管理

① 运维机构于每日12时前完成各站点前日所有监测数据审核，报总站复核；

② 复核不通过的数据，于第2日8时前再次审核后上报；

③ 再次审核报送的数据仍未通过复核的，以总站最终复核结果为准；

④ 三级审核人员每日对运维机构和省级环境监测机构的审核结果进行复核，如有存疑数据无法当日判定的，运维机构应配合三级审核人员及时提供相关佐证材料，最晚在当月数据结转前完成存疑数据的审核；

⑤ 三级审核人员于每月1日17时完成上月所有监测数据的审核工作，平台于每月1日24时前完成上月数据的结转。

（五）保密管理

运维机构应遵守总站的相关保密规定，保证对在从事运维工作中获悉的与国控水站相关保密信息进行保密。所有通过公共渠道无法获得的信息、数据、报告、分析、研究文件或其他形式的信息，未经总站同意，不得以泄露、发布、出版、传授、转让或者其他任何方式给任何第三方，包括不得知悉该项秘密的运维机构的其他职员，知悉属于总站或者虽属于他人但总站承诺有保密义务的秘密信息，也不得在履行职务之外使用这些秘密信息。

运维机构对发现的人为干预、弄虚作假事件除第一时间报告总站外，应注意做好保密工作，不得以任何形式向任何第三方泄露。

 任务实施

如果你是一名国控水站的运维人员，每个星期要对所负责的水站进行维护，请问你进入水站后的维护流程及具体维护内容是怎样的？

 知识测试

1. 发生数据异常情况时，根据现场情况应采取（   ）、（   ）、（   ）等措施进行排查，查明并分析原因，记录备案并上报。

2. 当水站出现故障时运维单位应在（   ）h 内响应并解决，如在规定时间内无法排除的仪器故障，应采用备用仪器替代发生故障的仪器，同时对备机开展（   ）。

3. 因给水故障、采水设施故障或采水点位无法正常采水，国控水站停运，运维单位可采取人工补测的方式，保障国控水站仪器每日上传（   ）组有效数据，停运超过48小时的，后续每周保证2组实验室分析数据直至国控水站恢复正常运行。

4. 国控水站使用试剂的纯度需在（   ）以上，标准溶液的试剂纯度应在（   ）以上。

5. 运维机构于每日（   ）时前完成各站点前日所有监测数据审核，报总站复核。

 效果评价

评价表

项目名称	项目三 地表水水质自动监测站运行维护		学生姓名	
任务名称	任务二 监测站运行维护		分数	
考核内容			分值	考核得分
说出运维人员的基本素养			10分	
说出现场例行维护内容			20分	
说出定期养护内容及频次			20分	
说出数据异常时的处理方法			20分	
说出数据人工补测方法及要求			10分	
说出数据三方审核程序			20分	
总体得分				

教师评语：

学习情境二

环境空气自动监测系统运行维护

 引言

环境空气自动监测技术能够实时监测大气中的污染物浓度，及时掌握当地环境空气污染状况以及成因，监测数据还可用于环境空气考核评价、预警预报、环保评估等。环境空气自动监测技术的发展为进一步加强环境空气污染综合整治、持续改善环境空气质量、保障公众健康和生态环境提供数据支撑。

环境空气质量监测以手工监测方法为起点，采用最原始的手工监测技术开展常规大气污染物的浓度监测。由于手工监测技术存在操作烦琐、时效性较差、工作量大等问题，随着国家对环境空气考核的不断加严、自动监测技术的发展和人们对监测数据有效性要求的提高，自动监测方法开始占主导地位。目前我国环境空气质量监测形成以自动监测技术为主，以手工监测技术为辅，两者有机结合，相辅相成的监测体系。

生态环境部印发的《"十四五"生态环境监测规划》以及中国环境监测总站印发的《2024年深化全国生态环境智慧监测创新应用工作要点》中均进一步明确提出以更高标准保证监测数据"真、准、全、快、新"为根基，全面推进生态环境监测从数量规模型向质量效能型跨越，提高生态环境监测现代化、数智化水平。生态环境部印发的《关于加快建立现代化生态环境监测体系的实施意见》（以下简称《意见》）明确提出要完善监测技术体系、突破一批关键技术应用、提升装备自主化水平、加快新技术标准化进程。《意见》还提出要利用数智化转型工作做到提质增效，减少数据重复生产，做到资源最大化利用，提升监测效率，健全数据管理和机构监管，提升监测数据生产、管理、应用的关键环节。在新时期，《意见》的发布对环境空气自动监测体系提出了巨大的挑战，也带来了丰富的发展机遇。

项目四　明确环境空气自动监测要求

 项目描述

环境空气自动监测系统的监测数据是国家环境空气质量评价的主要数据来源。本项

69

学习情境二　环境空气自动监测系统运行维护

目主要讲解自动监测系统的组成和功能,以及自动监测系统的建设要求。旨在让学习者对空气站的建站方式和运行方式进行基本了解,这是对后续内容学习的有效铺垫。

 学习目标

知识目标	技能目标	素质目标
1. 掌握环境空气自动监测系统的功能; 2. 掌握环境空气自动监测系统的单元结构及功能; 3. 掌握环境空气自动监测站建站原则和要求	1. 能准确说出环境空气自动监测系统的基本组成; 2. 能明晰环境空气自动监测系统安装过程中的注意事项; 3. 能明确环境空气自动监测系统环境运行要求	1. 培养爱岗敬业、诚实守信的工作作风; 2. 培养团队合作意识和人际交往能力; 3. 培养综合分析和判断能力

 笔记

任务一
熟悉环境空气自动监测系统组成与功能

 引导问题

1. 在前置课程中已经学习了环境空气的手工监测方法,思考下需要哪些单元的共同协作才可以完成环境空气质量自动监测呢?
2. 环境空气自动监测系统中,各监测单元需要配备哪些设备? 它们的功能是什么?

 知识准备

一、环境空气自动监测发展历史

环境空气质量自动监测仪器的发展历程,最先主要是完全依赖高昂价格的进口设备,后来国产的监测仪器发展较为迅速,质量也得到了极大的提升,促进了我国环境空气自动监测的发展。20 世纪 80 年代开始,我国大部分一线城市已经逐渐普及环境空气质量自动监测系统,主要是依赖一些进口设备,无论是设备价格还是设备维护的成本都极高。90 年代,我国在形成空气质量变化趋势以及评价空气状况的网络中,部分二线城市也已经逐步建立起环境空气质量自动监测系统,由于当时经费有限,以及国家对空气质量监测数据没有统一的标准,空气质量监测系统所监测到的数据并未发挥出其真正的效用。目前,我国已经开展城市环境质量的预报以及日报工作,在完善环境空气质量监测系统的同时,也大幅度地促进了空气质量自动监测系统设备国产化。监测网络所获取的数据主要通过实时跨区域互联网传送给上级部门,实现监测数据的实时共享与跨区域相互监控,改变了以往仅通过定期监测报告提交数据的方式。

我国城市空气质量自动监测的发展历程主要可分为以下三个阶段:

① 环境空气质量自动监测的建立阶段。这一阶段的核心内容是将环境空气质量监

测工作进行现实环境监测环节引入，之后逐步进行环境空气质量自动监测的制度完善工作。我国在 20 世纪 70 年代中期至 80 年代，为满足城市环境管理的需求，环境空气监测逐步发展起来。到 80 年代后期，中国环境监测总站开始收集全国范围的城市环境空气质量监测数据。同时，建立起环境空气质量标准和方法标准。

② 环境空气质量自动监测系统的巩固发展阶段。城市试点过程中逐渐实行自动监测模式，并在很大程度上取得了较为优异的成果，有效地遏制了我国企业内部存在的污染问题，使得我国城市的空气质量问题得到了有效的保障，这同时也为后续全国范围内的空气质量监测工作提供了一定的技术支持。到 2003 年上半年，全国 279 个地级以上城市中已有 208 个地级以上城市（另有 40 个县级市和县）共建设了空气自动监测系统 631 套。同时，总站还开展了重点城市空气自动监测站联网和空气质量自动监测系统质控考核工作。

③ 空气质量自动监测技术的综合发展时期。2004 年至 2015 年，国家完善了环境空气自动监测方法标准，在全国范围内增加了空气自动监测站点，国家城市环境空气质量监测网由 113 个重点城市扩大到 338 个地级市（含州盟所在地的县级市），国控监测点位由 661 个增加到 1436 个。已建成 14 个国家环境空气背景监测站。监测项目由 SO_2、NO_x 和 PM_{10} 增加为 SO_2、NO_x、PM_{10}、CO、O_3 和 $PM_{2.5}$。

二、环境空气自动监测发展意义

城市发展使民众的生活品质得到了提升，但是环境问题也暴露出来，民众最直观的感受就是雾、霾天气的出现这和带有有害物质的空气，不仅给民众的生活带来了困扰，而且也会直接影响民众的身心健康，长此以往，会增加疾病的发生概率。环境空气质量监测工作的顺利开展，能够明晰环境空气中的有害成分以及污染程度，为后续的空气质量管控提供可靠的参考数据，便于设定更加具有针对性的管控策略。

随着科学的进步，自动化技术成熟度增强，将环境空气质量监测技术与自动化技术进行融合，实现了环境空气质量的自动化监测形式，降低了环境空气质量监测的工作难度，而且全面性与精准性更强。自动监测技术通过监测系统对空气进行实时化监测，最大程度地确保了采集信息的客观性，对环境监测水平的提高具有积极的影响。与此同时，环境空气质量自动监测还能够增加采样频次，运用相关监测设施与相对应的监测技术，在经过整合后，全方位剖析所收集到的采样数据，提高监测信息的处理效率，对环境空气进行质量管控，然后开展检测工作，对影响空气质量的因素与物质进行掌控，促进环境空气质量管理。倘若环境空气质量自动监测过程存在问题，就会影响所得出的监测数据，致使检测结果存在一定的偏差，使精准性降低，会对后续的空气质量治理造成巨大的影响，造成资源的浪费，难以给民众提供干净的环境。所以必须重视环境空气质量自动监测工作，并且明晰其中的管控要点，提升自动监测水平，根据各地具体的空气质量问题，调整监测方案，并引入先进技术，把控好环境空气质量自动监测的发展路径，使其优势充分地凸显出来，助力环境空气的治理，降低空气污染，对空气质量进行优化，为民众提供更加健康无污染的生活环境，带动环境工程的绿色发展。

环境空气质量自动监测和传统空气质量监测比较，其主要优势表现在以下几个方面：

① 环境空气质量监测所需要的数据量极为庞大，而且需要对多种数据进行处理，而在自动监测系统中，所获取的一些数据的处理都是由计算机完成的，大幅度地提升了

监测系统的工作效率以及可靠性。

② 环境空气质量监测要对大量数据进行传输，而在传统环境空气质量监测中，模拟口采集参数，然后发送到中心站，其中采集、发送的参数数据量极大，在采集和传送的过程中难免出现误差。而环境空气质量自动监测系统中大部分用户主要是在大气中对数据进行采集，并且采集之后对数据进行模拟转换，最终通过微处理器智能处理，在最大程度上提升了系统数据的抗干扰能力以及精确度。

③ 环境空气质量自动监测中，所使用的仪器的大部分功能都是依靠微处理器完成的，而且也提供 RS-232 接口，使相关工作人员在控制点就能够清楚地把握单机工作的状态，也能够根据所得的一些参数去判断子站的测量值以及工作状态，以此作为参考，考虑是否要对某个子站进行维护，通过数据的传输，甚至可以知道子站出现故障的环节，方便维护人员维修。

④ 目前我国采用环境空气质量自动监测系统，结合智能数据采集与分析技术，相比传统人工监测方式，大幅提升了监测效率和数据准确性，可实时反映空气质量状况。

三、系统组成与功能

环境空气自动监测系统由空气质量监测子站、中心计算机室、质量保证实验室和系统支持实验室构成。

（一）空气质量监测子站

对环境空气质量和气象状况（包括气温、气压、湿度、风向、风速等）进行连续自动监测，采集、处理和存储监测数据，定时向中心计算机传输监测数据和设备工作状态信息。

空气质量监测子站主要是由子站站房、采样装置、监测仪器、校准设备、数据采集与传输设备及辅助设备等组成。

（二）中心计算机室

1. 主要功能

通过有线或无线通信设备采集各监测子站的监测数据和设备工作状态信息，并对所采集监测数据进行自动判别和存储；对采集的监测数据进行统计处理、分析；对监测子站的监测仪器进行远程诊断和校准。

2. 基本要求

① 中心计算机室的大小应能保证操作人员正常工作。

② 中心计算机室应采用密封窗结构。有条件时，门与机房间可设缓冲间，防止灰尘和泥土带入机舱。

③ 中心计算机室应安装温度和湿度控制设备，机房温度控制在 25℃±5℃，相对湿度控制在 80% 以下。

④ 中心计算机室供电电源电压为 220V，电压波动不能超过 ±10%。供电系统应配有电源过压、过载和漏电保护装置，要有良好的接地线路，接地电阻≤4Ω。有条件时，配备 UPS 电源。

⑤ 中心计算机室应配备专用通信线路。

⑥ 中心计算机室还应符合国家环境保护信息化系统建设的相关规范要求。

⑦ 应设置可进行颗粒物采样器比对测试的室外实验平台。
⑧ 应配置必要的实验台和存储柜。
⑨ 多个空气质量监测子站可共用一个质量保证实验室。

3. 设备配置

（1）硬件配置

① 中心计算机室应配备 2 台以上服务器，一台作为数据库服务器，一台作为应用服务器，服务器配置应满足数据处理工作需要。

② 采用有线或无线通信方式连接中心计算机室和监测子站，通信网络带宽应满足数据传输要求。

③ 硬件配置还应符合国家环境保护信息化系统建设的相关规范要求。

（2）软件配置

① 数据采集与监测子站控制软件

a. 能够定时自动和随时手动采集各监测子站的监测数据、校准记录、设备运行状态及子站停电复电等事件记录。

b. 能够定时自动和随时手动控制监测子站监测仪器进行零点校准、跨度校准、多点校准、性能审核，并自动对校准时的监测数据进行状态标注。

② 数据处理和报表输出软件

a. 能够对环境空气质量监测数据和气象参数设置异常值判断条件，并对异常值进行标注。

b. 可生成并存储基本统计报表，如日报表、周报表、月报表、季报表和年报表等。

c. 对所采集的监测数据、仪器状态参数和生成的统计报表，能自动存储为通用数据文件并上传。

③ 软件配置还应符合国家环境保护信息化系统建设的相关规范要求。

（三）质量保证实验室

1. 主要功能

对监测仪器和设备进行量值传递、校准和性能审核；对检修后的监测仪器和设备进行校准和性能测试。

2. 基本要求

① 质量保证实验室大小应能保证操作人员正常工作。

② 质量保证实验室应采用密封窗结构，并设置缓冲间，防止灰尘和泥土进入实验室。

③ 质量保证实验室应安装温度和湿度控制设备，实验室温度控制在 25℃±5℃，相对湿度控制在 80% 以下。

④ 质量保证实验室供电电源电压为 220V，电压波动不能超过 ±10%。实验室供电系统应配有电源过压、过载和漏电保护装置，实验室要有良好的接地线路，接地电阻 ≤4Ω。

⑤ 质量保证实验室应配置良好的通风设备和废气排出口，保持室内空气清洁。

⑥ 质量保证实验室应配置标气钢瓶放置间（柜）并标识。

⑦ 质量保证实验室应配置必要的实验台和存储柜。

⑧ 多个空气质量监测子站可共用1个质量保证实验室。

3. 仪器设备配置

(1) 颗粒物仪器设备配置

质量保证实验室应配备环境空气颗粒物连续自动监测质量保证和质量控制相关的仪器设备，基本仪器设备配置清单见表4-1。

表4-1　环境空气颗粒物连续自动监测质量保证和质量控制仪器设备清单

编号	仪器名称	技术要求	数量	用途
1	分析天平	检定分度值≤0.01mg	1套	颗粒物与标准滤膜称重
2	流量计	0~5L/min, 1级	1套	实验室流量基准
3	流量计	0~5L/min, 1级	1套	流量传递
4	流量计	0~20L/min, 1级	1套	实验室流量基准
5	流量计	0~20L/min, 1级	1套	流量传递
6	高精度秒表	误差0.01s	1套	流量传递
7	压力表	0.5级, 分辨率≤0.1kPa	1块	气压传递
8	真空表	1级	1个	气路检查
9	湿度计	1级	1个	湿度传递
10	温度计	1级, 分辨率0.1℃	1个	温度传递
11	万用表	1级	1台	电压传递
12	PM_{10} 手工采样器	满足 HJ 93—2013 要求	3台	准确度审核
13	$PM_{2.5}$ 手工采样器	满足 HJ 93—2013 要求	3台	准确度审核

笔记

(2) 气态污染物仪器设备配置

质量保证实验室应配备环境空气气态污染物（SO_2、NO_2、O_3、CO）连续自动监测质量保证和质量控制相关的仪器设备，基本仪器设备配置清单见表4-2。

表4-2　气态污染物质量保证实验室基本仪器设备配置清单

编号	仪器名称	技术要求	数量	用途
1	与子站监测项目相同的监测分析仪器	与子站监测分析仪器的技术性能指标相同或优于子站监测分析仪器	1套	量值传递
2	标准气体	国家有证标准物质或标准样品	1套	量值传递
3	零气发生器	符合 HJ 654—2013 的相关要求	1套	量值传递
4	动态气体校准仪	符合 HJ 654—2013 的相关要求	1套	量值传递
5	臭氧校准仪	配置臭氧发生器、臭氧光度计及反馈装置	2套	量值传递
6	流量计	0~500mL/min, 1级	2套	量值传递
7	流量计	0~5L/min, 1级	2套	量值传递
8	流量计	0~20L/min, 1级	2套	量值传递
9	标准温度计	1级, 分辨率达到±0.1℃	1个	量值传递
10	压力计	1级	1块	气路检查
11	有毒气体泄漏报警器	能够对 SO_2、NO、CO、O_3 等气体开展监测并报警	1套	实验室安全防护

(四) 系统支持实验室

1. 主要功能

对监测仪器设备进行日常维护、保养；对发生故障的仪器设备进行检修或更换。

2. 基本要求

系统支持实验室应配备电源、温度和湿度控制设备、通风装置及相应工作台、储存柜等。多个空气质量监测子站可共用1个系统支持实验室。

3. 仪器设备配置

系统支持实验室应配备仪器测试、维修用设备和工具,还应配备必要的备用监测仪器和零配件,备用监测仪器数量一般不少于在用监测仪器总数的1/4。

任务实施

环境空气自动监测的完成是需要多方面配套实验室共同完成的,说说一整套的环境空气自动监测要经过哪些流程。

知识测试

1. 环境空气自动监测系统由空气质量监测子站、(   )、(   )和(   )构成。

2. 空气质量监测子站主要是由子站站房、(   )、监测仪器、(   )、数据采集与传输设备及辅助设备等组成。

3. 中心计算机室应安装温度和湿度控制设备,机房温度控制在(   ),相对湿度控制在(   )以下。

4. 系统支持实验室应配备仪器测试、维修用设备和工具,还应配备必要的备用监测仪器和零配件,备用监测仪器数量一般不少于在用监测仪器总数的(   )。

效果评价

评价表

项目名称	项目四 明确环境空气自动监测要求	学生姓名	
任务名称	任务一 熟悉环境空气自动监测系统组成与功能	分数	

考核内容	分值	考核得分
简述环境空气自动监测发展的意义	20分	
说出环境空气自动监测系统的组成与功能	20分	
说出中心计算机室的配置要求	20分	
说出质量保证实验室的配置要求	20分	
说出站点仪器配置要求	20分	
总体得分		

教师评语:

学习情境二　环境空气自动监测系统运行维护

任务二
环境空气自动监测系统安装

 引导问题

1. 环境空气自动监测站应该建设在什么地方？对周边环境有什么样的要求？
2. 环境空气自动监测站内应该配置哪些装置？

 **知识准备**

一、监测点位

（一）点位选取原则

站址选择必须考虑下列基本原则。

① **代表性**：具有较好的代表性，能客观反映一定空间范围内的环境空气质量水平和变化规律，客观评价城市、区域环境空气状况，以及污染源对环境空气质量的影响，满足为公众提供环境空气状况健康指引的需求。

② **可比性**：同类型监测点设置条件尽可能一致，使各个监测点获取的数据具有可比性。

③ **整体性**：环境空气质量评价城市点应考虑城市自然地理条件、气象等综合环境因素，以及工业布局、人口分布等社会经济特点，在布局上应反映城市主要功能区和主要大气污染源的空气质量现状及变化趋势，从整体出发合理布局，监测点之间相互协调。

④ **前瞻性**：应结合城乡建设规划考虑监测点的布设，使确定的监测点能兼顾未来城乡空间格局变化趋势。

⑤ **稳定性**：监测点位置一经确定，原则上不应变更，以保证监测资料的连续性和可比性。

（二）监测点位置要求

监测点位置要求如下：

① 应采取措施保证监测点附近1000m内的土地使用状况相对稳定。

② 点式监测仪器采样口周围，监测光束附近或开放光程监测仪器发射光源到监测光束接收端之间不能有阻碍环境空气流通的高大建筑物、树木或其他障碍物。从采样口或监测光束到附近最高障碍物之间的水平距离，应为该障碍物与采样口或监测光束高度差的两倍以上，或从采样口至障碍物顶部与地平线夹角应小于30°。

③ 采样口周围水平面应保证270°以上的捕集空间，如果采样口一边靠近建筑物，

采样口周围水平面应有180°以上的自由空间。

④ 监测点周围环境状况相对稳定，所在地质条件需长期稳定和足够坚实，所在地点应避免受山洪、雪崩、山林火灾和泥石流等局地灾害影响，安全和防火措施有保障。

⑤ 监测点附近无强大的电磁干扰，周围有稳定可靠的电力共应和避雷设备，通信线路容易安装和检修。

⑥ 区域点和背景点周边向外的大视野需360°开阔，1~10km方圆距离内应没有明显的视野阻断；应考虑监测点位设置在机关单位及其他公共场所时，保证通畅、便利的出入通道及条件，在出现突发状况时，可及时赶到现场进行处理。

（三）仪器采样口位置要求

仪器采样口位置要求如下：

① 采样口或监测光束离地面的高度应在3~20m范围内。

② 在保证监测点具有空间代表性的前提下，若所选监测点位周围半径300~500m范围内建筑物平均高度为25m，无法按满足①条的高度要求设置时，其采样口高度可以在20~30m范围内选取。

③ 在建筑物上安装监测仪器时，监测仪器的采样口离建筑物墙壁、屋顶等支撑物表面的距离应大于1m。

④ 当某监测点需设置多个采样口时，为防止其他采样口干扰颗粒物样品的采集，颗粒物采样口与其他采样口之间的直线距离应大于1m。若使用大流量总悬浮颗粒物（TSP）采样装置进行并行监测，其他采样口与颗粒物采样口的直线距离应大于2m。

⑤ 对于环境空气质量评价城市点，采样口周围至少50m范围内无明显固定污染源，为避免车辆尾气等直接对监测结果产生干扰，采样口与道路之间最小间隔距离应按表4-3的要求确定。

表4-3 采样口与道路之间最小间隔距离

道路日平均机动车流量	采样口与交通道路边缘之间最小距离/m	
（日平均车辆数）/辆	PM_{10}、$PM_{2.5}$	SO_2、NO_2、CO和O_3
≤3000	25	10
3000~6000	30	20
6000~15000	45	30
15000~40000	80	60
>40000	150	100

二、监测站房及辅助设施

（一）一般要求

对监测站房及辅助设施的一般要求如下：

① 新建监测站房房顶应为平面结构，坡度不大于10°，房顶安装护栏，护栏高度不低于1.2m，并预留采样管安装孔。站房室内使用面积应不小于15m²。监测站房应做到专室专用。

② 监测站房应配备通往房顶的Z字形梯或旋梯，房顶承重应大于等于250kg/m²。站房室内地面到天花板高度应不小于2.5m，且距房顶平台高度不大于5m。

③ 站房应有防水、防潮、隔热、保温措施，一般站房内地面应离地表（或建筑房顶）有25cm以上的距离。

④ 站房应有防雷和防电磁干扰的设施，防雷接地装置的选材和安装应参照《通信局（站）防雷与接地工程设计规范》(YD 5098—2005) 的相关要求。

⑤ 站房为无窗或双层密封窗结构，有条件时，门与仪器房之间可设有缓冲间，以保持站房内温湿度恒定，防止将灰尘和泥土带入站房内。

⑥ 采样装置抽气风机排气口和监测仪器排气口的位置，应选在靠近站房下部的墙壁上，排气口离站房内地面的距离应在 20cm 以上。

⑦ 在已有建筑物上建立站房时，应首先核实该建筑物的承重能力。

⑧ 监测站房如采用彩钢夹芯板搭建，应符合相关临时性建（构）筑物设计和建造要求。

⑨ 监测站房的设置应避免对企业安全生产和环境造成影响。

⑩ 站房内环境要求：
　a. 温度 15～35℃；
　b. 相对湿度≤85%；
　c. 大气压 80～106kPa。

【注意】低温、低压等特殊环境条件下，仪器设备的配置应满足当地环境条件的使用要求。

（二）配电要求

配电要求如下：

① 站房供电系统应配有电源过压、过载保护装置，电源电压波动不超过 AC（220±22）V，频率波动不超过（50±1）Hz。

② 站房应采用三相五线供电，入室处装有配电箱，配电箱内连接入室引线应分别装有三个单相 15A 空气开关作为三相电源的总开关，分相使用。

③ 站房灯具安装以保证操作人员工作时有足够的亮度为原则，开关位置应方便使用。

④ 站房应依照电工规范中的要求制作保护地线，用于机柜、仪器外壳等的接地保护，接地电阻应小于 4Ω。站房的线路要求走线美观，布线应加装线槽。

（三）辅助设施要求

1. 空调

① 站房内安装的冷暖式空调机出风口不能正对仪器和采样管。
② 空调应具有来电自启动功能。

2. 其他配套设施

① 站房应配备自动灭火装置。
② 站房应安装排气风扇，排气风扇要求带防尘百叶窗。

3. 防雷设备

① 站房配备防雷设备，包括站房防雷、设备防雷、电源防雷、信号防雷，防雷接地装置的选材和安装参照《通信局（站）防雷与接地工程设计规范》（GB 50689—2011）的相关要求。

② 若站房依托在现有建筑物上，如果现有建筑物防雷接地电阻小于 4Ω，且仪器设

备位于该建筑物避雷针保护范围内,将不单独配备站房防雷设备;否则,将单独配备站房防雷设备。

③ 室外信号线采用屏蔽电缆,电缆屏蔽层接地,且接地电阻小于10Ω。

(四)站房示意图

站房示意图见图 4-1。

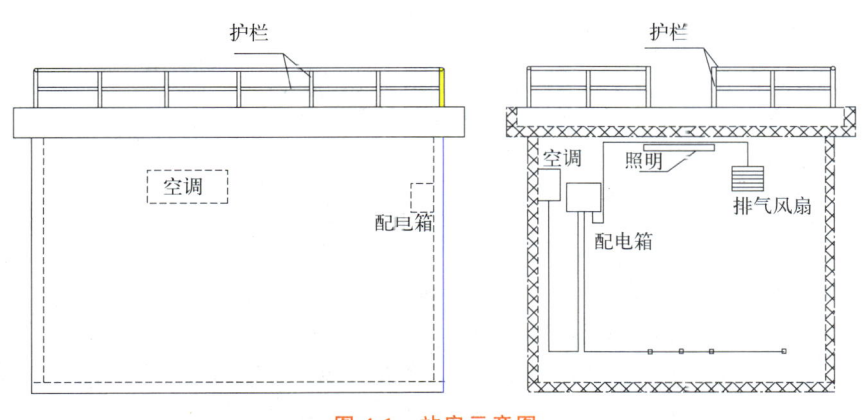

图 4-1 站房示意图

三、监测仪器安装

(一)一般要求

监测仪器安装的一般要求如下:

① 仪器铭牌上应标有仪器名称、型号、生产单位、出厂编号和生产日期等信息。
② 仪器各零部件应连接可靠,表面无明显缺陷,各操作按键使用灵活,定位准确。
③ 仪器各显示部分的刻度、数字清晰,涂色牢固,不应有影响读数的缺陷。
④ 仪器具备数字信号输出功能。
⑤ 仪器电源引入线与机壳之间的绝缘电阻应不小于20MΩ。
⑥ 电缆和管路以及电缆和管路的两端应做上明显标识。电缆线路的施工还应满足《电气装置安装工程 电缆线路施工及验收标准》(GB 50168—2018)的相关要求。

(二)具体要求

1. 检查设备及零配件

依照设备清单进行检查,要求所有零配件配备齐全。

2. 仪器安装

仪器应安装在机柜内或平台上,确保安装水平,并符合以下要求:
① 后方空间:仪器设备安装完毕后,确保仪器后方有0.8m以上的操作维护空间。
② 顶端空间:仪器设备安装完毕后,确保仪器采样入口和站房天花板的间距不小于0.4m。

3. 采样管安装

采样管安装应符合以下要求:

① 采样管应竖直安装。
② 保证采样管与各气路连接部分密闭不漏气。
③ 保证采样管与屋顶法兰连接部分密封防水。
④ 采样管长度不超过 5m。
⑤ 采样管应接地良好,接地电阻应小于 4Ω。

4. 切割器安装

切割器安装应符合以下要求:
① 切割器入口位置应符合监测点位置要求。
② 切割器出口与采样管或等流速流量分配器的连接应密封良好。
③ 切割器应方便拆装、清洗。

5. 辅助设备安装

辅助设备安装应符合以下要求:
① 采样管支撑部件与房顶和采样管的连接应牢固、可靠,防止采样管摇摆。
② 采样辅助设备与采样管应连接可靠。
③ 环境温度或大气压传感器应安装在采样入口附近,不干扰切割器正常工作。
④ 环境温度或大气压传感器信号传输线与站房连接处应符合防水要求。

(三)数据采集与传输设备安装

数据采集与传输设备安装应符合以下要求:
① 设备应采用有线或无线通信方式。
② 设备应安装在机柜内或平台上,确保设备与机柜或平台的安装牢固、可靠。
③ 设备应能正确记录、存储、显示采集到的数据和状态。

四、设备仪器配置

环境空气自动监测站仪器设备配置要求见表 4-4。

表 4-4 环境空气自动监测站仪器设备配置要求

序号	仪器名称	序号	仪器名称
1	臭氧分析仪(紫外荧光法)	8	自动校准仪(自动标气稀释装置)
2	一氧化碳分析仪(化学发光法)	9	零级空气发生器(除烃装置)
3	二氧化硫分析仪(气体滤波相关非分散红外吸收法)	10	采样单元
4	氮氧化物分析仪	11	基站控制系统
5	PM_{10} 分析仪(β射线法)	12	VPN(虚拟专用网络)
6	$PM_{2.5}$ 分析仪(β射线法)	13	组合机柜及集成
7	气象五参数分析仪		

任务实施

通常,环境空气站站址尽可能选择周边无明显污染源处,以保证监测数据的代表性和连续性。如果实际现场并不具备建站条件,你是自动站的建设负责人,请你指出:
1. 空气自动监测站站址必须满足哪些要求?
2. 怎样选择一个可以建设环境空气站的位置?

另外,环境空气站建设好之后要长期、稳定运行,一个站点站址的选择需要经过严格的论证。请查找相关资料，说明站址选用的论证过程。

知识测试

1. 自动监测仪器采样口或监测光束离地面的高度应在（　　）m 范围内。

2. 在建筑物上安装监测仪器时，监测仪器的采样口离建筑物墙壁、屋顶等支撑物表面的距离应大于（　　）m。

3. 新建监测站房房顶应为平面结构，坡度不大于（　　），房顶安装护栏，护栏高度不低于（　　）m，并预留采样管安装孔。站房室内使用面积应不小于（　　）m^2。

4. 仪器设备安装完毕后，确保仪器后方有（　　）m 以上的操作维护空间。仪器采样入口和站房天花板的间距不小于（　　）m。

效果评价

评价表

项目名称	项目四　明确环境空气自动监测要求	学生姓名	
任务名称	任务二　环境空气自动监测系统安装	分数	
考核内容		分值	考核得分
选择合适的监测点位		25 分	
简述监测站房的建设要求		25 分	
罗列监测仪器的安装清单		25 分	
说出柜机、采样管、切割器的安装要求		25 分	
总体得分			
教师评语：			

项目五　环境空气自动分析仪操作

项目描述

环境空气自动监测站常规配置监测项目为 PM_{10}、$PM_{2.5}$、SO_2、NO_2、CO、O_3，颗粒物与气态污染物要分别进行采样测定，所以常规监测站一般配备三个采样管，分别采集 $PM_{2.5}$、PM_{10} 和气态污染物。在本项目中通过对环境空气自动分析仪工作原理的学习，可以进一步了解环境空气自动监测的方式。

学习目标

笔记

知识目标	技能目标	素质目标
1. 掌握环境空气自动分析仪工作原理； 2. 掌握环境空气自动分析仪性能要求； 3. 掌握环境空气自动分析仪结构组成	1. 能够口述环境空气自动分析仪工作流程； 2. 能够以团队形式完成环境空气自动分析仪性能测试； 3. 能够进行环境空气自动分析仪基本故障处理	1. 培养求真务实、精益求精的职业精神； 2. 培养团队协作的工作意识； 3. 培养综合分析和判断能力

任务一　颗粒物测定

引导问题

在前置课程中已经学习了环境空气中颗粒物的手工监测方法，手工采样方法为滤料阻留法，分析方法为重量法，那么自动监测是怎样完成颗粒物测定的呢？颗粒物的自动采样用的依然是滤料阻留法，每次测定都需要用新的滤膜，所以在自动监测设备中使用的是滤膜带，滚动式更新滤膜，以满足 24 小时连续监测的要求。现在环境空气监测站运行的仪器的主要分析方法为 β 射线法，更能满足快速准确的监测要求。

知识准备

一、方法原理

β 射线法测定颗粒物的基本原理：通过测量 β 射线穿过颗粒物时的衰减程度来定量

分析颗粒物的质量浓度。首先，由放射性同位素 C_{14} 释放出高能 β 粒子，形成稳定的 β 射线束；随后，待测空气以恒定流速通过滤膜，颗粒物被截留在滤膜表面形成沉积层；当 β 射线穿透洁净滤膜时，其强度（I_0）可被探测器准确测量，而穿过沉积颗粒物后的 β 射线强度（I）会因颗粒物的吸收和散射作用而减弱。根据朗伯-比尔定律（Lambert-Beer Law），β 射线的衰减量（$\Delta I = I_0 - I$）与颗粒物的质量（Δm）呈线性正相关，通过仪器预标定的校准系数（k），即可计算出颗粒物的质量浓度（$\mu g/m^3$）。

β 射线法测定颗粒物系统主要由切割器（采样头）、采样抽气泵和监测分析仪主机组成。其中切割器是根据空气动力学原理设计的，用于分离不同直径的颗粒物（$PM_{10}/PM_{2.5}$）。

二、性能要求

颗粒物自动分析仪性能要求见表 5-1。

表 5-1　颗粒物自动分析仪性能要求

检测项目		技术要求
检出限		$\leqslant 2\mu g/m^3$
校准膜示值误差		$\pm 2\%$
温度测量示值误差		$\pm 2℃$
大气压测量示值误差		$\pm 1kPa$
湿度测量示值误差		$\pm 5\%RH$
流量测试	平均流量偏差	$\pm 5\%$
	流量相对标准偏差	$\leqslant 2\%$
	平均流量示值误差	$\leqslant 2\%$
断电影响测试	时钟误差	$\pm 10s$
	流量测试	断电影响条件下进行流量测试，应符合流量测试指标要求
电压影响测试		不同供电电压条件下进行流量测试，应符合流量测试指标要求
大气压影响测试		不同大气压条件下进行流量测试，应符合流量测试指标要求
平行性	PM_{10}	$\leqslant 10\%$
	$PM_{2.5}$	$\leqslant 15\%$
参比方法对比测试	PM_{10}	斜率（k）：1 ± 0.10 截距（b）： 当 $k \geqslant 1$ 时，$-10\mu g/m^3 \leqslant b \leqslant (110\sim100)k\ \mu g/m^3$； 当 $k < 1$ 时，$(90\sim100)k\ \mu g/m^3 \leqslant b \leqslant 10\mu g/m^3$ 相关系数（r）：$\geqslant 0.95$
	$PM_{2.5}$	斜率（k）：1 ± 0.10 截距（b）： 当 $k \geqslant 1$ 时，$-5\mu g/m^3 \leqslant b \leqslant (55\sim50)k\ \mu g/m^3$； 当 $k < 1$ 时，$(45\sim50)k\ \mu g/m^3 \leqslant b \leqslant 5\mu g/m^3$ 相关系数（r）：$\geqslant 0.95$
有效数据率		$\geqslant 90\%$

三、仪器维护

颗粒物自动分析仪维护周期、维护方式及维护内容如表 5-2 所示。

表 5-2　颗粒物自动分析仪维护周期、维护方式及维护内容

序号	维护周期	维护方式	维护内容
1	每日	检查	检查仪器参数
2	每周	检查	检查采样管路、纸带

续表

序号	维护周期	维护方式	维护内容
3	每月	检查	检查仪器气密性、流量
4		清洁	清洁颗粒物切割头
5			清洁分析仪排气风扇及散热滤网
6	每季度	检查	检查气温、气压
7	每半年	检查	检查标准膜、湿度传感器、数据采集仪
8	每年	更换	更换采样抽气泵炭片
9		清洁	清洁采样管道以及检漏
10	有必要时	更换	更换纸带
11		清洁	清洁内部管路及电路板
12		检查	检查动态加热系统

四、常见故障分析及处理

通常仪器发生故障时，仪器屏幕会有简单的提示，可采取相应的措施排除故障。表5-3列出了常见的故障类型、原因分析及解决方案。

表5-3　故障分析及处理

序号	故障类型	原因分析	解决方案
1	走纸异常	走纸时压头未抬起； 走纸电机或其控制电路损坏	检查压头机械和控制电路部分； 更换电机或控制电路板
2	采样流量偏低或为零	泵插座线与主机未连接好； 泵抽气管与主机未连接或漏气； 泵本身损坏，导致抽力小或无抽力； 切割器与进气管堵塞； 流量比例阀损坏； 流量传感器或控制板损坏； 长时间未进行流量校准导致流量波动	检查仪器线路是否安装正常； 检查仪器气路是否连接正常； 更换真空泵； 清洗切割器或清理进气管路； 更换流量比例阀； 更换电路控制板； 重新校准仪器流量
3	浓度值是负数	长时间是负值； 短时间是负值	检查监测仪加热器与β检测器； 检查软件算法
4	滤纸异常	异物进入采样管内； 平台漏气	清洗采样管路与平台； 更换平台滤膜与平台密封圈

任务实施

颗粒物自动分析仪在工作过程中需要进行滤膜带的更换，请按照说明书完成颗粒物自动分析仪滤膜带的更换，并进行测试。

知识测试

1. 颗粒物自动监测仪的采样管路需要每（　　）进行检查。
2. 走纸时压头未抬起，需检查（　　）和（　　）。
3. 如有异物进入采样管，须（　　）。

学习情境二　环境空气自动监测系统运行维护

 效果评价

评价表

项目名称	项目五　环境空气自动分析仪操作	学生姓名	
任务名称	任务一　颗粒物测定	分数	
考核内容		分值	考核得分
简述颗粒物自动分析仪工作原理		25 分	
简述颗粒物自动分析仪维护要点		25 分	
说出颗粒物自动分析仪走纸异常故障处理方法		25 分	
说出颗粒物自动分析仪采样流量故障处理方法		25 分	
总体得分			
教师评语：			

 笔记

任务二 气态污染物测定

引导问题

环境空气中气态污染物常规测定的有 SO_2、NO_2、CO、O_3，手工监测常用的采样方法为溶液吸收法，测定方法为分光光度法，数据出得慢、效率低。自动分析仪测定环境空气中的气态污染物，24h 连续监测，5s 出一组数据，那这是怎么做到的呢？

知识准备

一、方法原理

（一）二氧化硫（SO_2）自动分析仪

二氧化硫自动分析仪采用紫外荧光法。脉冲氙灯发出的紫外线经紫外反射滤光片（213.8nm）后进入光反应池，照射反应室内样气中的 SO_2 分子，使 SO_2 分子处于激发态，但激发态的 SO_2 分子不稳定，很快回到基态，其间伴随有荧光的产生。该荧光经紫外波段带通滤光片（350nm）后被聚焦到光电倍增管上。当 SO_2 浓度很低，激发光程很短时，荧光强度与 SO_2 浓度成正比。通过检测荧光强度即可以获得 SO_2 的浓度值。其反应式如下：

$$SO_2 - h\nu_1 \longrightarrow SO_2^*$$
$$SO_2^* \longrightarrow SO_2 + h\nu_2$$

（二）二氧化氮（NO、NO_2、NO_x）自动分析仪

二氧化氮（NO、NO_2、NO_x）自动分析仪采用化学发光法。该法的工作原理是基于 NO 与 O_3 的化学发光反应生成激发态的 NO_2 分子，其在返回基态时放出与 NO 浓度成正比的光。

对于总氮氧化物（$NO_x = NO + NO_2$）的测定，须先将样气中的 NO_2 转换成 NO，再与 O_3 反应后进行测定，即可测得 NO_x 浓度。两次测定值的差值（$NO_x - NO$）即为 NO_2 浓度。

$$NO + O_3 \longrightarrow NO_2^* + O_2$$
$$NO_2^* \longrightarrow NO_2 + h\nu$$

（三）一氧化碳（CO）自动分析仪

CO 自动分析仪采用气体滤波相关红外吸收法（NDIR），是一种使用气体滤光相关（GFC）的自动监测分析仪。气体滤光相关（GFC）技术灵敏度高，稳定性好，检出限

低。GFC 光谱学是建立在比较被测气体的红外吸收光谱的具体结构和其他被采样气体的光谱结构的基础之上的，这一技术是用一个高浓度样品气体来完成的，来自红外光源的红外线依次通过周期旋转的滤光轮中的 CO 与 N_2 滤光器，然后红外辐射通过一个窄带干扰滤光片进入光室，由采样气体吸收红外辐射，出光室的红外辐射进入红外检测器进行检测，检测到红外辐射吸收信号值，根据朗伯-比尔定律得到相应浓度。

（四）臭氧（O_3）自动分析仪

臭氧分析仪采用紫外光度法。该法的工作原理是基于臭氧分子内部电子的共振对紫外线（波长 254nm）的吸收，直接测定紫外线通过臭氧时减弱的程度就可计算出臭氧的浓度。紫外线照射于一个交替地充满样品气和充满零气的玻璃管吸收池，光通过零气吸收池时的光强为 I_0，通过充满样品气吸收池的光强为 I，得到一个 I/I_0 的比率，由朗伯-比尔定律根据光强的比率计算出臭氧浓度。

（五）零气发生器

将空气经空压机压缩，通过除湿管将露点降到 $-20℃$ 后，再由高温催化炉对 CO、碳氢化合物等进行氧化分解，然后通过滤料将 SO_2、氮氧化物等吸附，最后经调压阀输出压力稳定的零级空气。

（六）动态校准仪

动态校准仪采用层流差压式测量原理的流量控制器来对原料气和稀释气进行控制，由于控制器内部自带温度和压力补偿，因此无须对外部环境温度和气体压力等进行控制即可实现对单路气体流量的高精度控制。

二、性能要求

表 5-4 为气态污染物自动监测系统性能指标要求，表 5-5 为多气态动态校准装置性能指标要求。

表 5-4 气态污染物自动监测系统性能指标要求

项目	SO_2 分析仪器	NO_2 分析仪器	O_3 分析仪器	CO 分析仪器
测量范围	(0～500)ppb	(0～500)ppb	(0～500)ppb	(0～50)ppm
零点噪声	≤1ppb	≤1ppb	≤1ppb	≤0.25ppm
最低检出限	≤2ppb	≤2ppb	≤2ppb	≤0.5ppm
量程噪声	≤5ppb	≤5ppb	≤5ppb	≤1ppm
示值误差	±2%F.S.	±2%F.S.	±4%F.S.	±2%F.S.
20%量程精密度	≤5ppb	≤5ppb	≤5ppb	≤0.5ppm
80%量程精密度	≤10ppb	≤10ppb	≤10ppb	≤0.5ppm
响应时间	≤5min	≤5min	≤5min	≤4min
电压稳定性	±1%F.S.	±1%F.S.	±1%F.S.	±1%F.S.
流量稳定性	±10%	±10%	±10%	±10%
环境温度变化影响	≤1ppb/℃	≤3ppb/℃	≤1ppb/℃	≤0.3ppm/℃
转化效率	—	>96%	—	—

续表

项目		SO_2 分析仪器	NO_2 分析仪器	O_3 分析仪器	CO 分析仪器
干扰成分的影响		±4% F.S.(2% H_2O)	±4% F.S.(2.5% H_2O)	±4% F.S.(2% H_2O)	±5% F.S.(2.5% H_2O)
		±4% F.S.(0.2ppm 甲苯)	±4% F.S.(1ppm NH_3)	±4% F.S.(1ppm 甲苯)	±4% F.S.(1000ppm CO_2)
		±4% F.S.(3000ppm CH_4)	±4% F.S.(200ppb O_3)	±4% F.S.(0.2ppm SO_2)	—
		—	±4% F.S.(500ppb SO_2)	±5% F.S.(0.5ppm NO/NO_2)	—
采样口和校准口浓度偏差		±1%	±1%	±1%	±1%
无人值守工作时间	长期零点漂移	±10ppb	±10ppb	±10ppb	±2ppm
	长期量程漂移	±20ppb	±20ppb	±20ppb	±2ppm
	平均故障间隔天数	≥7d	≥7d	≥7d	≥7d

注:1ppm=10^{-6};1ppb=10^{-9}。

表 5-5 多气态动态校准装置性能指标要求

项目	性能指标
稀释比率	1/1000～1/100
流量线性误差	±1%
臭氧发生浓度误差	±2%

三、仪器维护

气态污染物分析仪维护周期和维护内容如表 5-6 所示。

表 5-6 气态污染物自动分析仪维护周期和维护内容

设备名称	维护周期	维护内容
二氧化硫(SO_2)自动分析仪	每周	检查仪器滤膜污染情况,及时更换滤膜; 核查仪器准确性,对仪器进行零点、跨度校准; 清理仪器内部、表面及周边卫生,保持仪器清洁; 检查仪器运行环境情况,室内温度不宜过高或过低; 检查日志是否出现报警提示,根据报警标识进行核查
	每月	检查光源强度值,及时调整光源的设置值; 检查风扇防尘网上的灰尘是否需要清理
	每季度	检查 KICKER 管的除水效率; 检查气泵采样流量,确保采样流量的一致性
	每年	检查光源是否需要更换; 检查内置采样泵是否需要更换
二氧化氮(NO、NO_2、NO_x)自动分析仪	每周	检查仪器滤膜污染情况,及时更换滤膜; 核查仪器准确性,对仪器进行零点、跨度校准; 清理仪器内部、表面及周边卫生,保持仪器清洁; 检查仪器运行环境情况,室内温度不宜过高或过低; 检查日志是否出现报警提示,根据报警标识进行核查
	每月	检查风扇防尘网上的灰尘是否需要清理
	每季度	检查氮氧化物转化炉的转化效率; 检查气泵采样流量,确保采样流量的一致性
	每年	检查内置采样泵是否需要更换或更换膜片

续表

设备名称	维护周期	维护内容
一氧化碳(CO)自动分析仪	每周	检查仪器滤膜污染情况,及时更换滤膜; 核查仪器准确性,对仪器进行零点、跨度校准; 清理仪器内部、表面及周边卫生,保持仪器清洁; 检查仪器运行环境情况,室内温度不宜过高或过低; 检查日志是否出现报警提示,根据报警标识进行核查
	每月	检查光源强度值,及时调整光源的设置值; 检查风扇防尘网上的灰尘是否需要清理
	每季度	检查气泵采样流量,确保采样流量的一致性
	每年	检查光源是否需要更换; 检查内置采样泵是否需要更换
臭氧(O_3)自动分析仪	每周	检查仪器滤膜污染情况,及时更换滤膜; 核查仪器准确性,对仪器进行零点、跨度校准; 清理仪器内部、表面及周边卫生,保持仪器清洁; 检查仪器运行环境情况,室内温度不宜过高或过低; 检查日志是否出现报警提示,根据报警标识进行核查
	每月	检查光源强度值,及时调整光源的设置值; 检查风扇防尘网上的灰尘是否需要清理
	每季度	检查臭氧涤除器的涤除效率; 检查气泵采样流量,确保采样流量的一致性
	每年	检查光源是否需要更换; 检查内置采样泵是否需要更换

四、常见故障分析及处理

通常仪器发生故障时,仪器屏幕会有简单的提示,可采取相应的措施排除故障。表5-7列出了常见的故障类型及解决方案。

表5-7 气态污染物自动分析仪常见故障类型及解决方案

设备名称	常见故障类型	解决方案
二氧化硫(SO_2)自动分析仪	采样流量偏低	排查是否气路有堵塞,检查气路内部气阻是否有污染或堵塞现象; 检查采样泵是否损坏或异常,采样泵未工作或泵膜损坏漏气,均会导致抽样流量下降; 检查采样滤膜是否脏污未更换,或进样管路堵塞
	流量过高	当给仪器输入零气或标气时,要在大气压下进行
	流量未显示	检查压力传感器是否损坏或未工作
	仪器过热	如果运行不正常,更换风扇; 清洁或更换泡沫过滤器
	通标测试零跨响应慢,浓度无法上升,低值或"0"值	检查采样流量是否正常或采样泵是否正常工作; 检查锌灯强度是否正常,锌灯驱动控制板是否正常,指示灯是否常亮或闪烁; 检查气室镜片是否脏污或检测信号偏低,检测器是否损坏或失效; 检查光电倍增管(PMT)是否正常或信号是否异常
	仪器没有吸入标气	检查屏幕状态的采样流量和压力读数; 用一个独立的流量表检查样品进口和排气气路口上的流量(应当相匹配)进行泄漏测试
	零气流量不合适	检查旁路或大气压力放空口,验证零气体系统供应的流量是否比仪器吸入的更大

续表

设备名称	常见故障类型	解决方案
二氧化氮 (NO,NO_2,NO_x) 自动分析仪	臭氧流量偏低	检查变色硅胶是否变色失效； 检查气阻是否堵塞； 检查臭氧发生器是否工作，检查控制板工作指示灯是否亮起和闪烁； 检查臭氧气路是否有漏气现象
	所有数值均为"0" 或无法上升	检查钼炉是否正常工作，核实钼炉是否已失效； 检查钼炉两端气路或接头是否有漏气等现象； 检查钼炉温度是否正常，加热是否能达到指定温度
	NO 数据高，NO_2 数据 低或为"0"值	检查臭氧发生器是否正常工作； 检查臭氧流量状态数据是否正常； 检查臭氧气路是否漏气
	通标测试零跨响 应慢或无响应	检查零气发生器是否正常工作； 检查动态校准仪是否正常输出零气或标气； 检查钢瓶标气是否有余量，气路是否漏气； 检查设备采样流量是否正常； 检查臭氧发生器和臭氧流量是否正常； 检查钼炉是否温控正常或工作正常
一氧化碳（CO） 自动分析仪	气室温度低于 45℃	检查加热带是否正常
	压力报警高压指示	检查泵膜是否破裂，如有必要更换泵膜或泵
	内部温度报警	检查风扇运转，如果不正常，更换风扇； 清洗或更换泡沫过滤网
	无流量无压力 比例阀模块损坏	更换比例阀模块
	通标测试零跨响应慢 浓度无法上升， 低值或"0"值	检查采样流量是否正常或采样泵是否正常工作； 检查氘灯强度是否正常，氘灯驱动控制板是否正常，指示灯是否常亮或闪烁； 检查气室镜片是否脏污或检测信号偏低，检测器是否损坏或失效； 检查 CO 滤光轮是否正常或信号是否异常
	通标测试零跨偏移过大， 零点漂负值，跨度波动 不稳定	检查零气发生器是否正常工作； 检查动态校准仪是否正常输出零气或标气； 检查气路是否漏气； 检查设备采样流量是否正常； 检查滤光片是否正常工作； 检查金测光室是否脏污，导致检测信号偏低
臭氧（O_3） 自动分析仪	通标测试臭氧零跨响应慢， 浓度无法上升， 低值或"0"值	检查采样流量是否正常或采样泵是否正常工作； 检查汞灯强度是否正常，汞灯驱动控制板是否正常，指示灯是否常亮或闪烁； 检查气室镜片是否脏污或检测信号偏低，检测器是否损坏或失效
	通标测试零跨偏移过大， 零点漂负值， 跨度波动不稳定	检查零气发生器是否正常工作； 检查动态校准仪是否正常输出零气或标气； 检查气路是否漏气； 检查设备采样流量是否正常； 检查臭氧涤除器是否正常工作或涤降效率不佳； 检查臭氧检测气室光池是否脏污，导致检测信号偏低

学习情境二　环境空气自动监测系统运行维护

任务实施

气态污染物自动分析仪采用光学的分析方法，所以分析速度快，实现了连续监测的目的。在气态污染物分析仪中非常重要的一项维护内容是流量的测定和校准，如果流量测定不准确，那么测定的气态污染物的浓度也是不准确的。请同学们观察气态污染物自动分析仪流量的测定结果，并排查故障。

知识测试

1. 二氧化硫自动分析仪采用的是（　　　）法。
2. 二氧化氮（NO、NO_2、NO_x）自动分析仪采用的是（　　　）法。
3. 一氧化碳自动分析仪采用的是（　　　）法。
4. 臭氧自动分析仪采用的是（　　　）法。
5. 如采样流量偏低，首先要检查气路是否有（　　　）现象。

效果评价

评价表

项目名称	项目五　环境空气自动分析仪操作	学生姓名	
任务名称	任务二　气态污染物测定	分数	

考核内容	分值	考核得分
简述二氧化硫自动分析仪工作原理	10分	
简述二氧化氮自动分析仪工作原理	10分	
简述一氧化碳自动分析仪工作原理	10分	
简述臭氧自动分析仪工作原理	10分	
说出采样流量偏低的故障处理方法	30分	
说出零点测量不准确的处理方法	30分	
总体得分		

教师评语：

项目六 环境空气自动监测站运行维护

项目描述

环境空气自动监测站运行维护包括各空气自动监测站所有监测仪器、质控设备、数据采集与传输设备、辅助设备、防雷等基础设施的日常维护、质量控制、故障维修、年度检修、检定等工作，站房管理与维护，电力与网络通信故障抢修，站房租赁、电力、网络通信等，并负担相应费用，须接受国家环保部门（及委托单位）的质控检查与考核，确保空气自动监测站各项监测仪器正常稳定运行并与省、市、县环保部门联网正常。本项目中讲解环境空气自动监测的质控措施、自动监测站运行维护的步骤和要求。本项目内容是自动监测站实际运行的关键，掌握站点的运行维护等基本知识，是对运维工程师的基本要求。

 笔记

学习目标

知识目标	技能目标	素质目标
1. 掌握环境空气自动监测的质控周期； 2. 掌握环境空气自动监测站的质控方法； 3. 掌握环境空气自动监测站的运维内容。	1. 能够完成颗粒物自动分析仪的日常质控任务； 2. 能够完成气态污染物自动分析仪器的校准； 3. 能够完成环境空气自动监测站的日常巡检	1. 培养严谨细致、吃苦耐劳的职业态度； 2. 培养精益求精、勇敢钻研的职业精神； 3. 培养按照规范操作的行为意识

任务一 质量保证与质量控制实施

引导问题

空气站的质量保证与质量控制是环境空气质量监测中至关重要的环节，它们对确保监测数据的准确性、可靠性和可比性具有决定性作用，它们共同构建了一个全面的体系，确保从人员培训、设备校准、实验室管理到数据处理的每个环节都遵循严格的标准与规范。你能说出几个用来保证数据准确性的质控措施吗？

93

学习情境二 环境空气自动监测系统运行维护

知识准备

一、β射线法颗粒物自动分析仪

（一）基本要求

（1）气路检漏

依据仪器说明书酌情进行流量检漏，每月1次；对仪器进行流量检查前应进行检漏，更换纸带或者清洁垫块也应检漏。检漏时仪器示值流量≤1.0L/min，通过检查；当示值流量＞1.0L/min时，表明存在泄漏，需排查并解决泄漏问题，直至通过检查。

（2）流量检查

每月用标准流量计对仪器的流量进行检查，实测流量与设定流量的误差应在±5%范围内，且示值流量与实测流量的误差应在±2%范围内。当实测流量与设定流量的误差超过±5%或示值流量与实测流量的误差超过±2%时，须对流量进行校准，校准后流量误差不应超过设定流量的±2%。

（3）气温测量结果检查

每季度对仪器测量的气温进行检查，仪器显示温度与实测温度的误差应在±2℃范围内。当仪器显示温度与实测温度的误差超过±2℃时，应对温度进行校准。

（4）气压测量结果检查

每季度对仪器测量的气压进行检查，仪器显示气压与实测气压的误差应在±1kPa范围内。当仪器显示气压与实测气压的误差超过±1kPa时，应对气压进行校准。

（5）标准膜检查及湿度测量结果检查

配备外置校准膜的β射线法仪器每半年进行一次标准膜检查，标准膜的检查可选在更换纸带时进行。检查结果与标准膜的标称值误差应在±2%范围内。仪器内部的气体湿度传感器应每半年检查一次，仪器读数与标准湿度计读数的误差应在±4%范围内，超过±4%时应进行校准。

（6）数据一致性检查

每半年应对仪器进行一次数据一致性检查。数据采集仪记录数据和仪器显示或存储监测结果应一致。当存在明显差别时，应检查仪器和数据采集仪参数设置是否正常。若使用模拟信号输出，两者相差应在±1μg/m³范围内。模拟输出数据应与时间、量程范围相匹配。每次更换仪器后均应进行数据一致性检查。

（二）准确度审核

准确度审核用于对环境空气连续自动监测系统进行外部质量控制，审核人员不从事所审核仪器的日常操作和维护。用于准确度审核的流量计、温度计、气压计等不得用于日常的质量控制。

（1）流量审核

实测流量与设定流量的误差应在±5%范围内，与示值流量的误差应在±2%范围内。每年进行一次。

（2）气温审核

仪器显示温度与实测温度的误差应在±2℃范围内。每年进行一次。

94

(3) 气压审核

仪器显示气压与实测气压的误差应在±1kPa范围内。每年进行一次。

(4) 湿度审核

仪器显示湿度与实测湿度的误差应在±4%范围内。每年进行一次。

(5) 环境空气颗粒物自动监测仪器准确度审核

以《环境空气 PM_{10} 和 $PM_{2.5}$ 的测定 重量法》（HJ 618—2011）为参比方法，采用审核采样器进行准确度审核。每年至少进行一次准确度审核，每次有效数据不少于5个日均值（每日有效采样时间不少于20h），手工监测采样滤膜所负载颗粒物质量不少于电子天平检定分度值的100倍。将自动监测数据与手工监测数据的日均值进行比较分析，以数据质量目标作为评价依据，每日自动监测数据与手工监测数据的相对偏差均应达到数据质量目标。偏离要求时，应对颗粒物连续自动监测系统进行检查与维修，重新与参比方法比对，直到满足准确度审核指标。

（三）量值溯源与传递要求

用于量值传递的计量器具，如流量计、气压表、压力计、真空表、温度计、湿度计等，应按计量检定规程的要求进行周期性检定。

（四）数据有效性判断

① 监测系统正常运行时的所有监测数据均为有效数据，应全部参与统计。

② 对仪器进行检查、校准、维护保养或仪器出现故障等非正常监测期间的数据为无效数据；仪器启动至仪器预热完成时段内的数据为无效数据。

③ 低浓度环境条件下监测仪器技术性能范围内的零值或负值为有效数据，应采用修正后的值 $2\mu g/m^3$ 参加统计。在仪器故障、运行不稳定或其他监测质量不受控情况下出现的零值或负值为无效数据，不参加统计。

④ 对于缺失和判断为无效的数据均应注明原因，并保留原始记录。

二、气态污染物自动分析仪

（一）量值溯源和传递

1. 量值溯源和传递要求

① 用于量值传递的计量器具，如流量计、气压表、压力计、真空表、温度计等，应按计量检定规程的要求进行周期性检定。

② 用作工作标准的臭氧校准仪，如配备光度计，至少每半年使用传递标准进行1次量值传递；如未配备光度计，至少每三个月使用传递标准进行1次量值传递。用作传递标准的臭氧校准仪至少每半年送至有资质的标准传递单位进行1次量值溯源。

③ 作为工作标准的标气应为国家有证标准物质或标准样品，并在有效期内使用。

2. 量值溯源和传递方法

（1）臭氧校准设备

对臭氧校准设备的量值溯源和传递，可选用内置紫外光度计和反馈控制装置的臭氧发生器作为传递标准，对现场校准设备（如气体动态校准仪中的工作标准臭氧发生器）进行量值传递。传递标准一般配置两台以上，一台作为实验室控制标准，不用于日常量

值传递:其余传递标准用于日常量值传递,必要时和实验室控制标准进行比对,确保传递标准的准确性。量值传递方法如下:

① 用传递标准对臭氧监测仪进行多点校准,绘制校准曲线,确保臭氧监测仪具有良好的线性。

② 如工作标准与传递标准臭氧发生器不含有零气发生器,应使用同一个零气发生器按图 6-1 连接至气路中。选用的零气发生器的稀释零气量要超过臭氧监测仪的气体需要量。使用前应检查零气发生器中的干燥剂、氧化剂和洗涤材料,确保提供的零气为干燥的不含臭氧和干扰物质的空气。仪器连接后,应进行气路检查,严防漏气。对排空口排出的气体,应通过管线连接至室外或在排空口加装臭氧过滤器去除臭氧。

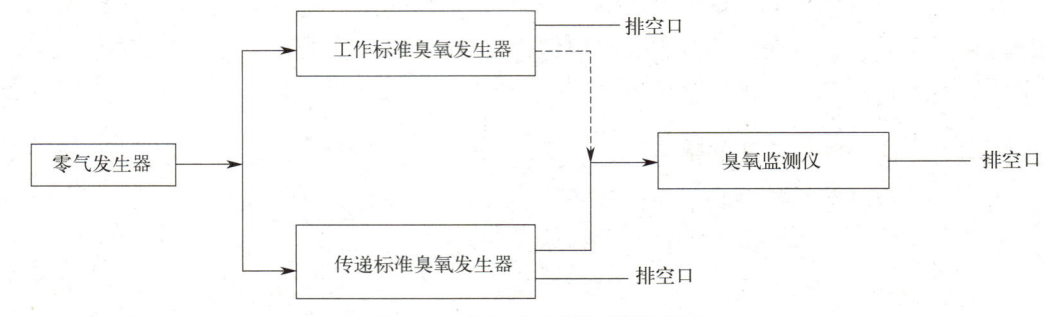

图 6-1 臭氧发生器标准传递图

③ 在保证稀释零气流量恒定的前提下,调节工作标准臭氧发生器的臭氧发生控制装置,向臭氧监测仪输出仪器响应满量程的 0、10%、20%、40%、60%、80%浓度的臭氧气体。

④ 通过传递标准臭氧发生器与臭氧监测仪的校准曲线,计算工作标准臭氧发生器向臭氧监测仪输出臭氧时,臭氧监测仪示值对应的臭氧标准值,并与工作标准臭氧发生器的臭氧浓度示值或设置值一起记录。

⑤ 绘制工作标准臭氧发生器臭氧浓度示值或设置值与传递用臭氧监测分析仪示值对应的臭氧标准值之间的校准曲线,所获校准曲线的检验指标应符合以下要求:

a. 相关系数 (r) > 0.999;

b. 0.97 ≤ 斜率 (a) ≤ 1.03;

c. 截距 (b) 在满量程的 ±1% 范围内。

(2) 标准气体

① 标气钢瓶应放置在温度和湿度适宜的地方,并用钢瓶柜或钢瓶架固定,以防碰倒或剧烈震动。

② 标气钢瓶每次装上减压调节阀,连接到气路后,应检查气路是否漏气。

③ 应经常检查并记录标气消耗情况,若气体压力低于要求值,应及时更换。

(3) 零气发生器

① 应定期检查零气发生器的温度控制和压力是否正常,气路是否漏气。

② 温度控制器出现故障报警或维修更换后,必须用工作标准进行校准。

③ 应定期检查并排空空气压缩机储气瓶中的积水。

④ 按仪器说明书的要求,对零气发生器中的分子筛、氧化剂、活性炭等气体净化材料进行定期更换,净化材料每 6 个月至少更换 1 次。若发现各项目的监测误差和零点

漂移明显增大，应查明原因，必要时更换净化材料。

(4) 动态校准仪

对动态校准仪中的质量流量控制器，应至少每季度使用标准流量计进行1次单点检查，流量误差应≤1%，否则应及时进行校准。

（二）监测仪器的校准

1. 校准周期

① 具备自动校准条件的，每天进行1次零点检查；不具备自动校准条件的，至少每周进行1次零点检查。当发现零点漂移超过仪器调节控制限时，及时对仪器进行校准。

② 具备自动校准条件的，每天进行1次跨度检查；不具备自动校准条件的，至少每周进行1次跨度检查。跨度检查所用标气浓度一般为仪器80%量程对应的浓度，也可根据不同地区、不同季节环境中污染物实际浓度水平来确定，但应高于上一年污染物小时浓度的最高值。当发现跨度漂移超过仪器调节控制限时，应及时对仪器进行校准。

③ O_3监测仪器的零点检查（或校准）、跨度检查（或校准）操作应避免在每日12时至18时臭氧浓度较高时段内进行，若必须在该时段内进行，检查（或校准）时间不应超过1h。对SO_2、NO_2、CO等监测仪器的零点检查（或校准）、跨度检查（或校准）操作也应根据实际情况尽可能避开污染物浓度较高时段。

④ 至少每半年进行1次多点校准（又称线性检查）。

⑤ 对于采用化学发光法的NO_2监测仪器，至少每半年检查1次二氧化氮转换炉的转换效率，转换效率应≥96%，否则应进行维修或更换。

⑥ 对于监测仪器的采样流量，至少每月进行1次检查，当流量误差超过±10%时，应及时进行校准。

2. 校准方法

(1) 单点校准

① 向监测仪器通入零气，待稳定后，记录仪器响应值ZD，即零点漂移量。

② 向监测仪器通入满量程80%浓度的标气（标气浓度也可以根据不同地区、不同季节环境中污染物实际浓度水平来确定，但应高于相应污染物小时浓度的最高值。对于开放光程仪器采用相应的等效浓度），压式（6-1）计算跨度漂移量：

$$SD = (S' - ZD - S)/S \times 100\% \tag{6-1}$$

式中　SD——跨度漂移量，%；

S'——监测分析仪不做零调节对该标气的响应值，nmol/mol 或 μmol/mol；

ZD——零点漂移量，nmol/mol 或 μmol/mol；

S——通入标气的浓度值，nmol/mol 或 μmol/mol。

③ 当监测仪器零点漂移超过调节控制限，需要对仪器进行重新调零时，调零后的跨度漂移计算公式可以简化为式（6-2）：

$$SD = (S' - S)/S \times 100\% \tag{6-2}$$

式中　SD——跨度漂移量，%；

S'——监测仪器对标气的响应值，nmol/mol 或 μmol/mol；

S——规定检查用标气的浓度值，nmol/mol 或 μmol/mol。

④ 按图 6-2 质量控制要求，当零点漂移或跨度漂移超出仪器调节控制限时，对仪器进行校准（必要时应对仪器进行维修），直至零点漂移或跨度漂移小于仪器调节控制限。

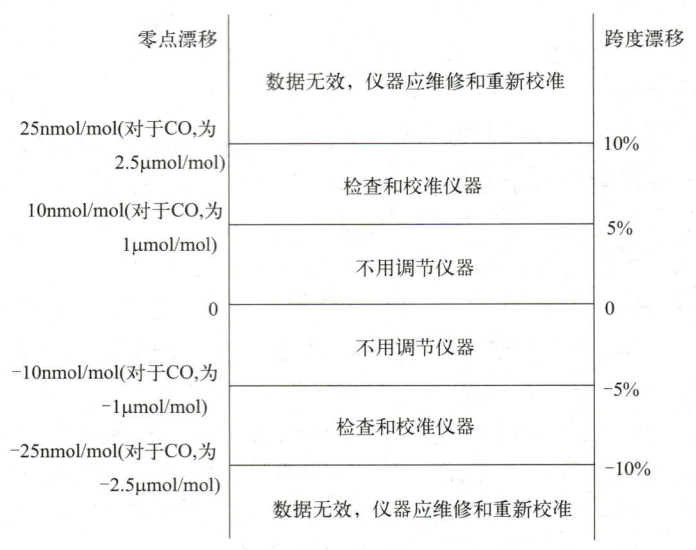

图 6-2　质量控制图

（2）多点校准

① 在确保气体动态校准仪经检验仪器性能完全符合要求的情况下，向监测仪器分别通入该仪器满量程 0、10%、20%、40%、60% 和 80% 浓度的标气，待各点读数稳定后分别记录各点的响应值。

② 用最小二乘法绘制仪器校准曲线。

③ 对所获校准曲线的检验指标应符合以下要求：

a. 相关系数 $(r) > 0.999$；

b. $0.95 \leqslant$ 斜率 $(a) \leqslant 1.05$；

c. 截距 (b) 在满量程的 $\pm 1\%$ 范围内。

④ 若③中任何一项指标不满足要求，则需对监测仪器进行保养、检修、零跨校准后重新进行多点校准，直至检验指标符合要求。

3. 监测仪器的性能审核

（1）精密度审核

审核方法：连续多次向分析仪通入同一浓度的标气，标气浓度为满量程的 20%（也可根据实际情况选择接近环境中污染物实际浓度水平的浓度点），每次等待仪器读数稳定后记录仪器示值，根据仪器示值的相对标准偏差来确定仪器的精密度。

审核流程：应先向监测仪器通入零气，待仪器示值达到零点附近时（对于 SO_2、NO_2、O_3 监测仪器示值低于 10nmol/mol，对于 CO 监测仪器示值低于 1 μmol/mol），向监测仪器通入要求浓度的标气，待仪器读数稳定后，记录仪器示值（Y_i），记录标气值（X_i）。重复上述操作 6 次以上。

该仪器示值的标准偏差和相对标准偏差分别按式(6-3) 和式(6-4) 计算：

$$SD = \sqrt{\frac{\sum_{i=1}^{n}(Y_i - \overline{Y})^2}{n-1}} \qquad (6-3)$$

式中 SD——标准偏差；
Y_i——标准气体第 i 次测量值；
$\overline{Y}$——标准气体测量平均值；
n——测量次数。

$$RSD = \frac{SD}{\overline{Y}} \times 100\% \qquad (6-4)$$

式中 RSD——相对标准偏差；
SD——标准偏差；
$\overline{Y}$——标准气体测量平均值。

以相对标准偏差作为该仪器报出的精密度。

(2) 准确度审核

审核方法：向每台分析仪通入一系列浓度的标气，每次等待仪器读数稳定后记录仪器示值，计算仪器示值与标气浓度的平均相对误差，来确定仪器的准确度。标气浓度要求见表 6-1（对于开放光程仪器采用相应的等效浓度）。准确度审核也可以按最小二乘法步骤作出多点校准曲线，用斜率、截距和相关系数对仪器准确度进行评价。

表 6-1　准确度审核要求提供标气浓度

审核点	标气体积分数(仪器满量程)/%
1	10
2	20
3	40
4	60
5	80

注：对于开放光程仪器采用相应的等效浓度。

审核流程：

① 每次准确度审核时，依次向监测仪器通入要求浓度的标气，记录仪器响应值（Y_i），记录标气值（X_i）。

② 仪器的相对误差和平均相对误差分别按式(6-5) 和式(6-6) 计算：

$$d_i = |Y_i - X_i|/X_i \times 100\% \qquad (6-5)$$

式中 d_i——每个审核点的相对误差；
Y_i——仪器响应值，nmol/mol 或 μmol/mol；
X_i——标气值，nmol/mol 或 μmol/mol。

$$D = \sum d_i / K \qquad (6-6)$$

式中 K——审核点数；
d_i——每个审核点的相对误差；
D——平均相对误差。

③ 以平均相对误差作为该仪器报出的准确度。

4. 数据有效性判断

① 监测系统正常运行时的所有监测数据均为有效数据，应全部参与统计。

② 对仪器进行检查、校准、维护保养或仪器出现故障等非正常监测期间的数据为无效数据；仪器启动至仪器预热完成时段内的数据为无效数据。

③ 对于每天进行自动检查/校准的仪器，发现仪器零点漂移或跨度漂移超出漂移控制限，从发现超出控制限的时刻算起，到仪器恢复至控制限以下时段内的监测数据为无效数据。

④ 对于手工校准的仪器，发现仪器零点漂移或跨度漂移超出漂移控制限，从发现超出控制限时刻的前24h算起，到仪器恢复至控制限以下时段内的监测数据为无效数据。

⑤ 在监测仪器零点漂移控制限内的零值或负值，应采用修正后的值参与统计。修正规则为：SO_2 修正值为 $3\mu g/m^3$，NO_2 修正值为 $2\mu g/m^3$，CO 修正值为 $0.3mg/m^3$，O_3 修正值为 $2\mu g/m^3$。在仪器故障、运行不稳定或其他监测质量不受控情况下出现的零值或负值为无效数据，不参与统计。

⑥ 对于缺失和判断为无效的数据均应注明原因，并保留原始记录。

任务实施

对环境空气气态污染物（SO_2、NO_2、O_3、CO）连续自动监测系统 O_3 分析仪性能进行准确度审核检查，该臭氧分析仪满量程为 500×10^{-9}，审核时分别通入满量程 10%、20%、40%、60%、80% 浓度的臭氧气体，臭氧分析仪的响应分别为 51×10^{-9}、105×10^{-9}、210×10^{-9}、320×10^{-9}、430×10^{-9}，计算该 O_3 分析仪各审核浓度点准确度的平均百分比误差。

知识测试

1. β射线法颗粒物自动分析仪每月用标准流量计对仪器的流量进行检查，实测流量与设定流量的误差应在（　　）%范围内，且示值流量与实测流量的误差应在（　　）%范围内。

2. 配备外置校准膜的β射线法仪器每（　　）进行一次标准膜检查，标准膜的检查可选在更换纸带时进行。检查结果与标准膜的标称值误差应在（　　）%范围内。

3. 用于工作标准的臭氧校准仪，如配备光度计，至少每（　　）使用传递标准进行1次量值传递；如未配备光度计，至少每（　　）使用传递标准进行1次量值传递。

4. 气态污染物自动分析仪具备自动校准条件的，每（　　）进行1次零点检查；不具备自动校准条件的，至少每（　　）进行1次零点检查。

5. 对于采用化学发光法的 NO_2 监测仪器，至少每（　　）检查1次二氧化氮转换炉的转换效率，转换效率应≥（　　）%，否则应进行维修或更换。

效果评价

评价表

项目名称	项目六　环境空气自动监测站运行维护	学生姓名	
任务名称	任务一　质量保证与质量控制实施	分数	
考核内容		分值	考核得分
简述β射线法颗粒物自动分析仪准确度审核方法		20分	
简述β射线法颗粒物自动分析仪数据有效性的判断方法		20分	
说出臭氧校准设备的量值溯源和传递方法		20分	
简述气态污染物自动分析仪的校准内容和周期		20分	
说出单点校准和多点校准的区别		20分	
总体得分			

教师评语：

学习情境二　环境空气自动监测系统运行维护

任务二
监测站运行维护

 引导问题

空气站的运行维护工作是确保设备稳定高效运行、持续提供准确环境监测数据的综合性任务。它涵盖了设备和站房辅助设施的日常巡检、定期保养与故障维修，数据采集、校验、存储与分析，以及质量控制与保证等多个方面。通过这一系列科学、规范的管理和维护措施，空气站得以持续、稳定地发挥作用，为环境保护事业提供坚实的数据支持和决策依据。那么运维人员到底要做哪些具体的工作呢？

 知识准备

一、日常巡检

对空气监测站定期进行巡检，每周至少巡检一次（间隔不超过 8d），巡检工作主要包括：

① 检查子站的接地线路是否可靠，排风排气装置工作是否正常，标准气钢瓶阀门是否漏气，标准气的消耗情况，是否有异常的噪声和气味。

② 检查采样和排气管路是否有漏气或堵塞现象，各分析仪器采样流量是否正常。

③ 各分析仪器工作参数是否正常。例如流量、气温、气压等是否正常。

④ 检查采样头周围 1m 范围内无障碍物或其他采样口，与低矮障碍物之间距离至少 2m。采样头防护网应完整。

⑤ 在经常出现雷雨的地区，应经常检查避雷设施是否可靠，子站房屋是否有漏雨现象，气象杆和天线是否有损坏，站房外围的其他设施是否有损坏或被水淹。如遇到以上问题应及时处理，保证系统安全运行。

⑥ 检查站房内温度是否保持在 15~35℃，相对湿度是否保持在 85% 以下。在冬、夏季节应注意站房内外温差，若温差较大使采样装置出现冷凝水，应及时调整站房温度或对采样总管采取适当的温控措施，如采集加装保温防隔热护层进行保温隔热，确保样气进入仪器前不形成冷凝水，防止冷凝现象。

⑦ 站房空调机的过滤网每 1 个月至少清洗 1 次，防止尘土阻塞过滤网，确保空调效果。

⑧ 检查数据采集、传输与网络通信是否正常。

⑨ 检查各种运维工具、仪器耗材、备件是否完好齐全。

⑩ 检查各种消防、安全设施是否完好齐全。

⑪ 按时如实、客观、准确填写巡检情况。

二、站房维护

(1) 站房电源维护

每年年度维护时,安排专业电工检查站房引入电源接线是否可靠。

(2) 站房运行环境维护

每次巡查时检查站房温度、湿度是否正常,检查空调模式、温度设置是否正常,除湿器运行是否正常。

(3) 站房防水维护

雨雪天每次巡查时须检查站房是否漏水或存在漏水风险,有问题及时处理;梅雨期和雨期前详细检查站房防漏情况,发现问题及时安排专业防漏公司处理。

(4) 站房空调维护

每月清洗空调防尘网;清洗干净的过滤网要晾干水分后才能装回到空调上面;安装过滤网过程中不能把空调附着在换热器表面的回风温度传感器碰移位或者损坏。

(5) 站房接地及防雷检测

检查站房接地线路是否可靠,检查站房仪器机柜与站房排水排气装置工作是否正常。每年雷雨季节前进行1次站房防雷检查。

(6) 站房卫生维护

每次巡检时打扫站房及站房周边范围内卫生,并及时清理。

(7) 站房周边环境检查

每次巡检时应检查站点周边环境变化情况,发现明显异常时应第一时间上报。

三、平台(中心计算机室)数据采集日常检查

公司安排2名专职数据管理员做好监督性数据查询,每天实时公布查询情况,并电话联系出现异常情况的站点。专职数据管理员每日6时至23时对平台数据进行检查,检查工作主要包括:

① 查看站点是否在线,查看最近站点数据是否正常,有无故障和异常数据。

② 每2h调取查看平台数据采集情况。若发现非网络或浏览器原因平台打不开,则第一时间上报相关方处理;若发现数据采集异常,第一时间联系现场运维工程师,确认基站网络、软件是否正常,核实异常数据的仪器运行状态等。

③ 检查各子站监测数据与本地中心计算机室以及上级环境监测部门数据中心的传输情况是否正常。

④ 每日对各子站至少调取一次数据,若发现某子站数据不能调取,应立即查明原因并及时排除故障。

⑤ 每次调取数据时,应对各子站计算机的时钟和日历设置进行检查,若发现时钟和日历错误应及时调整。

⑥ 如系统具有远程诊断功能,应远程检查各子站仪器的运行状况是否正常。

⑦ 现场运维技术人员也要时刻关注各自站点运行情况,每天早、中、晚各查询一次数据。

⑧ 运维人员去现场前,应根据数据查询情况,做好相关的准备工作。

⑨ 运维人员完成站点维护后,也要查看维护后的测试数据是否正常。

四、质量保证实验室日常检查

质量保证实验室日常检查内容包括：

① 工作日，每天对质量保证实验室环境条件如环境温度、湿度、电、水、防尘等进行检查，确保实验室环境条件满足要求。

② 对校准仪器设备工作状态进行检查。定期检查如流量计、温度计、压力计、湿度计、臭氧质量传递设备、配气仪等设备，每周应开机检查仪器运行状态，确保仪器正常，有故障应及时修复处理。

③ 每月对标准物质进行有效期的检查，已过期的标准物质应做好登记、处理，临近过期的 2 个月内及时做好登记和采购准备。

④ 完成监测仪器计量信息登记工作，包括登记检定证书、校准报告和证书、下次校准计划和下次检定计划。

⑤ 对空调、稳压电源等辅助设备运行状态检查，包括定期清理空气滤网，用万用表检查稳压电源输出电源稳定性等。

五、系统支持实验室日常检查

系统支持实验室日常检查的内容包括以下几方面。

① 系统支持实验室环境条件检查。对环境温度、湿度、电、水、防尘等进行检查，确保实验室环境条件满足要求。

② 监测仪器设备定期维护保养、检修记录和计划的整理和检查。

③ 备用监测仪器的工作状态检查。

④ 维修用仪器和设备工具检查。

⑤ 空调、稳压电源等辅助设备的运行状态检查。

六、监测设备日常维护

（一）颗粒物自动监测设备日常维护

1. 采样系统日常维护

① 每周检查采样头、采样管的完好性，及时对缓冲瓶内积水进行清理。

② 每月至少清洗一次采样头，在污染较重的季节，应每两周清洗一次采样头。遇到连续数日颗粒物重污染或沙尘天气，应在污染过程结束后清洗采样头。清洗 $PM_{2.5}$ 旋风切割器时应完全拆开。采样头用蒸馏水或无水乙醇清洗，完全晾干或用热风机吹干后重新组装，组装时同时检查密封圈的密封情况。

③ 在拆装切割器时，玻璃器件要轻拿轻放避免损坏，安装螺钉时要方法和力量合适，避免滑丝或拧弯变形。

④ 每年对采样管路至少进行一次清洗。采样管清洗后必须进行气密性检查，并进行采样流量校准。清洗采样总管要停机清洗，采用特制清扫杆，对采样杆进行来回清扫，确保采样杆内管壁清洁、干燥。恢复测试时应做气密性检查和测试数据观察。

⑤ 雨雪天每次巡查时须检查采样杆和安装法兰是否漏水或存在漏水风险，有问题及时处理；梅雨期和雨期前详细检查采样杆和安装法兰防漏情况，发现问题及时安排专业防漏公司处理。

2. 监测仪器日常维护

① 每日检查平台数据情况，如有异常数据，现场运维人员需要在 2h 内对基站数据、仪器运行状态以及采样斑点颜色进行核实，若确定数据异常，应即时进行数据无效审核，并说明审核理由。

② 每周巡查，检查仪器运行日志及状态，查看近一周是否有报警和故障日志，若有及时维护处理。

③ 每月清洗一次 β 射线设备的压头及纸带下的垫块，使用棉签棒蘸酒精清洗。

④ 每月清洗辊轴或挂钩等部件。清除累积在采样体压紧纸带处表面以及摆轮处的灰尘，以确保准确采样以及避免影响仪器正常运行，造成走纸故障。可用蘸了酒精的棉花签清洁压头和下面的金属垫片。清洁时可以通过仪器面板控制压头升起，将棉花签伸入，旋转压头几圈便可清洁。如果有异物难处理，可使用棉花签尾部（木制的）处理。

⑤ 每月检查 $PM_{2.5}$ 设备的动态加热装置是否正常工作。

⑥ 每月对 β 射线设备的时钟进行检查；设备与数据采集仪连接的需要同时检查数据采集仪的时钟。

⑦ 每月对流量/管路气密性进行检查。每月对采样流量进行检查，如流量异常，需进行管路气密性检查。

⑧ 滤纸更换。每月检查滤纸带是否用完，一卷滤纸带可以使用 1～6 个月（视厂家而定），一旦将要用完请及时更换滤纸带，装好滤纸后一定要旋紧滤纸轴端盖且一定要进行紧纸和自检操作。

⑨ 运行部件清洁。每季度或每次更换纸带时清除累积在采样体压紧纸带处表面以及摆轮处的灰尘，以确保准确采样以及避免影响仪器正常运行，造成走纸故障。可用蘸了酒精的棉花签清洁压头和下面的金属垫片。清洁时可以通过仪器面板控制压头升起，将棉花签伸入，旋转压头几圈便可清洁。如果有异物难处理，可使用棉花签尾部（木制的）处理。

⑩ 每月进行监测仪器的接地检查，确保仪器接地良好，保障仪器受干扰小，确保测试数据准确。

⑪ 每月对监测仪散热风扇的滤网进行清洗，清洗干净晾干后装回即可。

⑫ 每次巡检维护均要有记录，并定期存档。

⑬ 仪器说明书规定的其他维护内容。

（二）气态污染物自动监测设备日常维护

① 每日远程查看仪器工作状态，发现异常时，应及时对仪器相关部件进行维护或更换。

② 根据仪器说明书的要求，定期检查、清洗仪器内部的滤光片、限流孔、反应室、气路管路等关键部件。重污染天气后应及时检查和清洗。

③ 按仪器说明书的要求，定期更换监测仪器中的紫外灯、光电倍增管、制冷装置、转换炉、发射光源（氙灯）和抽气泵膜等关键零部件；更换后应对仪器重新进行校准，并进行仪器性能测试，测试合格后，方可投入使用。

④ 仪器配备的干燥剂等应每周进行检查，及时更换。

⑤ 根据仪器说明书的要求，定期更换和清洁仪器设备中的过滤装置。采样支管与

监测仪器连接处的颗粒物过滤膜一般情况下每 2 周更换 1 次，颗粒物浓度较高地区或浓度较高季节，应视颗粒物过滤膜实际污染情况加大更换频次。

⑥ 采样总管每年至少清洁 1 次，每次清洁后，应进行检漏测试。采样总管检漏测试方法为将总管上的一个支路接头接上压力计，并将其他支路接头和采样口封死，然后抽真空至大约 1.25hPa，将抽气口密封，使整个采样系统不与外界相通，15min 内真空度不应有变化。

⑦ 采样支管每半年至少清洁 1 次，必要时更换。

⑧ 每月按仪器说明书的要求对采样支管和仪器气路进行气密性检查。

七、运维档案与记录

运维过程需要详细记录在案，相关运维记录表见附录 B（扫描二维码可查看）：

① 空气监测子站巡检记录表（附录表 B-1）；
② β 射线法仪器质控工作记录表（附录表 B-2）；
③ （　　）仪器运行状况检查/校准记录表（附录表 B-3）；
④ （　　）仪器多点校准记录表（附录表 B-4）；
⑤ （　　）仪器精密度审核记录表（附录表 B-5）；
⑥ （　　）仪器准确度审核记录表（附录表 B-6）；
⑦ 氮氧化物分析仪转换效率测试记录表（附录表 B-7）；
⑧ 臭氧校准设备量值传递记录表（附录表 B-8）。

附录 B

任务实施

环境空气自动监测系统的日常运维工作内容较烦琐，请按照要求完成一次国控监测站月维护，并填写好运维表格。

知识测试

1. 空气站日常巡检时，检查采样头周围（　　）m 范围内无障碍物或其他采样口，与低矮障碍物之间距离至少（　　）m。采样头防护网应完整。

2. 颗粒物自动监测设备，每（　　）检查采样头、采样管的完好性，及时对缓冲瓶内积水进行清理。

3. 颗粒物自动监测设备，每（　　）至少清洗一次采样头，每（　　）对采样管路至少进行一次清洗。

4. 气态污染物自动监测设备，采样支管与监测仪器连接处的颗粒物过滤膜一般情况下每（　　）更换 1 次，颗粒物浓度较高地区或浓度较高季节，应视颗粒物过滤膜实际污染情况加大更换频次。

5. 气态污染物自动监测设备，采样总管每年至少清洁 1 次，每次清洁后，应进行（　　）测试。

效果评价

评价表

项目名称	项目六　环境空气自动监测站运行维护	学生姓名	
任务名称	任务二　监测站运行维护	分数	
考核内容		分值	考核得分
简述环境空气自动监测站日常巡检内容		25 分	
简述环境空气自动监测站房维护项目		25 分	
简述颗粒物自动监测设备日常维护内容		25 分	
简述气态污染物自动监测设备日常维护内容		25 分	
总体得分			

教师评语：

笔记

学习情境三

污染源自动监测系统运行管理

引言

根据《主要污染物总量减排监测办法》和《污染源自动监控管理办法》等要求，为确保重点监控企业污染源自动监测数据的有效性，生态环境部制定了一系列技术规范、考核规程和审核办法对污染源自动监测系统的运行管理进行监督、考核和管理。

对污染源自动监测系统的运行管理，主要包括自动监测系统设备的选择、安装与调试、试运行与验收、数据有效性判别和运营管理等内容。

在污染源自动监测系统的运行管理过程中，要严格按照技术规范要求确保数据的有效性。

项目七 水污染源自动监测系统运行管理

项目描述

水污染源自动监测系统以自动分析仪器为核心，运用现代传感器技术、自动测量技术、自动控制技术及计算机应用技术，与相关专用分析软件和通信网络组成综合性自动监测系统。本项目内容是污染源自动监测系统运行管理的重要组成部分，通过本项目的学习，应系统掌握水污染源自动监测系统相关水污染源自动监测仪器的工作原理、安装与调试、试运行与验收、数据有效性判别和运营管理知识，为今后的水污染源自动监测系统运行管理工作做好良好的知识储备。

学习目标

知识目标	技能目标	素质目标
1. 掌握水污染源自动监测仪器工作原理；	1. 能按技术规范安装水污染源自动监测系统；	1. 培养爱岗敬业、诚实守信的工作作风；

学习情境三 污染源自动监测系统运行管理

续表

知识目标	技能目标	素质目标
2. 掌握水污染源自动监测系统的安装与调试要求； 3. 掌握水污染源自动监测系统的试运行与验收要求； 4. 掌握水污染源自动监测系统数据有效性判别要求； 5. 掌握水污染源自动监测系统运营管理要求	2. 能按技术规范运行水污染源自动监测系统； 3. 能按技术规范验收水污染源自动监测系统； 4. 能按技术规范对水污染源自动监测系统的数据有效性进行判别	2. 培养工匠精神和钻研精神； 3. 培养综合分析和判断能力

任务一 水污染源自动监测仪器工作原理

  引导问题

在本课程中已经学习了地表水中五参数自动分析仪、高锰酸盐指数自动分析仪、氨氮水质自动分析仪、总氮自动分析仪和总磷自动分析仪等地表水自动监测仪器。水污染源自动监测仪器与地表水自动监测仪器有什么不同？主要的水污染源自动监测仪器有哪些，方法原理上是否有不同？

 知识准备

一、化学需氧量（COD_{Cr}）水质自动分析仪

化学需氧量（chemical oxygen demand，COD_{Cr}）是评价水体污染程度的重要综合指标之一，在一定程度上反映水体受还原性物质（有机污染物）污染的情况。

目前市场上 COD_{Cr} 水质自动监测仪种类繁多且性能各异。按照方法分类，可分为重铬酸钾氧化分光光度法、重铬酸钾氧化库仑滴定法和羟基氧化法三类。

（一）重铬酸钾氧化分光光度法分析仪

1. 仪器基本原理

在水样中加入一定量重铬酸钾溶液，以硫酸作为酸化剂，以硫酸银作为催化剂，以硫酸汞作为氯的掩蔽剂，经过 165℃ 条件氧化消解后，在 (600±20)nm 波长处测定重铬酸钾还原产生的三价铬（Cr^{3+}）的吸光度，或在 (440±20)nm 波长处测定重铬酸钾未被还原的六价铬（Cr^{6+}）的吸光度。根据试样 COD_{Cr} 值与吸光度值比例关系计算试样 COD_{Cr} 浓度（图 7-1）。

2. 仪器结构

COD_{Cr} 水质自动监测仪的结构主要包含主控模块、计量模块、多通阀、反应池模块、高压阀、试剂模块和显示屏模块（仪器结构见图 7-2 和图 7-3）。

任务一　水污染源自动监测仪器工作原理

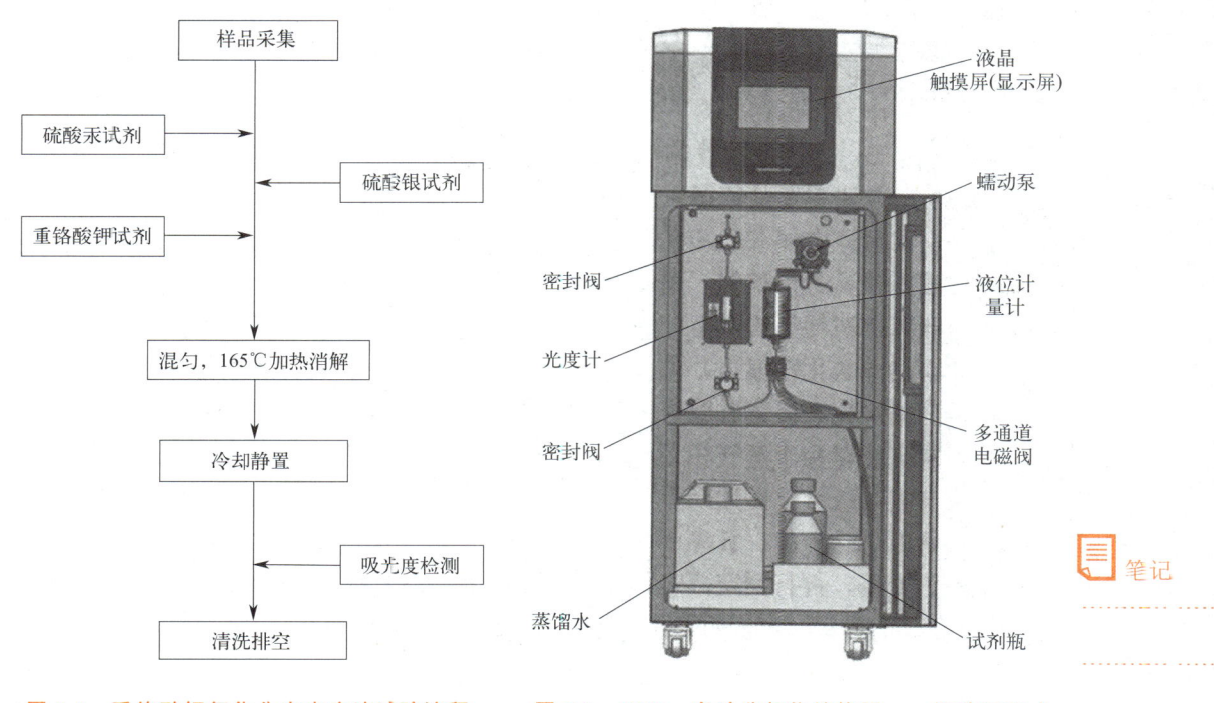

图 7-1　重铬酸钾氧化分光光度法试验流程　　图 7-2　COD_{Cr} 自动分析仪结构图——蠕动泵形式

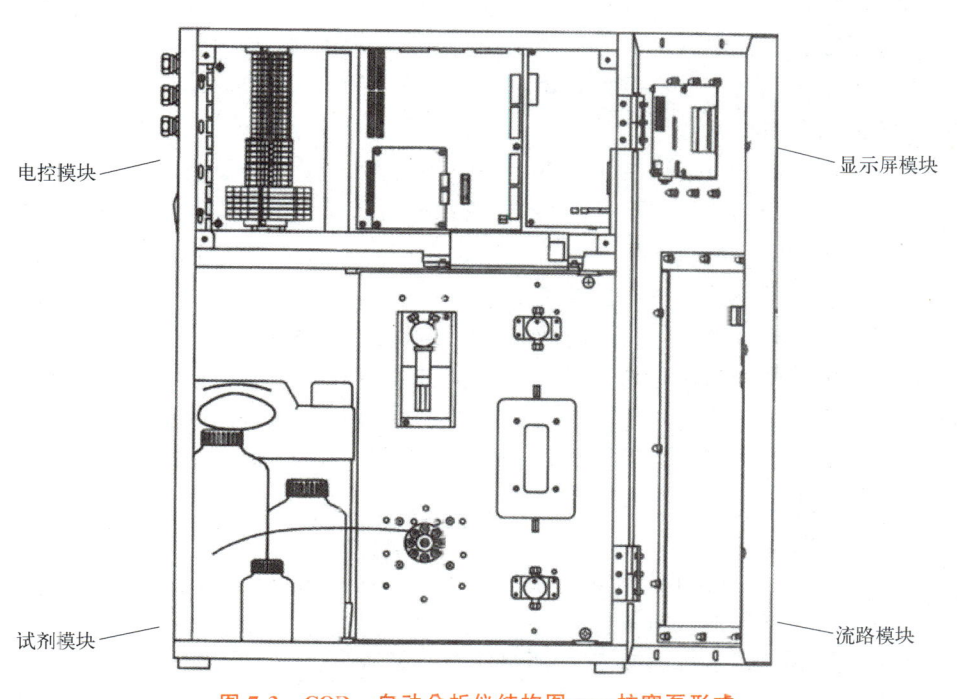

图 7-3　COD_{Cr} 自动分析仪结构图——柱塞泵形式

　　主控模块是仪表的大脑，主要功能包括部件的控制、外部通信、校准曲线计算、数据结果运算及与显示屏模块进行数据交互。

　　显示屏模块用于与操作人员交互、参数设置等。

柱塞泵/蠕动泵提供动力，将试剂、水样等注入或排出反应池。

反应池模块包含消解池 PT100 温度传感器、高压阀、加热丝。反应池用于试剂或水样的消解、反应、显色等。

计量模块包含计量管和光电检测装置，可以计量指定体积的试剂、水样。

多通阀用于切换不同的管路，抽取不同的试剂和水样、标样。试剂模块提供仪表运行所需的各种试剂。

在主控模块的控制下，柱塞泵/蠕动泵工作，计量一定体积的水样和试剂，通过多通阀进入反应池。水样与试剂混合后开始加热，PT100 温度传感器反馈加热温度，混合液在 165℃ 条件下经过一段时间的消解，水中的还原性物质与氧化剂发生反应。氧化剂中 Cr^{6+} 被还原为 Cr^{3+}，这时混合液的颜色会发生变化。通过光电比色把 Cr^{6+} 减少量或者 Cr^{3+} 增加量转换成电压变化量。根据电压变化量与 COD_{Cr} 值的关系计算得到试样 COD_{Cr} 浓度。

3. 仪器基本操作方法

仪器操作之前需认真阅读仪器的使用说明书，仪器所用试剂涉及强酸溶液，易造成人身伤害，在进行仪器操作前应经过生产厂家的认真培训。一般的 COD_{Cr} 监测仪操作内容包括仪器的调试、仪器的参数设置、曲线校准和仪器基本维护等。

（1）仪器的调试

安装完成后做好各项准备工作，按照说明书准备仪器所需的各种试剂，仪器开机稳定半小时。按照说明书设置反应时间、反应温度、进样量等参数，稳定一段时间后，对仪器进行标定，具体标定方法参考各产品说明书。完成标定后，按照 HJ 353—2019 规定的调试内容进行调试，以满足相关要求。

（2）仪器的参数设置

完成安装调试后，根据现场工况在系统配置里设定仪器的采水时间以及分析周期（或者定点分析次数及时间）等运行参数。各参数确认无误后，即可采用自动方式进行 COD_{Cr} 的自动监测。

（3）曲线校准

仪器在使用前需要对工作曲线进行校准，以确定工作参数。校准前应预先配制不同浓度的邻苯二甲酸氢钾标准溶液，可根据仪器的需要进行单点或多点校准。使用中的 COD_{Cr} 分析仪应定期校准，一般每月校准一次。或者仪器每日自动标定，当仪器更换了部件或试剂后应开展校准，确定新的工作曲线参数，保证工作曲线准确。

（4）仪器基本维护

① 试剂严格按照说明书配制。

② 定期检查试剂是否出现变色、浑浊，若出现这些情况应立即重新配制试剂并更换，建议整套更换（包括试剂瓶）。

③ 定期检查并拧紧接头（特别是消解模块、通道阀、泄压阀连接的接头）。

④ 定期检查采样预处理部分的 Y 形过滤器和软管，如发现内部较脏应及时拆下并用清水冲洗干净。

⑤ 定期清洗计量模块，若清洗不干净请及时更换。

⑥ 定期检查仪表是否有报警，如有请及时解除，例如检查采样泵采水是否正常、检查管路（试剂管、软管、蠕动泵管等）是否漏气、检查计量光强是否正常等。

（二）重铬酸钾氧化库仑滴定法分析仪

1. 仪器基本原理

在水样中加入一定量重铬酸钾溶液，以硫酸作为酸化剂，以硫酸银作为催化剂，以硫酸汞作为氯的掩蔽剂，在一定条件下消解氧化后，加入一定量的硫酸铁溶液[$Fe_2(SO_4)_3$]，用恒定电流电解三价铁（Fe^{3+}）产生的二价铁（Fe^{2+}）还原剂滴定试样中未被还原的重铬酸钾，用双铂电极电位法或其他方法指示滴定终点，根据电解产生的二价铁（Fe^{2+}）消耗的电量，计算得到试样消耗重铬酸钾的量，换算成消耗氧的质量浓度后，得到试样的 COD_{Cr} 值。

2. 仪器结构

参考"（一）重铬酸钾氧化分光光度法分析仪"中"2. 仪器结构"内容。

3. 基本操作方法

① 定期添加试剂，添加频次根据单次试剂用量、分析频次和试剂容器容量来确定。

② 定期更换泵管，防止泵管老化而损坏仪器；更换频次为每3～6个月一次，与分析频次有关，主要参照使用说明书。

③ 定期清洗采样头，防止采样头堵塞而采不上水，一般2～4周清洗一次，主要根据水质情况而定，水质越差清洗周期越短。

④ 定期校准工作曲线，以保证测量结果准确，一般每3个月或者半年校准一次，主要参照使用说明书和现场水质变化情况而定，对于水质变化大的地方，应相应缩短校准周期。

4. 仪器维护注意事项

在大量的仪器运营维护过程中，个别仪器可能出现故障，对于一般的故障，运营人员应及时处理，快速恢复仪器运行；对于复杂的故障，运营人员应及时与生产厂家联系，及时修复仪器，如不能及时修复，应提供备用机，保证系统连续运行。仪器常见故障类型、原因分析及解决方案见表7-1。

表7-1 仪器常见故障类型、原因分析及解决方案

故障类型	原因分析	解决方案
仪器无显示	插头不牢； 保险丝熔断； 其他原因	重插插头； 更换保险丝； 与厂家联系
试剂无法导入	试剂不足； 蠕动泵故障	添加试剂； 若泵管老化则更换泵管，若属电路问题需检查电机和电压
阀体动作不到位	杂物堵塞或卡住阀芯； 电路故障	取下阀体清洗； 检查电路部分
消解器温度过高或过低	铂电阻坏； 温控仪坏	检查后进行更换； 检查接插件是否接触良好，若无问题，须请专业人员维修
光电压异常	可调电阻器未调节好； 发光二极管坏或老化； 光敏二极管坏； AD模块坏	须请专业人员维修

二、总有机碳（TOC）水质自动分析仪

总有机碳（TOC）是以碳的含量表示水体中有机物质总量的综合性指标。总有机碳（TOC）可直接表示水体中溶解性和悬浮性有机物的含碳总量。水体中总有机碳控制在一个较低水平，意味着水体中有机物、微生物及细菌内毒素的污染处于较好的受控状态。

总有机碳水质自动分析仪的测定方式主要有以下两种类型。

① 高温催化燃烧氧化-非色散红外检测，即干法 TOC 水质自动分析仪，样品中有机碳在高温催化氧化条件下转化为二氧化碳后经非色散红外（NDIR）检测。

② 湿法氧化-非色散红外检测，该方法是在样品被酸性过硫酸钾氧化之前经磷酸处理待测样品，去除无机碳后测定 TOC 的浓度。

（一）干法总有机碳（TOC）分析仪

1. 仪器基本原理

采用干法的 TOC 水质自动分析仪的工作原理：样品被酸化去除无机碳后，通过进样系统进入燃烧管中，在 680～900℃ 的温度下燃烧氧化转化为二氧化碳和水。燃烧氧化的产物被载气带入除湿器分离出水分，然后通过 NDIR 检测器中检测水中有机物转化的二氧化碳的量。TOC 水质自动分析仪根据 CO_2 红外线吸收量与其浓度成正比的关系，经计算得知 CO_2 浓度，从而换算水样中 TOC 浓度。

该方法因高温燃烧相对彻底，适用于污染较重水体或是复杂水体，测量速度快，仅使用少量酸、碱无毒试剂，几乎无二次污染，但需考虑样品的高盐分对测定结果的影响问题，耗能比较大，检出限相对较高。

2. 仪器结构

采用干法原理的仪表的基本结构包括试样导入单元、无机碳去除单元、气体纯化单元、反应器单元、检测单元以及显示记录、数据处理、信号传输等单元。具体器件如泵、阀、气液分离器、燃烧管、载气供给器、NDIR 检测器等（图 7-4）。

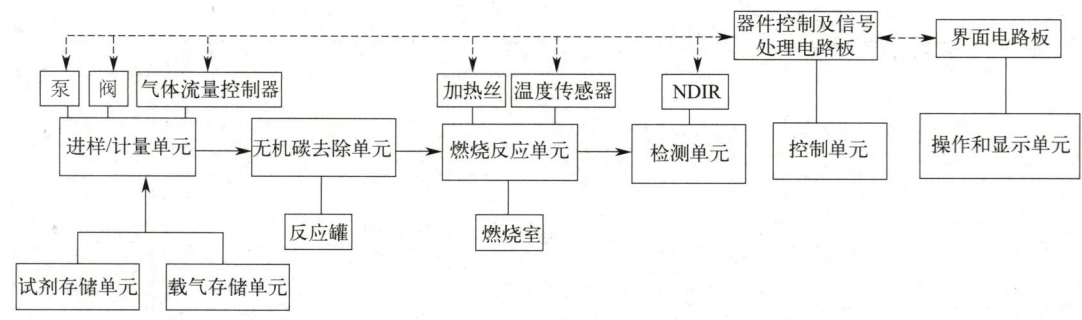

图 7-4　干法总有机碳（TOC）自动分析仪结构示意图

3. 操作注意事项

操作 TOC 水质自动分析仪之前应认真阅读说明书，掌握仪器的操作方法和注意事项，拆卸、更换设备部件等操作需要经过厂家的认真培训才能进行。一般对总有机碳（TOC）水质自动分析仪的操作主要包括仪器参数的设定、仪器的校准、仪器的维护和故障处理等。

4. 仪器维护注意事项

干法原理总有机碳（TOC）水质自动分析仪维护注意事项见表 7-2。

表 7-2　干法原理总有机碳（TOC）水质自动分析仪维护注意事项

相关项目	标准	维护方法
载气	按照说明书定期进行更换	重点关注，到期及时更换新的
纯水	按照说明书定期进行更换	重点关注，剩水不多时更换新的
试剂	按照说明书定期进行更换	重点关注，剩下不多时及时加入
校正液	按照说明书定期进行更换	剩下不多时或已超过保质期后更换新的
加湿器	里边的蒸馏水应保持在上、下标线之间	若蒸馏水面低于下标线，须补充蒸馏水至上标线
燃烧管	透明、不漏气	若不透明，但不漏气，则清洗即可；若漏气须更换；若燃烧管富集较多杂质，须更换
卤素洗涤器	内部的蒸馏水应保持在将进气管底端浸入其中	若蒸馏水水面低于进气管底端，须加入蒸馏水到将进气管底端浸入水中同时水面应低于出气管口
	内部的吸收剂不能完全变黑	若内部的吸收剂从入口到出口完全变黑，则须更换新的
冷凝水容器	里边的蒸馏水应保持在溢流管口的近处约 10mm 以内	若蒸馏水面较低，须补充蒸馏水至溢流管口位置
催化剂	不能发白或破碎	若催化剂发白或破碎，须清洗或更换
试剂泵	按照说明书定期进行检查	若取试剂异常，需更换异常部件

（二）湿法总有机碳（TOC）分析仪

1. 仪器基本原理

采用湿法的 TOC 水质自动分析仪的工作原理：样品被酸化去除无机碳后，通过进样系统进入反应池，与加入反应池内的氧化剂，如过硫酸盐，在紫外线照射下进行化学反应，水样中的有机物被氧化成二氧化碳和水。产生的气体通过除水器除去水蒸气后进入非分散红外检测器（NDIR）。TOC 水质自动分析仪根据 CO_2 红外线吸收量与其浓度成正比的关系，经计算得知 CO_2 浓度，从而换算水样中 TOC 浓度。

湿法 TOC 无高温部件，能耗低，检测下限较低，但湿法氧化对含腐殖酸等分子量大的有机化合物的水体氧化不充分。使用多种化学试剂，易产生二次污染。

2. 仪器结构

采用干法原理的仪表的基本结构包括试样导入单元、无机碳去除单元、反应器单元、检测单元以及显示记录、数据处理、信号传输等单元。具体器件如泵、阀、气液分离器、NDIR 检测器等（图 7-5）。

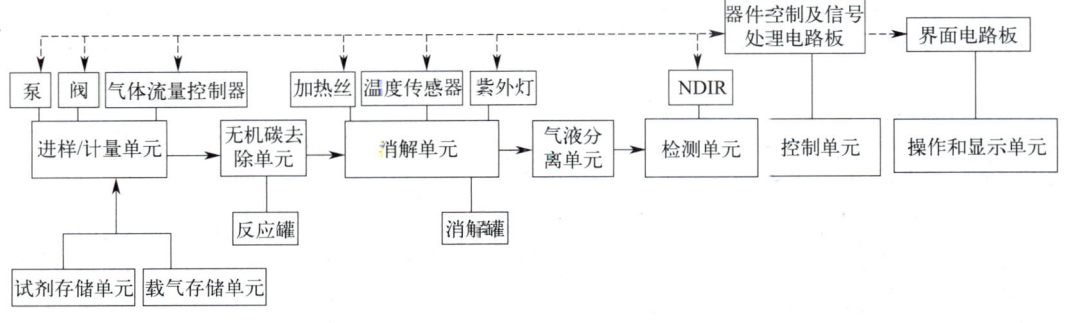

图 7-5　湿法总有机碳（TOC）自动分析仪结构示意图

3. 操作注意事项

操作 TOC 分析仪之前应认真阅读说明书,掌握仪器的操作方法和注意事项,拆卸、更换设备部件等操作需要经过厂家的认真培训才能进行。一般对 TOC 的操作主要包括仪器参数的设定、仪器的校准、仪器的维护和故障处理等。

4. 仪器维护注意事项

TOC 分析仪在使用中应严格按照说明书要求定期维护,以保证仪器正常工作,一般 TOC 分析仪应定期进行维护(表 7-3)。

表 7-3 湿法原理总有机碳(TOC)水质自动分析仪维护注意事项

相关项目	标准	维护方法
纯水	按照说明书定期进行更换	重点关注,剩水不多时更换新的
试剂	按照说明书定期进行更换	重点关注,剩下不多时及时加入
校正液	按照说明书定期进行更换	剩下不多时或已超过保质期后更换新的
紫外灯	定期检查紫外灯在消解时亮灯情况	若紫外灯消解时不亮,需更换紫外灯

三、水质自动采样器

水质自动采样器可与 COD、氨氮、总磷、总氮、重金属等自动监测仪联机使用,可实现超标留样、同步留样和输送混合样等功能;水质自动采样器还具有密码保护、断电保护等保护功能,可实现定时定量、定时比例、定流定量、流量跟踪、混合采样、超标留样等工作模式,并可实现远程控制留样、远程参数读取及设置、远程查询留样记录等功能。

现阶段市场中常用的水质自动采样器有常规的瞬时水质自动采样器和混合水质自动采样器。一般早期安装的设备都采用瞬时采样方式,并根据内部或外部指令直接将水样采集到采样瓶中进行保存。由于环保要求的不断完善,现阶段安装的水质采样器一般以混合水质自动采样器为主,即 A、B 桶采样器。混合水质自动采样器是为了解决瞬时水质采样器采样量单一,不能完全反映水质变化的缺点而设计的,通过定时混合采样,能更准确地反映水质变化情况,且具备给仪器供样功能。

(一)瞬时水质自动采样器

1. 仪器原理

瞬时采样器主要是通过对计量蠕动泵和泵阀的控制,将水样按一定要求(定时定量、定时比例、定流定量等)采集到采样桶中,并进行低温恒定保存。采样器的通信接口可接收计算机或指定的控制装置的信息,实现远程采样监控,并可以上传采样数据、工作状态及各种报警等信息;可广泛用于江、河、湖泊、企业排放口的水样自动采集。

2. 仪器结构

瞬时采样器由两大部分构成:第一部分是水样自动采集微机控制装置、分瓶灌装机构和通信模块;第二部分是水样的自动恒温储存装置。

① 控制器:控制器是本装置智能化功能的核心部分,它由微处理器和外围驱动电路组成,按照操作人员预先设定的采样程序进行科学采样;控制面板上的键盘用以编制采样程序,其过程可在汉字化液晶显示屏上显示。

② 控制器箱体:箱体是采样器取样、留样实体,它由取样机构、自动分配机构和

低温存储留样装置组成。服从控制器的控制命令，将外部废水样品采集到采样器内部的采样瓶中。

③ 分瓶机构：将废水样按操作者预先设定的程序灌入指定采样瓶的装置。

④ 低温存储装置：低温存储器的温度自动控制在（4±2）℃。避免温度过高造成水样变质。

⑤ 采样瓶：采样瓶是水样存放容器，采用化学性能十分稳定的聚四氟乙烯制造。

3. 操作注意事项

（1）定时定量

采样方式说明：

① "混采次数"设置范围：1~9 次。设置的"采样量"必须小于等于"装瓶容量"。有两个时间间隔，第一个时间间隔为混采间隔；第二个时间间隔为采样间隔。采样间隔等于混采间隔。采样量为 X（mL），采样次数为 N，混采次数为 Y，分装数为 Z，装瓶容量为 V（mL）。

② 当"混采次数"=1 时，在开始瓶采样 X（mL），转到下一空瓶继续采 X/V（mL），如此循环，直到采样次数 N 次采完停止，返回等待就绪界面。

③ 当"混采次数">1 时，在开始瓶采样 X/Y（mL），等待，混采时间间隔完成，重复上述采样过程，直到采完混采次数的水样，转到下一空瓶，等待。当采样时间间隔到时，重复上述采样过程，直到采样次数 N 次采完停止，返回等待就绪界面。

（2）定时比例

采样方式说明：

① 当参数设置完后启动，仪器在设定的时间内计量外部污水的流量，在设定的时间完成时开始采样。采样量为外部污水的流量与设定的比例的乘积，各相等的时间间隔 T 所累计的流量与设定比例的乘积分别为 X_1、X_2、…、X_N，采样次数为 N，装瓶容量为 V（mL）。

② 当采样量≤装瓶容量 V（mL）时，在开始瓶采样 X_1（mL），转到下一空瓶等待，当时间间隔完成后，采样 X_2（mL），直到采到第 N 瓶结束后，采样 N 次已完成，转到下一空瓶，停止该次采样，返回等待就绪界面。

③ 当采样量>装瓶容量 V（mL）时，在开始瓶采样 V（mL），转到下一空瓶继续采，采 X_1/V 瓶，$X_1/V+1$ 瓶采 X_1％ V（mL）。旋转臂转到下一空瓶，等待下次采样，直到完成采样次数，或到总瓶数，返回等待就绪界面。

④ 当采样量（X_1、X_2、…、X_N）既有大于装瓶容量 V（mL）的，又有小于装瓶容量 V（mL）的时，过程可按上面②、③步骤类推。

（3）定流定量

采样方式说明：

① 采样量为 X（mL），装瓶容量为 V（mL）。

② 当采样量 X（mL）≤装瓶容量 V（mL）时，在开始瓶采样 X（mL）水样后，转到下一空瓶结束，返回等待就绪界面。

③ 当采样量 X（mL）>装瓶容量 V（mL）时，分瓶臂转到设定的开始瓶，采样 V（mL）后，转到下一空瓶继续采，采 X/V 瓶，$X/V+1$ 瓶采 X％ V（mL），转到下一空瓶结束，返回等待就绪界面。

4. 维护注意事项

使用前请认真阅读说明书,切勿随意修改与工作方式相关参数,一旦由于设置参数问题出现异常工作状况,请及时联系仪器公司技术人员,以免造成麻烦。

由于采样次数和采样量的限制,选择采样方式的数据应根据实际情况设定。

采样瓶按次序放在固定槽内,中间不得有空档。

取样时切勿触碰到分瓶臂,防止其受力变形影响分瓶准确度。

(二)混合水质自动采样器

1. 仪器基本原理

混合水质自动采样器增加了 A、B 两个缓存供样瓶,在运行时用计量蠕动泵将水样按定时周期(一般为 10min)以等比例首先将水样抽到集水瓶中(缓存供样瓶)。集水瓶具有进样口、供样口、留样口、溢流口和排放口。自动监测仪器从集水瓶中获得水样(采样器供样泵主动供样或自动仪器自动抽取水样),自动监测仪(COD、氨氮、总磷、总氮等)对水样进行分析后,发出是否超标的信号,通过电控阀控制留样或排放。仪器通过恒温系统将水样温度恒定在 4℃,从而完成水样的自动采集、自动分配和恒温保存过程。仪器分 A、B 两个缓存供样瓶,可相互切换实现仪器的连续混合采样。

相比于传统的采样器,混合水质自动采样器在功能上更加完善,增加了仪器供样接口,解决了原来水样测试以瞬时采样为主,测试水样不完全具有代表性的问题。但是由于推出市场较短,还存在成本、故障率较高等问题。

2. 仪器结构

采样器设备由控制器、水样采集机构、混采装置、采样瓶、留样机构、分瓶机构、低温存储装置、门禁控制系统及外围接口组成(图 7-6)。

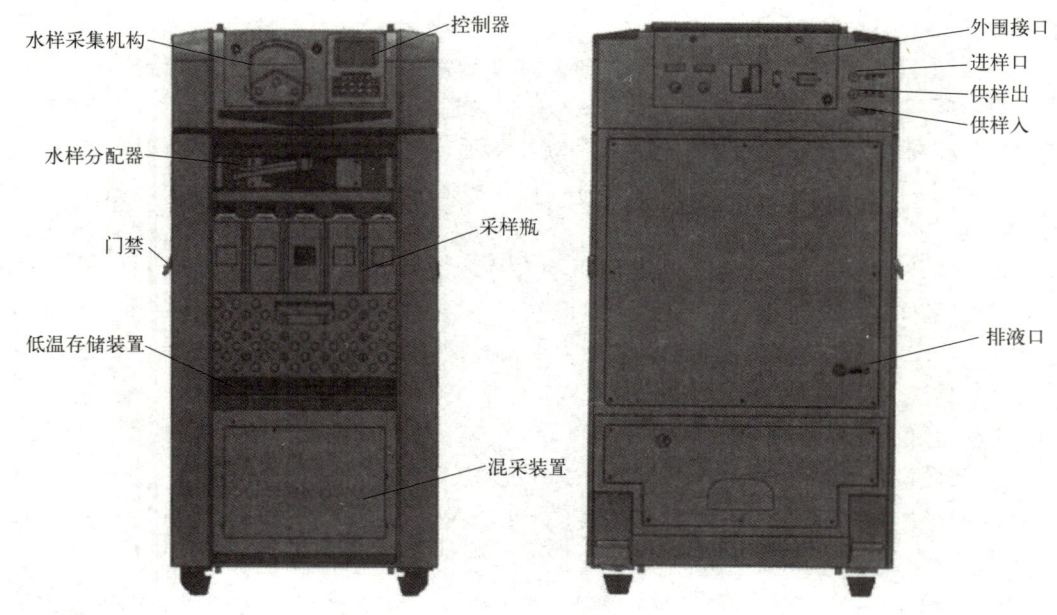

图 7-6 采样器结构示意图

(1) 控制器

现有水质自动采样器一般采用嵌入式控制系统，它由微处理器和外围驱动电路组成，是系统智能化运行的核心部分，按照操作人员预先设定的采样程序进行科学采样。

(2) 水样采集机构

由进水电动球阀（或进水蠕动泵）、缓存水箱等组成，实现水样的采集、缓存功能。

(3) 留样机构

由留样蠕动泵、液位检测装置等组成，实现水样超标时样品的留样采集功能。

(4) 分瓶机构

自动完成分瓶动作。

(5) 低温存储装置

低温存储器的温度自动控制，避免温度过高造成水样变质。

(6) 采样瓶

采样瓶是水样存放容器，采用化学性能十分稳定的聚四氟乙烯制造。

(7) 门禁控制系统

由刷卡模块及机械锁组成，操作人员可通过刷卡开启低温存储装置。

(8) 外围接口

水质自动采样器的外围接口包括水路接口和电路接口两部分。

① 水路接口

a. "进样口"是采样器采水的入口。采样器使用时，将采样管从采样口接到水源地。"进样口"要接入"零压力"水样。"供样出"指采样器对自动监测仪供样的水样输出口，水样由此口流出。"供样入"指采样器对自动监测仪供样的水样回流口，水样由此口流回。

b. "排液口"指采样器混匀桶内水样的排出口。采样器排水管路要单独走管路或接入"零压力"排水管道内，在竖直排水管道上要安装PVC（聚氯乙烯）单向阀。

② 电路接口

AD0：连接流量计输出的模拟信号，范围为4～20mA。

AD1：连接COD监测仪输出的模拟信号，范围为4～20mA。

AD2：连接NH_3-N监测仪输出的模拟信号，范围为4～20mA。

AD3：连接总磷监测仪输出的模拟信号，范围为4～20mA。

AD4：连接总氮监测仪输出的模拟信号，范围为4～20mA。

IN2：开关型信号，供样同步输入信号。

IN3：开关型信号，超标留样输入信号。

IN5：开关型信号，外控采样输入信号。

COM2：RS-232接口，协议可在串口设置中进行选择。

COM3：RS-232接口，协议可在串口设置中进行选择。

COM4：RS-232接口，串口控制采样及串口控制留样。

3. 操作注意事项

(1) 定时定量

按照采样定时表设定，水质自动采样器将定量水样从采样点采集到混合采样桶中，并按照设定参数（采样设置、留样设置）将采集的水样排空或保存到留样瓶中。

(2) 定时比例

按照设定采样时间间隔,水质自动采样器将定量水样从采样点采集到混合采样桶中,并按照设定参数(采样设置、留样设置)将采集的水样排空或保存到留样瓶中。

(3) 定流定量

每流过一定体积的水样,水质自动采样器自动将定量水样从采样点采集到混合采样桶中,并按照设定参数(采样设置、留样设置)将采集的水样排空或保存到留样瓶中。

(4) 流量跟踪

水质自动采样器根据流量的大小自动调节采样速率,不间断地将水样从采样点采集到混合采样桶中,并按照设定参数(采样设置、留样设置)将采集的混合水样排空或保存到留样瓶中。

(5) 外控采样

水质自动采样器接收到仪表端的采样触发信号(开关量信号)时,水质自动采样器将定量水样从采样点采集到混合采样桶中,并按照设定参数(采样设置、留样设置)将采集的水样排空或保存到留样瓶中。

(6) 串口控制

当水质自动采样器接收到控制系统/数采仪命令时,按命令要求进行采样、供样、留样。具体采样量、供样时间、留样量、留样平行样数量、留样瓶号,按相应命令参数处理。

(7) 超标留样

配水完成后,等待分析仪超标留样信号,超标则留样;否则,自动排空水样。

4. 仪器维护注意事项

① 定期检查并清洗采样头,防止采样头被堵死,检查周期根据实际水样情况定。

② 定期检查分配悬臂是否在零位,若发现不在零位,应在手动操作中将悬臂回到零位。运行中频繁断电会产生分配悬臂旋转误差,导致水样不能准确导入指定的采样瓶中。

③ 定期更换采样泵管。采样泵管老化速度与使用频率有关,原则上至少半年更换一次。

④ 为保证所采集水样互相不干扰,应定期清洗分配盘。

⑤ 由于采样器采用直冷方式,局部可能结冰,所以应定期除霜。

(三) 常见故障及处理

水质自动采样器常见故障类型、原因分析及解决方案见表 7-4。

表 7-4 常见故障类型、原因分析及解决方案

序号	故障类型	原因分析	解决方案
1	采样泵运转但不采水	蠕动泵管规格不符合要求	选择安装 24 号蠕动泵管
		蠕动泵管破损或接头漏气	更换蠕动泵管或接头
		泵头未压紧蠕动管	重新安装蠕动泵管,确保泵管被压紧
2	采样量不准确	蠕动泵管老化	更换蠕动泵管,并重新校准
		蠕动泵管连接接头漏气	更换接头并重新可靠连接蠕动泵管
3	分瓶机构不分瓶	采样管缠绕	重新安装采样管并进行初始化检测
		驱动器电缆松动	重新连接驱动器电缆

续表

序号	故障类型	原因分析	解决方案
4	分瓶不准确	悬臂位置偏移	重新定位悬臂位置
		悬臂驱动电机故障	更换悬臂驱动电机
5	不添加保存剂或保存剂添加量不稳定	加药泵故障	更换加药泵
		加药管被挤压、不通畅	重新安装加药管
		加药管连接接头漏气	更换连接接头

 任务实施

对化学需氧量水质自动分析仪和总有机碳水质自动分析仪，从原理、结果、操作和维护方面进行学习。

水污染源自动监测仪器中的水质自动采样器有瞬时水质自动采样器和混合水质自动采样器两种。分别从其仪器原理、结果、操作和维护方面对两种采样器进行比较。如果水质自动采样器出现采样泵不采水的故障，应该如何解决？

 知识测试

1. COD自动分析仪加入的试剂（　　）作为酸化剂，（　　）作为催化剂，硫酸汞作为（　　）的掩蔽剂。

2. 水质自动采样器可与COD、氨氮、总磷、总氮、重金属等自动监测仪联机使用，可实现（　　）、（　　）和输送混合样等功能。

3. 混合水质自动采样器设备由控制器、水样采集机构、（　　）、（　　）、留样机构、分瓶机构、（　　）、门禁控制系统及外围接口组成。

4. 采样泵管老化速度与使用频率有关，原则上至少（　　）更换一次。

 效果评价

评价表

项目名称	项目七　水污染源自动监测系统运行管理	学生姓名	
任务名称	任务一　水污染源自动监测仪器工作原理	分数	

考核内容	分值	考核得分
说出COD重铬酸钾氧化分光光度法和库仑法的区别	20分	
绘制COD重铬酸钾氧化分光光度法仪器工作流程图	20分	
说出总有机碳（TOC）测定中干法和湿法的区别	20分	
简述瞬时水质自动采样器和混合水质自动采样器的使用场景	20分	
说出自动采样器不采水故障的解决方法	20分	
总体得分		

教师评语：

任务二　水污染源自动监测系统的安装与调试

引导问题

依据排污现场情况，首先需要确定水污染源自动监测系统的安装位置，然后进行站房的建设、仪器及系统的安装。那么，如何对水污染源自动监测系统进行建设？水污染源自动监测仪器安装、调试分别有些什么要求？

知识准备

一、系统组成

水污染源自动监测系统主要由四部分组成，即流量监测单元、水质自动采样单元、水污染源自动监测仪器、数据控制单元以及相应的建筑设施等，见图7-7。

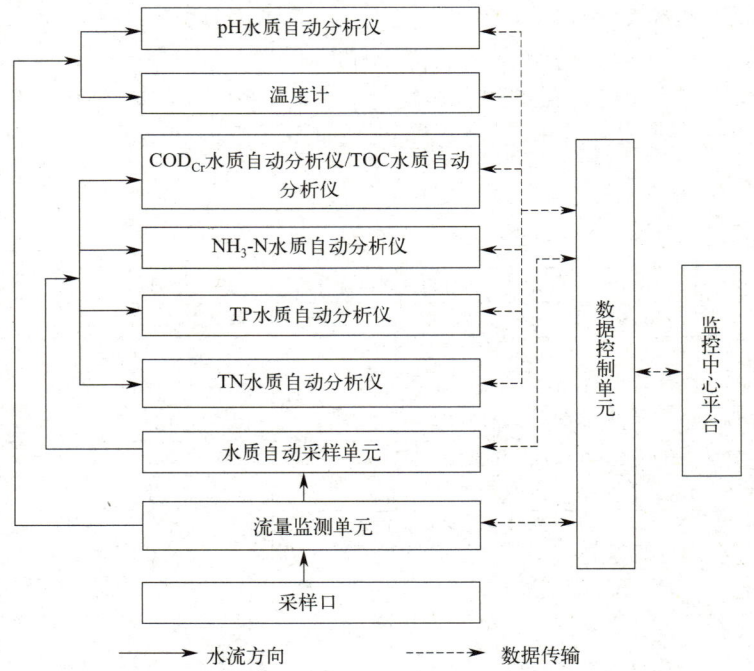

图7-7　水污染源自动监测系统组成示意图

注：根据污染源现场排放水样的不同，COD_{Cr}参数的测定可以选择COD_{Cr}水质自动分析仪或TOC水质自动分析仪，TOC水质自动分析仪通过转换系数报COD_{Cr}的监测值，并参照COD_{Cr}水质自动分析仪的方法进行安装、调试、试运行、运行维护等。

二、建设要求

（一）水污染源排放口

① 按照《污水监测技术规范》（HJ 91.1—2019）中的布设原则选择水污染源排放口位置。

② 排放口依照《环境保护图形标志 排放口（源）》（GB 15562.1—1995）中的要求设置环境保护图形标志牌。

③ 排放口应能满足流量监测单元建设要求。

④ 排放口应能满足水质自动采样单元建设要求。

⑤ 用暗管或暗渠排污的，需设置能满足人工采样条件的竖井或修建一段明渠，污水面在地面以下超过1m的，应配建采样台阶或梯架。压力管道式排放口应安装满足人工采样条件的取样阀门。

（二）流量监测单元

① 需测定流量的排污单位，根据地形、排水方式及排水量大小，应在其排放口上游能包含全部污水束流的位置，修建一段特殊渠（管）道的测流段，以满足测量流量、流速的要求。

② 一般可安装三角形薄壁堰、矩形薄壁堰、巴歇尔槽等标准化计量堰（槽）。标准化计量堰（槽）的建设应能够清除堰板附近堆积物，能够进行明渠流量计比对工作。

③ 管道流量计的建设应使管道及周围留有足够的长度及空间，以满足管道流量计计量检定和手工比对的需求。

（三）监测站房

① 应建有专用监测站房，新建监测站房面积应满足不同监控站房的功能需要并保证水污染源自动监测系统的摆放、运转和维护，使用面积应不小于15m^2，站房高度不低于2.8m。

② 监测站房应尽量靠近采样点，与采样点的距离应小于50m。

③ 应安装空调和冬季采暖设备。空调具有来电自启动功能，具备温湿度计，保证室内清洁。环境温度、相对湿度和大气压等应符合《工业过程测量和控制装置的工作条件》（GB/T 17214—1998）的要求。

④ 监测站房内应配置安全合格的配电设备，能提供足够的电力负荷，功率≥5kW。站房内应配置稳压电源。

⑤ 监测站房内应配置合格的给排水设施，使用符合实验要求的用水清洗仪器及有关装置。

⑥ 监测站房应配置完善规范的接地装置和避雷措施、防盗和防止人为破坏的设施，接地装置安装工程的施工应满足《电气装置安装工程 接地装置施工及验收规范》（GB 50169—2016）的相关要求，建筑物防雷设计应满足《建筑物防雷设计规范》（GB 50057—2010）的相关要求。

⑦ 监测站房应配备灭火器箱、手提式二氧化碳灭火器、干粉灭火器或沙桶等，按消防相关要求布置。

⑧ 监测站房不应位于通信盲区，应能够实现数据传输。

⑨ 监测站房的设置应避免对企业安全生产和环境造成影响。
⑩ 监测站房内、采样口等区域应安装视频监控设备。

（四）水质自动采样单元

① 水质自动采样单元具有采集瞬时水样及混合水样、混匀及暂存水样、自动润洗及排空混匀桶以及留样功能。

② pH 水质自动分析仪和温度计应原位测量或测量瞬时水样。

③ COD_{Cr}、TOC、NH_3-N、TP、TN 水质自动分析仪应测量混合水样。

④ 水质自动采样单元的构造应保证将水样不变质地输送到各水质分析仪，应有必要的防冻和防腐设施。

⑤ 水质自动采样单元应设置混合水样的人工比对采样口。

⑥ 水质自动采样单元的管路宜设置为明管，并标注水流方向。

⑦ 水质自动采样单元的管材应采用优质的聚氯乙烯（PVC）管、三丙聚丙烯（PPR）管等不影响分析结果的硬管。

⑧ 采用明渠流量计测量流量时，水质自动采样单元的采水口应设置在堰槽前方合流后充分混合的场所，并尽量设在流量监测单元标准化计量堰（槽）取水口头部的流路中央，采水口朝向与水流的方向一致，减少采水部前端的堵塞。采水装置宜设置成可随水面的涨落而上下移动的形式。

⑨ 采样泵应根据采样流量、水质自动采样单元的水头损失及水位差合理选择。应使用寿命长、易维护，并且对水质参数没有影响的采样泵，安装位置应便于采样泵的维护。

（五）数据控制单元

① 数据控制单元可协调统一运行水污染源自动监测系统，采集、储存、显示监测数据及运行日志，向监控中心平台上传污染源监测数据，具体示意图见图 7-8。

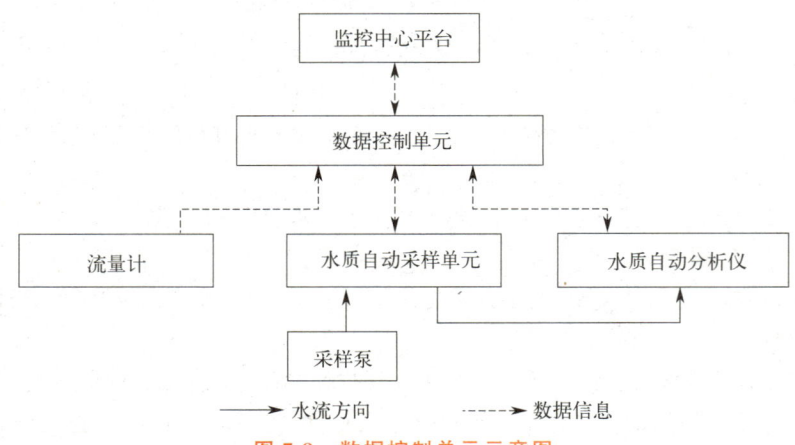

图 7-8　数据控制单元示意图

② 数据控制单元可控制水质自动采样单元采样、送样及留样等操作。

③ 数据控制单元触发水污染源自动监测仪器进行测量、标液核查和校准等操作。

④ 数据控制单元读取各个水污染源自动监测仪器的测量数据，实现实时数据、小时均值和日均值等项目的查询与显示，并通过数据采集传输仪上传至监控中心平台。

⑤ 数据控制单元记录并上传的污染源监测数据应带有时间和数据状态标识。
⑥ 数据控制单元可生成、显示各水污染源自动监测仪器监测数据的日统计表、月统计表和年统计表。

三、安装要求

（一）基本要求

① 工作电压为单相（220±22）V，频率为（50±0.5）Hz。
② 遵循 RS-232、RS-485，具体要求参照《污染物在线监控（监测）系统数据传输标准》（HJ 212—2017）的规定。

水污染源自动监测系统中所采用的仪器设备应符合国家有关标准和技术要求（表7-5）。

表 7-5　水污染源自动监测仪器技术要求

序号	水污染源自动监测仪器	技术要求
1	超声波明渠污水流量计	HJ 15—2019
2	电磁流量计	HJ/T 367—2007
3	化学需氧量（COD_{Cr}）水质自动分析仪	HJ 377—2019
4	氨氮（NH_3-N）水质自动分析仪	HJ 101—2019
5	总氮（TN）水质自动分析仪	HJ/T 102—2003
6	总磷（TP）水质自动分析仪	HJ/T 103—2003
7	pH 水质自动分析仪	HJ/T 96—2003
8	水质自动采样器	HJ/T 372—2007
9	数据采集传输仪	HJ 477—2009

（二）其他要求

① 水污染源自动监测仪器的各种电缆和管路应加保护管，保护管应在地下敷设或空中架设，空中架设的电缆应附着在牢固的桥架上，并在电缆、管路以及电缆和管路的两端设立明显标识。
② 各仪器应落地或壁挂式安装，有必要的防震措施，保证设备安装牢固稳定。在仪器周围应留有足够空间，方便仪器维护。必要时（如南方的雷电多发区），仪器和电源应设置防雷设施。

（三）流量计

① 采用明渠流量计测定流量，应按照要求修建或安装标准化计量堰（槽），并通过计量部门检定。
② 应根据测量流量范围选择合适的标准化计量堰（槽），根据计量堰（槽）的类型确定明渠流量计的安装点位，具体要求如表7-6所示。

表 7-6　计量堰（槽）的选型及流量计安装点位

序号	堰（槽）类型	测量流量范围/(m^3/s)	流量计安装点位
1	巴歇尔槽	$0.1 \times 10^{-3} \sim 93$	应位于堰（槽）入口段（收缩段）1/3 处
2	三角形薄壁堰	$0.2 \times 10^{-3} \sim 1.8$	应位于堰板上游 3～4 倍最大液位处
3	矩形薄壁堰	$1.4 \times 10^{-3} \sim 49$	应位于堰板上游 3～4 倍最大液位处

③ 采用管道电磁流量计测定流量，应按照 HJ/T 367—2007 等技术要求进行选型、设计和安装，并通过计量部门检定。

④ 电磁流量计在垂直管道上安装时，被测流体的流向应自下而上；在水平管道上安装时，两个测量电极不应在管道的正上方和正下方位置。流量计上游直管段长度和安装支撑方式应符合设计文件要求。管道设计应保证流量计测量部分管道水流时刻满管。

⑤ 流量计应安装牢固稳定，有必要的防震措施。仪器周围应留有足够空间，方便仪器维护与比对。

（四）水质自动采样器

① 水质自动采样器具有采集瞬时水样和混合水样、冷藏保存水样的功能。

② 水质自动采样器具有远程启动采样、留样及平行监测功能，记录瓶号、时间、平行监测等信息。

③ 水质自动采样器采集的水样量应满足各类水质自动分析仪润洗、分析需求。

（五）水质自动分析仪

① 应根据企业废水实际情况选择合适的水质自动分析仪。应根据企业实际排放废水浓度选择合适的水质自动分析仪现场工作量程。

② 安装高温加热装置的水质自动分析仪，应避开可燃物和严禁烟火的场所。

③ 水质自动分析仪与数据控制系统的电缆连接应可靠稳定，并尽量缩短信号传输距离，减少信号损失。

④ 水质自动分析仪工作所必需的高压气体钢瓶应稳固固定，防止钢瓶跌倒，有条件的站房可以设置钢瓶间。

⑤ COD_{Cr}、TOC、NH_3-N、TP、TN 水质自动分析仪可自动调节零点和校准量程值，两次校准时间间隔不小于 24h。

⑥ 根据企业排放废水实际情况，水质自动分析仪可安装过滤等前处理装置，经过前处理装置所安装的过滤等前处理装置应防止过度过滤。

四、安装方法

（一）集成方法

配样模块、流量计表头、pH 表头可安装于仪器的集成板上（图 7-9）。调整仪器支脚高度，保证设备平稳。

仪器数字与模拟通信接口在仪器上部机箱内，打开前部上门即可见，如图 7-10 所示。数字输出接口均具有防雷功能，模拟接口需将信号线连接到 4~20mA 输出模块。AD0~AD7 分别接 8 路模拟信号输入（默认为 4~20mA），模拟信号输入正极接 AIN+，负极接 AIN-（图 7-11）。

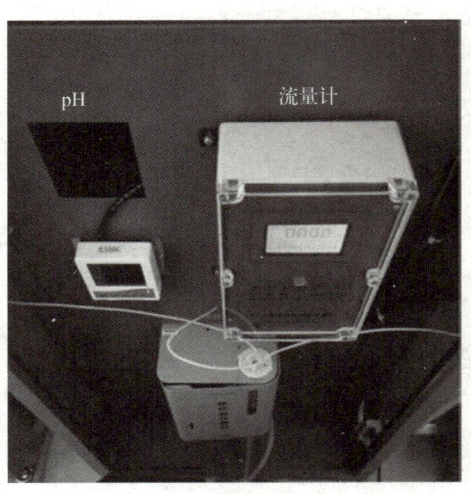

图 7-9　仪器集成板

任务二　水污染源自动监测系统的安装与调试

图 7-10　设备摆放及定位

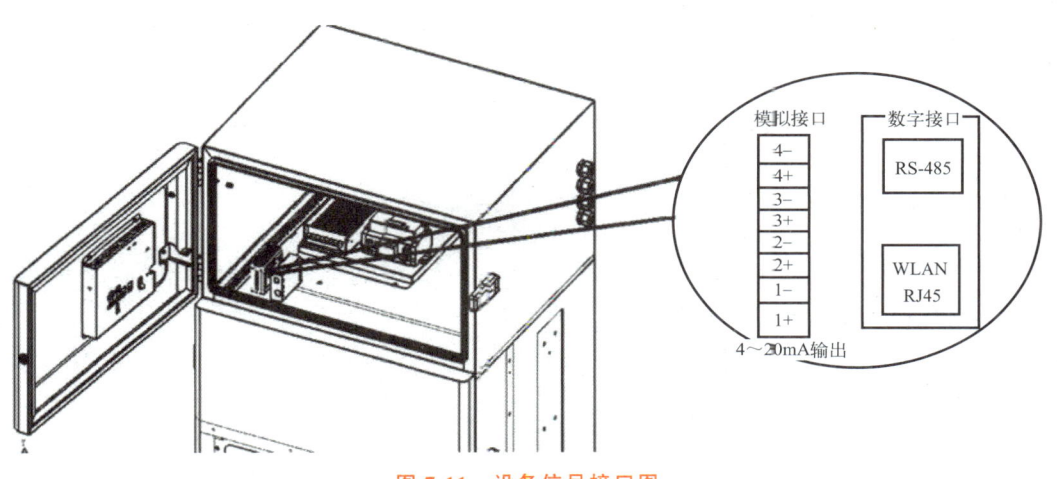

图 7-11　设备信号接口图

（二）设备安装

1. pH 计

以 PC-3110RS pH 计（采用 485 信号输出）的安装为例。

pH 控制器安装于一体机或控制柜中，安装板上留有方孔，控制器直接放入，经由方孔进行固定，并用十字型旋具锁紧。三组线路连接完毕，装好后端盖（图 7-12）。

pH 探头组装方式如图 7-13 所示。

2. 流量计

流量接入主要有外接流量信号、管道流量计、明渠流量计。使用模拟量信号接入，通信信号需要加装模拟信号隔离器。以 WL-1A 明渠流量计为例（图 7-14 为流量计外观图）。

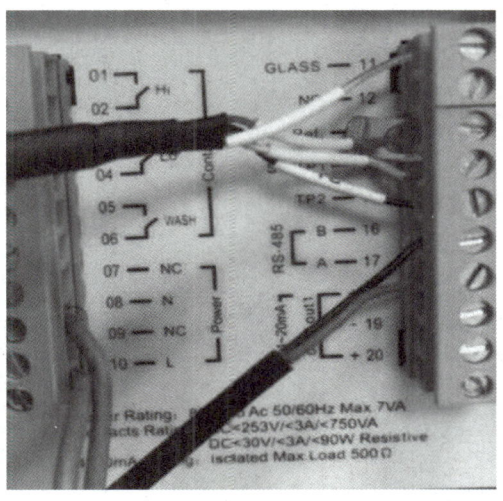

图 7-12　pH 计接线面板照片

127

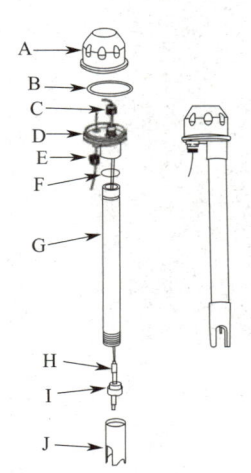
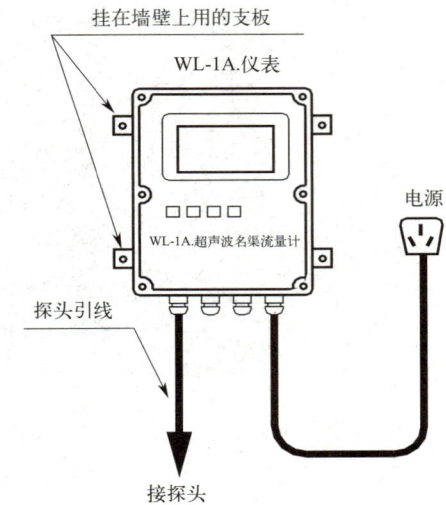

图 7-13　pH 探头组装方式　　　　图 7-14　流量计外观图

A—圆形接线盒上盖；B，F—O 形环；C，E—电缆固定头 MG16A；D—圆形接线盒下盖；G—PP 电极保护管；H—感测电极；I—橡胶电极座；J—PP 管保护套

① 仪表背面有四个挂钩。仪表出厂时，配有两个两端带孔的支板。把支板钉在墙上，利用仪表背面的挂钩挂在墙上。

② 仪表附近应安装交流 220V 的三孔插座，一定要可靠接地。通过插拔仪表上的电源插头接断电。

③ 仪表下面有四个 PG7 过线孔。可以向仪表内接入外径 $\phi4 \sim \phi6$ 的引线。穿入导线后，要把过线孔的锁母拧紧。不使用的过线孔，也要将一段短导线插入过线孔内，然后拧紧，不使外部气体进入仪表内部，可以延长仪表使用寿命。

④ 使用本仪表测量流量，在明渠上必须要有量水堰（槽）。图 7-15 为巴歇尔槽安装示意图，图 7-16 为巴歇尔槽安装效果图。

⑤ 探头要安在探头支架上，注意探头的安装位置要符合要求。

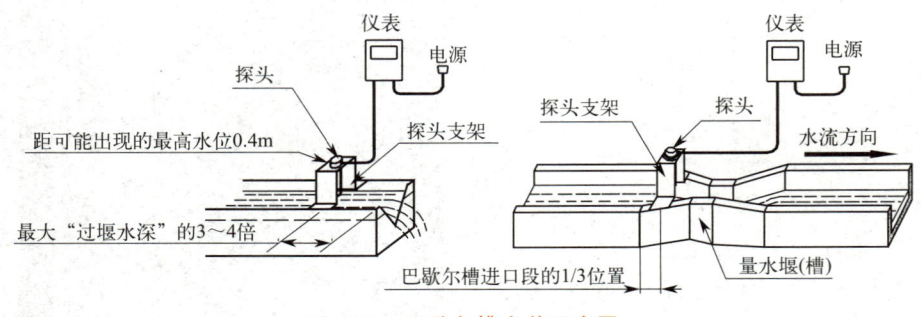

图 7-15　巴歇尔槽安装示意图

3. 稳压电源

稳压电源安装于不锈钢支架上，注意电路连接时区别电源的输入端、输出端、接地端，连接线路时注意可靠稳定。稳压接线说明如图 7-17 所示。

任务二 水污染源自动监测系统的安装与调试

图 7-16 巴歇尔槽安装效果图

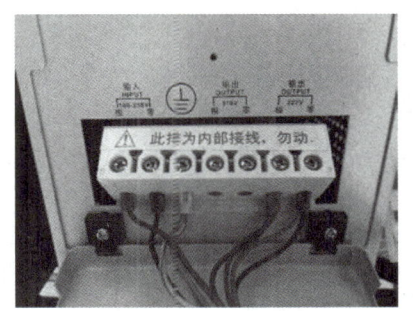

图 7-17 稳压接线说明

4. 采水泵

采水泵通常采用自吸水泵（图 7-18），输入/出端采用外丝接头连接，球阀两端需加装活接，连接前所有丝口接头必须缠绕生料带以保证水泵的气密性。接线方式：红线代表 AC220V 火线，蓝线代表 AC220V 零线，黄绿线代表接地线。

5. 电动球阀

电动球阀（图 7-19）两端用外丝直接连接，外丝直接连接前必须缠绕生料带以保证球阀使用时的气密性。球阀两端需加装活接。接线方式：红线代表＋24V，黑线代表 GND，绿线代表信号控制。由于新规范污染源模式一体机中没有控制端，电动球阀的控制需要在自动采样器中增加一个固态继电器，电动球阀的控制信号由固态继电器提供，电动球阀的电源由自动采样器提供，如图 7-20 和图 7-21 所示。

图 7-18 自吸水泵

图 7-19 电动球阀

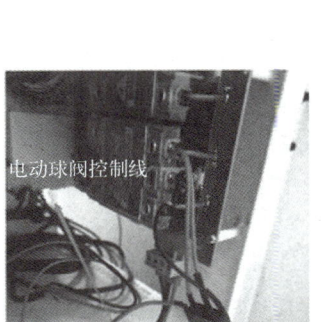

图 7-20 固态继电器接线方法

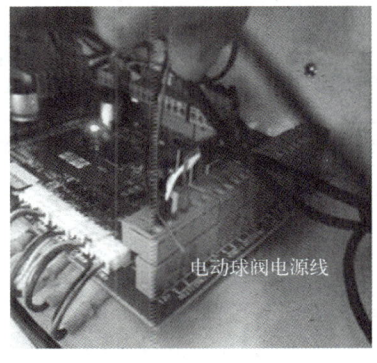

图 7-21 电动球阀电源接线方法

五、调试要求

自动监测仪器在安装完毕后,根据《水污染源在线监测系统(COD_Cr、NH_3-N 等)安装技术规范》(HJ 353—2019)规定,水污染源自动监测仪器的性能指标必须符合要求的调试效果,因此仪器安装完毕后必须进行相应的调试。主要的性能测试方法如下。

(一)调试方法

1. 24h 漂移

① COD_{Cr} 水质自动分析仪、TOC 水质自动分析仪、NH_3-N 水质自动分析仪、TP 水质自动分析仪、TN 水质自动分析仪按照下述方法测定 24h 漂移。

按照说明书调试仪器,待仪器稳定运行后,水质自动分析仪以离线模式,导入浓度值为现场工作量程上限值 20%、80% 的标准溶液,以 1h 为周期,连续测定 24h。在两种浓度下,分别取前 3 次测定值的算术平均值为初始测定值 x_0,按式(7-1)计算后续测定值 x_i 与初始测定值 x_0 的变化幅度相对于现场工作量程上限值的百分比(RD),取绝对值最大的 RD 为 24h 漂移。

$$RD = \frac{x_i - x_0}{A} \times 100\% \qquad (7-1)$$

式中 RD——24 漂移,%;
x_i——第 i ($i \geq 3$) 次测定值,mg/L;
x_0——前 3 次测量值的算术平均值,mg/L;
A——工作量程上限值,mg/L。

② pH 水质自动分析仪参照下述方法测定 24h 漂移。

按照说明书调试仪器,待仪器稳定运行后,将 pH 水质自动分析仪的电极浸入 pH=6.865(25℃)的标准溶液中,读取 5min 后的测量值为初始值 x_0,连续测定 24h,每隔 1h 记录一个测定瞬时值 x_i,按式(7-2)计算后续测定值 x_i 与初始测定值 x_0 的误差 D,取绝对值最大的 D 为 24h 漂移。

$$D = x_i - x_0 \qquad (7-2)$$

式中 D——24h 漂移;
x_i——第 i 次测定值;
x_0——初始值。

2. 重复性

按照说明书调试仪器,待仪器稳定运行后,水质自动分析仪以离线模式导入浓度值为现场工作量程上限值 50% 的标准溶液,以 1h 为周期,连续测定该标准溶液 6 次,按式(7-3)计算 6 次测定值的相对标准偏差 S_r,即为重复性。

$$S_r = \frac{\sqrt{\frac{1}{n-1}\sum_{i=1}^{n} x_i - \bar{x}}}{\bar{x}} \times 100\% \qquad (7-3)$$

式中 S_r——相对标准偏差,%;
$\bar{x}$——n 次测量值的算术平均值,mg/L;
n——测定次数,6;

x_i——第 i 次测量值，mg/L。

3. 示值误差

按照说明书调试仪器，待仪器稳定运行后，水质自动分析仪（pH 水质自动分析仪除外）以离线模式分别导入浓度值为现场工作量程上限值 20% 和 80% 的标准溶液，以 1h 为周期，连续测定每种标准溶液各 3 次，按式(7-4)计算 3 次仪器测定值的算术平均值与标准溶液标准值的相对误差 ΔA，两个结果的最大值 ΔA_{max} 即为示值误差。

$$\Delta A = \frac{\bar{x} - B}{B} \times 100\% \tag{7-4}$$

式中 ΔA——示值误差，%；

B——标准溶液标准值，mg/L；

$\bar{x}$——3 次仪器测量值的算术平均值，mg/L。

pH 水质自动分析仪的电极浸入 pH=4.008 的标准溶液中，连续测定 6 次，按式(7-5)计算 6 次测定值的算术平均值与标准溶液标准值的误差 A，即为示值误差。

$$A = \bar{x} - B \tag{7-5}$$

式中 A——示值误差；

B——标准溶液标准值；

$\bar{x}$——6 次仪器测量值的算术平均值。

（二）调试指标

各水污染源自动监测仪器指标符合表 7-7 要求的调试效果，TOC 水质自动分析仪参照 COD_{Cr} 水质自动分析仪执行。

编制水污染源自动监测系统调试报告。

表 7-7　各水污染源自动监测仪器调试期性能指标

仪器类型	调试项目		指标限值
明渠流量计	液位比对误差		12mm
	流量比对误差		±10%
水质自动采样器	采样量误差		±10%
	温度控制误差		±2℃
COD_{Cr} 水质自动分析仪/TOC 水质自动分析仪	24h 漂移	20% 量程上限值	±5% F.S.
		80% 量程上限值	±10% F.S.
	重复性		≤10%
	示值误差		±10%
	实际水样比对	COD_{Cr}<30mg/L（用浓度为 20～25mg/L 的标准样品替代实际水样进行试验）	±5mg/L
		30mg/L≤实际水样 COD_{Cr}<60mg/L	±30%
		60mg/L≤实际水样 COD_{Cr}<100mg/L	±20%
		实际水样 COD_{Cr}≥100mg/L	±15%

续表

仪器类型	调试项目		指标限值
NH$_3$-N 水质自动分析仪	24h 漂移	20%量程上限值	±5% F.S.
		80%量程上限值	±10% F.S.
	重复性		≤10%
	示值误差		±10%
	实际水样比对	实际水样氨氮<2mg/L（用浓度为 1.5mg/L 的标准样品替代实际水样进行试验）	±0.3mg/L
		实际水样氨氮≥2mg/L	±15%
TP 水质自动分析仪	24h 漂移	20%量程上限值	±5% F.S.
		80%量程上限值	±10% F.S.
	重复性		≤10%
	示值误差		±10%
	实际水样比对	实际水样总磷<0.4mg/L（用浓度为 0.3mg/L 的标准样品替代实际水样进行试验）	±0.06mg/L
		实际水样总磷≥0.4mg/L	±15%
TN 水质自动分析仪	24h 漂移	20%量程上限值	±5% F.S.
		80%量程上限值	±10% F.S.
	重复性		≤10%
	示值误差		±10%
	实际水样比对	实际水样总氮<2mg/L（用浓度为 1.5mg/L 的标准样品替代实际水样进行试验）	±0.3mg/L
		实际水样总氮≥2mg/L	±15%
pH 水质自动分析仪	示值误差		±0.5
	24h 漂移		±0.5
	实际水样比对		±0.5

笔记

任务实施

1. 从水污染源自动监测系统的系统组成、建设要求、安装要求和调试要求等方面进行学习。

2. 依据规范要求建设、安装和调试水污染源自动监测系统。

知识测试

1. 水污染源自动监测系统主要由四部分组成：（ ）单元、（ ）单元、水污染源自动监测仪器、数据控制单元以及相应的建筑设施等。

2. 监测站房应尽量靠近采样点，与采样点的距离应小于（ ）m。

3. 流量监测单元一般可安装（ ）、矩形薄壁堰、（ ）等标准化计量堰（槽）。

4. 24h 漂移调试时，导入浓度值为现场工作量程上限值（ ）%、（ ）%的标准溶液,以 1h 为周期,连续测定(　　)h。

 效果评价

评价表

项目名称	项目七　水污染源自动监测系统运行管理	学生姓名	
任务名称	任务二　水污染源自动监测系统的安装与调试	分数	

考核内容	分值	考核得分
简述水污染源自动监测系统的组成	20 分	
简述水污染源自动监测系统监测站房的建设要求	20 分	
简述水污染源自动监测系统自动采样单元的建设要求	20 分	
简述水污染源自动监测系统流量计的安装要求	20 分	
说出水污染源自动监测系统的 24h 漂移匀调试方法	20 分	
总体得分		

教师评语:

 笔记

任务三 水污染源自动监测系统的试运行与验收

引导问题

水污染源自动监测系统安装调试好后,需要试运行和验收才能正式投入使用,试运行和验收要达到什么要求?

一、试运行要求

① 应根据实际水污染源排放特点及建设情况,编制水污染源自动监测系统运行与维护方案以及相应的记录表格。

② 试运行期间应按照所制定的运行与维护方案及《水污染源在线监测系统（COD_{Cr}、$NH_3\text{-}N$ 等）运行技术规范》(HJ 355—2019) 相关要求进行作业。

③ 试运行期间应保持对水污染源自动监测系统连续供电,连续正常运行 30 天。

④ 因排放源故障或自动监测系统故障等造成运行中断,在排放源或自动监测系统恢复正常后,重新开始试运行。

⑤ 试运行期间数据传输率应不小于 90%。

⑥ 数据控制系统已经和水污染源自动监测仪器正确连接,并开始向监控中心平台发送数据。

⑦ 编制水污染源自动监测系统试运行报告。

二、验收条件及验收内容

(一) 验收条件

① 提供水污染源自动监测系统的选型、工程设计、施工、安装调试及性能等相关技术资料。

② 水污染源自动监测系统已依据《水污染源在线监测系统（COD_{Cr}、$NH_3\text{-}N$ 等）安装技术规范》(HJ 353—2019) 完成安装、调试与试运行,各指标符合标准要求,并提交运行调试报告与试运行报告。

③ 提供流量计、标准计量堰（槽）的检定证书,水污染源自动监测仪器符合 HJ 353—2019 中技术要求的证明材料。

④ 水污染源自动监测系统所采用基础通信网络和基础通信协议应符合《污染物在线监控（监测）系统数据传输标准》(HJ 212—2017) 的相关要求,对通信规范的各项内容做出响应,并提供相关的自检报告。同时提供生态环境主管部门出具的联网证明。

⑤ 水质自动采样单元已稳定运行一个月,可采集瞬时水样和具有代表性的混合水

样供水污染源自动监测仪器分析使用,可进行留样并报警。

⑥ 验收过程供电不间断。

⑦ 数据控制单元已稳定运行一个月,向监控中心平台及时发送数据,期间设备运转率应大于90%,数据传输率应大于90%。设备运转率及数据传输率参式(7-6)、式(7-7)进行计算:

$$设备运转率 = \frac{实际运行小时数}{企业排放小时数} \times 100\% \qquad (7-6)$$

式中　实际运行小时数——自动监测设备实际正常运行的小时数;
　　　企业排放小时数——被测水污染源排放污染物的实际小时数。

$$数据传输率 = \frac{实际传输数据数}{规定传输数据数} \times 100\% \qquad (7-7)$$

式中　实际传输数据数——每月设备实际上传的数据个数;
　　　规定传输数据数——每月设备规定上传的数据个数。

(二)验收内容

水污染源自动监测系统在完成安装、调试及试运行,并和生态环境主管部门联网后,应进行建设验收、仪器设备验收、联网验收及运行与维护方案验收。

三、建设验收要求

(一)污染源排放口

① 污染源排放口的布设符合《污水监测技术规范》(HJ 91.1—2019)要求。

② 污染源排放口具有符合《环境保护图形标志 排放口(源)》(GB 15562.1—1995)要求的环境保护图形标志牌。

③ 污染源排放口应设置具备便于水质自动采样单元和流量监测单元安装条件的采样口。

④ 污染源排放口应设置人工采样口。

(二)流量监测单元

① 三角堰和矩形堰后端设置清淤工作平台,可方便实现对堰(槽)后端堆积物的清理。

② 流量计安装处设置对超声波探头检修和比对的工作平台,可方便实现对流量计的检修和比对工作。

③ 工作平台的所有敞开边缘设置有防护栏杆,采水口临空、临高的部位应设置防护栏杆和钢平台,各平台边缘应具有防止杂物落入采水口的装置。

④ 维护和采样平台的安装施工应全部符合要求。

⑤ 防护栏杆的安装应全部符合要求。

(三)监测站房

① 监测站房专室专用。

② 监测站房密闭,安装有冷暖空调和排气风扇,空调具有来电自启动功能。

③ 新建监测站房面积应不小于 $15m^2$,站房高度不低于 2.8m,各仪器设备安放合理,可方便进行维护维修。

④ 监测站房与采样点的距离不大于 50m。

⑤ 监测站房的基础荷载强度、面积、空间高度、地面标高均符合要求。

⑥ 监测站房内有安全合格的配电设备，提供的电力负荷不小于 5kW，配置有稳压电源。

⑦ 监测站房应设置专用配电箱和独立供电回路，电源进线端安装适配的浪涌保护装置，配电箱应有"自动监测设备专用电源"标识，接地线牢固并有明显标志。

⑧ 监测站房电源设有总开关，每台仪器设有独立控制开关。

⑨ 监测站房内有合格的给排水设施，能使用自来水清洗仪器及有关装置。

⑩ 监测站房有完善规范的接地装置，避雷措施，防盗、防止人为破坏以及消防设施。

⑪ 监测站房不位于通信盲区，应能够实现数据传输。

⑫ 监测站房内、采样口等区域应有视频监控。

（四）水质自动采样单元

① 实现采集瞬时水样和混合水样，混匀及暂存水样，自动润洗及排空混匀桶的功能。

② 实现混合水样和瞬时水样的留样功能。

③ 实现 pH 水质自动分析仪、温度计原位测量或测量瞬时水样功能。

④ 实现 COD_{Cr}、TOC、NH_3-N、TP、TN 水质自动分析仪测量混合水样功能。

⑤ 需具备必要的防冻或防腐设施。

⑥ 设置混合水样的人工比对采样口。

⑦ 水质自动采样单元的管路为明管，并标注水流方向，管材应采用优质的聚氯乙烯（PVC）管、三丙聚丙烯（PPR）管等不影响分析结果的硬管。

⑧ 采样口设在流量监测系统标准化计量堰（槽）取水口头部的流路中央，采水口朝向与水流的方向一致；测量合流排水时，在合流后充分混合的场所采水。

⑨ 采样泵选择合理，安装位置便于泵的维护。

（五）数据控制单元

① 数据控制单元可协调统一运行水污染源自动监测系统，采集、储存、显示监测数据及运行日志，向监控中心平台上传污染源监测数据。

② 可接收监控中心平台命令，实现对水污染源自动监测系统的控制。如触发水质自动采样单元采样，水污染源自动监测仪器进行测量、标液核查、校准等操作。

③ 可读取并显示各水污染源自动监测仪器的实时测量数据。

④ 可查询并显示 pH 值的小时变化范围、日变化范围，流量的小时累积流量、日累积流量，温度的小时均值、日均值，COD_{Cr}、NH_3-N、TP、TN 的小时值、日均值，并通过数据采集传输仪上传至监控中心平台。

⑤ 上传的污染源监测数据带有时间和数据状态标识。

⑥ 可生成、显示各水污染源自动监测仪器监测数据的日统计表、月统计表、年统计表。

四、水污染源自动监测仪器设备验收要求

（一）基本验收要求

① 水污染源自动监测仪器的各种电缆和管路应加保护管地下敷设或空中架设，空

中架设的电缆应附着在牢固的桥架上,并在电缆、管路以及电缆和管路的两端设置明显标识。

② 必要时(如南方的雷电多发区),仪器设备和电源设有防雷设施。

③ 各仪器设备采用落地或壁挂式安装,有必要的防震措施,保证设备安装牢固稳定。

④ 仪器周围留有足够空间,方便仪器维护。

(二)功能验收要求

① 具有时间设定、校准、显示功能。

② 具有自动零点校准(正)功能和量程校准(正)功能,且有校准记录。

③ 校准记录中应包括校准时间、校准浓度、校准前后的主要参数等。

④ 应具有测试数据显示、存储和输出功能。

⑤ 应能够设置三级系统登录密码及相应的操作权限。

⑥ 意外断电且再度上电时,应能自动排出系统内残存的试样、试剂等,并自动清洗,自动复位到重新开始测定的状态。

⑦ 应具有故障报警、显示和诊断功能,以及自动保护功能,并且能够将故障报警信号输出到远程控制网。

⑧ 应具有限值报警和报警信号输出功能。

⑨ 应具有接收远程控制网的外部触发命令、启动分析等操作的功能。

(三)性能验收方法

1. 液位比对误差

用便携式明渠流量计比对装置(液位测量精度≤0.1mm)和超声波明渠流量计测量同一水位观测断面处的液位值,进行比对试验,每2min记录一次数据对,连续记录6次,按式(7-8)计算每一组数据对的误差值 H_i,选取最大的 H_i 作为流量计的液位比对误差。

$$H_i = |H_{1i} - H_{2i}| \tag{7-8}$$

式中 H_i——液位比对误差,mm;

H_{1i}——第 i 次便携式明渠流量计比对装置测量液位值,mm;

H_{2i}——第 i 次超声波明渠流量计测量液位值,mm;

i——1,2,3,4,5,6。

2. 流量比对误差

用便携式明渠流量计比对装置和超声波明渠流量计测量同一水位观测断面处的瞬时流量,进行比对试验,待数据稳定后,开始计时,计时10min,分别读取便携式明渠流量计比对装置该时段内的累积流量 F_1 和超声波明渠流量计该时段内的累积流量 F_2,按式(7-9)计算流量比对误差 ΔF。

$$\Delta F = \frac{F_1 - F_2}{F_1} \times 100\% \tag{7-9}$$

式中 ΔF——流量比对误差,%;

F_1——便携式明渠流量计比对装置累积流量,m³;

F_2——超声波明渠流量计累积流量,m³。

3. 采样量误差

水质自动采样器采样量设置为 V_1，按照设定的采样比例执行自动采样，采样结束后，取出采样瓶，量取实际采样量 V_2，重复测定 3 次，按照式(7-10)计算采样量误差 ΔV，取 3 次采样量误差的算术平均值作为评判值。

$$\Delta V = \frac{|V_2 - V_1|}{V_1} \times 100\% \tag{7-10}$$

式中　ΔV——采样量误差，%；

V_1——设定的采样量，mL；

V_2——实际量取的采样量，mL。

4. 温度控制误差

将水质自动采样器恒温箱温度控制装置设置温度为 4℃。运行 1h 温度稳定后，每隔 10min 测量其温度 T_i，连续测量 6 次，按式(7-11)计算每个测量值相对于 4℃ 的绝对误差值 ΔT_i，取最大者为温度控制误差。

$$\Delta T_i = |T_i - 4| \tag{7-11}$$

式中　ΔT_i——绝对误差值，℃；

T_i——实际测量温度，℃；

i——1，2，3，4，5，6。

5. 24h 漂移

COD_{Cr} 水质自动分析仪、TOC 水质自动分析仪、NH_3-N 水质自动分析仪、TP 水质自动分析仪、TN 水质自动分析仪参照此方法测定 24h 漂移：采用浓度值为工作量程上限值 80% 的标准溶液为考核溶液，水质自动分析仪以离线模式，以 1h 为周期，连续测定 24h。取前 3 次测定值的算术平均值为初始测定值 x_0，按式(7-12)计算后续测定值 x_i 与初始测定值 x_0 的变化幅度相对于现场工作量程上限值的百分比（RD），取绝对值最大者为 24h 漂移。

$$RD = \frac{x_i - x_0}{A} \times 100\% \tag{7-12}$$

式中　RD——24h 漂移，%；

x_i——第 i（$i \geqslant 3$）次测定值，mg/L；

x_0——前 3 次测量值的算术平均值，mg/L；

A——现场工作量程上限值，mg/L。

pH 水质自动分析仪的电极浸入 pH=6.865（25℃）的标准溶液中，读取 5min 后的测量值为初始值 x_0，连续测定 24h，每隔 1h 记录一个测定瞬时值 x_i，按式(7-13)计算后续测定值 x_i 与初始测定值 x_0 的误差 D，取绝对值最大者为 24h 漂移。

$$D = x_i - x_0 \tag{7-13}$$

式中　D——24h 漂移；

x_i——第 i 次测定值；

x_0——初始值。

6. 准确度

采用有证标准样品作为准确度试验考核样品，分别用两种浓度的有证标准样品进行考核，一种为接近实际废水排放浓度的样品，另一种为接近相应排放标准浓度 2~3 倍的样品，水质自动分析仪（pH 水质自动分析仪除外）以离线模式，以 1h 为周期进行测定，每种有证标准样品平行测定 3 次。

按式(7-14) 计算 3 次仪器测定值的算术平均值与有证标准样品标准值的相对误差。两种浓度标准样品测试结果均应满足下文表 7-9 的要求。

$$\Delta A = \frac{\bar{x} - B}{B} \times 100\% \quad (7-14)$$

式中　ΔA——相对误差，mg/L；
　　　B——标准样品标准值，mg/L；
　　　$\bar{x}$——3 次仪器测量值的算术平均值，mg/L。

pH 水质自动分析仪的电极浸入 pH=4.008（25℃）的有证标准样品中，连续测定 6 次，按式(7-15) 计算 6 次测定值的算术平均值与标准值的误差。

$$A = \bar{x} - B \quad (7-15)$$

式中　A——误差；
　　　B——标准溶液标准值；
　　　$\bar{x}$——6 次仪器测量值的算术平均值。

7. 实际水样比对

水质自动分析仪器以在线模式，以 1h 为周期，测定实际废水样品 3 个，每个水样平行测定 2 次（pH 水质自动分析仪测定 6 次）。实验室按照国家环境监测分析方法标准（表 7-8）对相同的水样进行分析，按式(7-16)、式(7-17) 计算每个水样仪器测定值的算术平均值与实验室测定值的绝对误差或相对误差，每种水样的比对结果均应满足表 7-9 的要求。

其中，COD_{Cr}、NH_3-N、TP、TN 水质自动分析仪测定水质自动采样器采集的混合水样，pH 水质自动分析仪测定瞬时水样。

$$C = \bar{x} - B_n \quad (7-16)$$

$$\Delta C = \frac{\bar{x} - B_n}{B_n} \times 100\% \quad (7-17)$$

式中　C——实际水样比对测试绝对误差，mg/L；
　　　ΔC——实际水样比对测试相对误差，%；
　　　$\bar{x}$——水样仪器测定值的算术平均值，mg/L；
　　　B_n——实验室标准方法的测定值，mg/L。

表 7-8　实际水样国家环境监测分析方法

项目	分析方法	标准号
COD_{Cr}	水质化学需氧量的测定重铬酸盐法	HJ 828—2017
	高氯废水化学需氧量的测定氯气校正法	HJ/T 70—2001
NH_3-N	水质氨氮的测定纳氏试剂分光光度法	HJ 535—2009
	水质氨氮的测定水杨酸分光光度法	HJ 536—2009
TP	水质总磷的测定钼酸铵分光光度法	GB/T 11893—89
TN	水质总氮的测定碱性过硫酸钾消解紫外分光光度法	HJ 636—2012
pH	水质 pH 值的测定玻璃电极法	GB/T 6920—86

（四）性能验收内容及指标限值

性能验收内容及指标限值见表 7-9。

表 7-9　水污染源自动监测仪器性能验收内容及指标限值

仪器类型	验收内容		指标限值
超声波明渠流量计	液位比对误差		12mm
	流量比对误差		±10%
水质自动采样器	采样量误差		±10%
	温度控制误差		±2℃
COD_{Cr}水质自动分析仪/TOC水质自动分析仪	24h漂移(80%工作量程上限值)		±10%F.S.
	准确度	有证标准溶液浓度＜30mg/L	±5mg/L
		有证标准溶液浓度≥30mg/L	±10%
	实际水样比对	实际水样COD_{Cr}＜30mg/L（用浓度为20~25mg/L的标准样品替代实际水样进行测试）	±5mg/L
		30mg/L≤实际水样COD_{Cr}＜60mg/L	±30%
		60mg/L≤实际水样COD_{Cr}＜100mg/L	±20%
		实际水样COD_{Cr}≥100mg/L	±15%
NH_3-N水质自动分析仪	24h漂移(80%工作量程上限值)		±10%F.S.
	准确度	有证标准溶液浓度＜2mg/L	±0.3mg/L
		有证标准溶液浓度≥2mg/L	±10%
	实际水样比对	实际水样氨氮＜2mg/L（用浓度为1.5mg/L的有证标准样品替代实际水样进行测试）	±0.3mg/L
		实际水样氨氮≥2mg/L	±15%
TP水质自动分析仪	24h漂移(80%工作量程上限值)		±10%F.S.
	准确度	有证标准溶液浓度＜0.4mg/L	±0.06mg/L
		有证标准溶液浓度≥0.4mg/L	±10%
	实际水样比对	实际水样总磷＜0.4mg/L（用浓度为0.3mg/L的有证标准样品替代实际水样进行测试）	±0.06mg/L
		实际水样总磷≥0.4mg/L	±15%
TN水质自动分析仪	24h漂移(80%工作量程上限值)		±10%F.S.
	准确度	有证标准溶液浓度＜2mg/L	±0.3mg/L
		有证标准溶液浓度≥2mg/L	±10%
	实际水样比对	实际水样总氮＜2mg/L（用浓度为1.5mg/L的有证标准样品替代实际水样进行测试）	±0.3mg/L
		实际水样总氮≥2mg/L	±15%
pH水质自动分析仪	24h漂移		±0.5
	准确度		±0.5
	实际水样比对		±0.5

五、联网验收要求

（一）通信稳定性

数据控制单元和监控中心平台之间通信稳定，不应出现经常性的通信连接中断、数据丢失、数据不完整等通信问题。

数据控制单元在线率为90%以上，正常情况下，掉线后应在5min之内重新上线。数据采集传输仪每日掉线次数在5次以内。数据传输稳定性在99%以上，当出现数据错误或丢失时，启动纠错逻辑，要求数据采集传输仪重新发送数据。

（二）数据传输安全性

为了保证监测数据在公共数据网上传输的安全性，所采用的数据采集传输仪，在需要时可按照《污染物在线监控（监测）系统数据传输标准》（HJ 212—2017）中规定的加密方法进行加密处理传输，保证数据传输的安全性。一端请求连接，另一端应进行身份验证。

（三）通信协议正确性

采用的通信协议应完全符合《污染物在线监控（监测）系统数据传输标准》（HJ 212—2017）的相关要求。

（四）数据传输正确性

系统稳定运行一个月后，任取其中不少于连续 7 天的数据进行检查，要求监控中心平台接收的数据和数据控制单元采集与存储的数据完全一致；同时检查水污染源在线连续自动分析仪器存储的测定值、数据控制单元所采集并存储的数据和监控中心平台接收的数据，这 3 个环节的实时数据误差小于 1%。

（五）联网稳定性

在连续一个月内，系统能稳定运行，不出现除通信稳定性、通信协议正确性、数据传输正确性以外的其他联网问题。

（六）现场故障模拟恢复试验要求

在水污染源在线连续自动监测系统现场验收过程中，人为模拟现场断电、断水和断气等故障，在恢复供电等外部条件后，水污染源在线连续自动监测系统应能正常自启动和远程控制启动。在数据控制单元中保存故障前完整分析的分析结果，并在故障过程中不会被丢失。数据控制系统完整记录所有故障信息。

（七）测量频次和测量结果报表

能够按照规定要求自动生成日统计表、月统计表和年统计表。

六、运行与维护方案验收要求

① 运行与维护方案应包含水污染源自动监测系统情况说明、运行与维护作业指导书及记录表格，并形成书面文件进行有效管理。

② 水污染源自动监测系统情况说明应至少包含如下内容：排污单位基本情况，水污染源自动监测系统构成图，水质自动采样系统流路图，数据控制系统构成图，所安装的水污染源自动监测仪器方法原理、选定量程、主要参数、所用试剂，按照《水污染源在线监测系统（COD_{Cr}、$NH_3\text{-}N$ 等）运行技术规范》（HJ 355—2019）规定建立的各组成部分的维护要点及维护程序。

③ 运行与维护作业指导书内容应至少包含如下内容：水污染源自动监测系统各组成部分的维护方法，所安装的水污染源自动监测仪器的操作方法、试剂配制方法、维护方法，流量监测单元、水样自动采集单元及数据控制单元维护方法。

④ 记录表格应满足运行与维护作业指导书中的设定要求。

七、验收报告编制

验收报告格式见附录 C（扫描二维码可查看）。

附录 C

附录 D

比对监测报告格式见附录 D（扫描二维码可查看）。

 任务实施

1. 从水污染源自动监测系统的试运行、验收条件、验收内容（建设验收、水污染源自动监测仪器设备验收、联网验收、运行和维护方案验收）以及验收报告编制等方面进行学习。

2. 依据规范要求对水污染源自动监测系统进行试运行和验收。

 知识测试

1. 试运行期间应保持对水污染源自动监测系统连续供电，连续正常运行（　　）天。

2. 新建监测站房面积应不小于（　　）m²，站房高度不低于（　　）m，各仪器设备安放合理，可方便进行维护维修。

3. 采用有证标准样品作为准确度试验考核样品，分别用两种浓度的有证标准样品进行考核，一种为（　　），另一种为（　　）。

4. 数据控制单元在线率为（　　）%以上，正常情况下，掉线后应在（　　）min 之内重新上线。

 笔记

 效果评价

评价表

项目名称	项目七　水污染源自动监测系统运行管理	学生姓名	
任务名称	任务三　水污染源自动监测系统的试运行与验收	分数	

考核内容	分值	考核得分
简述水污染源自动监测系统试运行要求	10 分	
简述水污染源自动监测系统污染源排放口验收要求	20 分	
简述水污染源自动监测系统数据控制单元验收要求	20 分	
说出水污染源自动监测系统液位比对误差验收方法	10 分	
说出水污染源自动监测系统流量比对误差验收方法	10 分	
说出水污染源自动监测系统试剂水样比对验收方法	10 分	
简述水污染源自动监测系统联网验收要求	20 分	
总体得分		

教师评语：

任务四 水污染源自动监测系统数据有效性判别

引导问题

水污染源自动监测系统通过验收后可以投入使用，投入使用的过程中水污染源自动监测系统数据有效性直接反映水污染源自动监测系统的运行稳定性，如何判别水污染源自动监测系统数据的有效性？

知识准备

一、数据有效性判别流程

水污染源自动监测系统的运行状态分为正常采样监测时段和非正常采样监测时段。

正常采样监测时段获取的监测数据，根据本任务"二、数据有效性判别指标""三、数据有效性判别方法"规定的数据有效性判别标准进行有效性判别。

非正常采样监测时段包括仪器停运时段、故障维修或维护时段、校准校验时段，在此期间，无论自动监测系统是否获得或输出监测数据，均为无效数据。

水污染源自动监测系统数据有效性判别流程见图7-22。

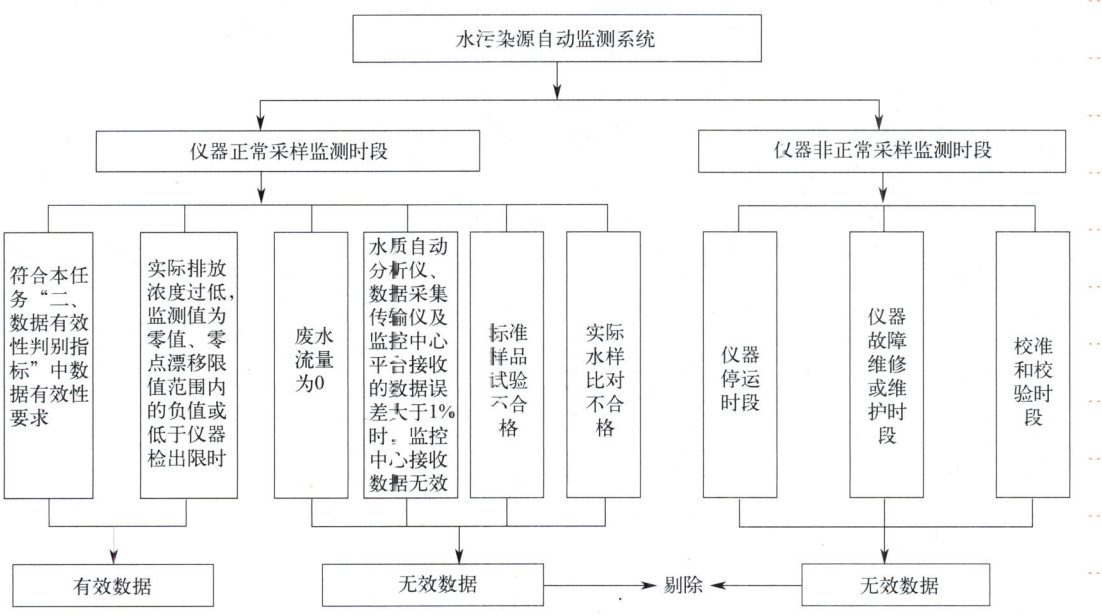

图7-22 水污染源自动监测系统数据有效性判别流程

二、数据有效性判别指标

（一）实际水样比对试验误差

1. COD_{Cr}、TOC、NH_3-N、TP、TN 水质自动分析仪

对每个站点安装的 COD_{Cr}、TOC、NH_3-N、TP、TN 水质自动分析仪进行自动监测方法与表 7-10 中规定的国家环境监测分析方法的比对试验，两者测量结果组成一个测定数据对，至少获得 3 个测定数据对。比对过程中应尽可能保证比对样品均匀一致，实际水样比对试验结果应满足表 7-11 的要求。按式（7-18）、式（7-19）分别计算实际水样比对试验的绝对误差、相对误差。

实际水样比对试验绝对误差计算公式：

$$C = x_n - B_n \tag{7-18}$$

实际水样比对试验相对误差计算公式：

$$\Delta C = \frac{x_n - B_n}{B_n} \times 100\% \tag{7-19}$$

式中　C——实际水样比对试验绝对误差，mg/L；

　　　ΔC——实际水样比对试验相对误差，%；

　　　x_n——第 n 次测量值，mg/L；

　　　B_n——第 n 次国家环境监测分析方法的测定值，mg/L；

　　　n——比对次数。

2. pH 水质自动分析仪与温度计

使用国家环境标准分析方法进行实际水样比对试验，与 pH 水质自动分析仪测量结果组成一个数据对，比对过程中应尽可能保证比对样品均匀一致，实际水样比对试验结果应满足表 7-11 的要求。按式（7-20）计算实际水样比对试验的绝对误差：

$$C = x - B \tag{7-20}$$

式中　C——实际水样比对试验绝对误差，pH 无量纲，温度的单位为℃；

　　　x——pH 水质自动分析仪或温度计测量值，pH 无量纲，温度的单位为℃；

　　　B——国家环境监测分析方法的测定值，pH 无量纲，温度的单位为℃。

表 7-10　实际水样国家环境监测分析方法

项目	分析方法名称	标准号
COD_{Cr}	水质 化学需氧量的测定 重铬酸盐法	HJ 828—2017
	高氯废水 化学需氧量的测定 氯气校正法	HJ/T 70—2001
NH_3-N	水质 氨氮的测定 纳氏试剂分光光度法	HJ 535—2009
	水质 氨氮的测定 水杨酸分光光度法	HJ 536—2009
TP	水质 总磷的测定 钼酸铵分光光度法	GB/T 11893—89
TN	水质 总氮的测定 碱性过硫酸钾消解紫外分光光度法	HJ 636—2012
pH 值	水质 pH 值的测定 玻璃电极法	GB 6920—86
水温	水质 水温的测定 温度计或颠倒温度计测定法	GB 13195—91

表 7-11 水污染源自动监测仪器运行技术指标

仪器类型	技术指标要求	试验指标限值	样品数量要求
COD_{Cr}、TOC 水质自动分析仪	采用浓度约为现场工作量程上限值 0.5 倍的标准样品	±10%	1
	实际水样 COD_{Cr}<30mg/L（用浓度为 20~25mg/L 的标准样品替代实际水样进行测试）	±5mg/L	比对试验总数应不少于 3 对。当比对试验数量为 3 对时应至少有 2 对满足要求；4 对时应至少有 3 对满足要求；5 对以上时至少需 4 对满足要求
	30mg/L≤实际水样 COD_{Cr}<60mg/L	±30%	
	60mg/L≤实际水样 COD_{Cr}<100mg/L	±20%	
	实际水样 COD_{Cr}≥100mg/L	±15%	
NH_3-N 水质自动分析仪	采用浓度约为现场工作量程上限值 0.5 倍的标准样品	±10%	1
	实际水样氨氮<2mg/L（用浓度为 1.5mg/L 的标准样品替代实际水样进行测试）	±0.3mg/L	同化学需氧量比对试验数量要求
	实际水样氨氮≥2mg/L	±15%	
TP 水质自动分析仪	采用浓度约为现场工作量程上限值 0.5 倍的标准样品	±10%	1
	实际水样总磷<0.4mg/L（用浓度为 0.2mg/L 的标准样品替代实际水样进行测试）	±0.04mg/L	同化学需氧量比对试验数量要求
	实际水样总磷≥0.4mg/L	±15%	
TN 水质自动分析仪	采用浓度约为现场工作量程上限值 0.5 倍的标准样品	±10%	1
	实际水样总氮<2mg/L（用浓度为 1.5mg/L 的标准样品替代实际水样进行测试）	±0.3mg/L	同化学需氧量比对试验数量要求
	实际水样总氮≥2mg/L	±15%	
pH 水质自动分析仪	实际水样比对	±0.5	1
温度计	现场水温比对	±0.5℃	1
超声波明渠流量计	液位比对误差	12mm	6 组数据
	流量比对误差	±10%	10min 累积流量

（二）标准样品试验误差

标准样品试验包括自动标样核查、标准溶液验证。

对每个站点安装的 COD_{Cr}、TOC、NH_3-N、TP、TN 水质自动分析仪，采用有证标准样品作为质控考核样品，用浓度约为现场工作量程上限值 0.5 倍的标准样品进行自动标样核查试验，试验结果应满足表 7-11 的要求，否则应对仪器进行自动校准。仪器自动校准完成后应使用标准溶液进行验证（可使用自动标样核查代替该操作），验证结果应满足表 7-11 的要求。按式(7-21)计算标准样品试验相对误差：

$$\Delta A = \frac{x-B}{B} \times 100\% \tag{7-21}$$

式中 ΔA——标准样品试验相对误差，%；
x——标准样品测试值，mg/L；
B——标准样品标准值，mg/L。

(三)超声波明渠流量计比对试验误差

对每个站点安装的超声波明渠流量计进行自动监测方法与手工监测方法的比对试验,比对试验的方法按照《水污染源在线监测系统(COD_{Cr}、NH_3-N 等)运行技术规范》(HJ 355—2019)的相关规定进行,比对试验结果应满足表 7-11 的要求。

三、数据有效性判别方法

(一)有效数据判别

正常采样监测时段获取的监测数据,满足数据有效性判别指标,可判别为有效数据。

监测值为零值、零点漂移限值范围内的负值或低于仪器检出限时,需要通过现场检查、实际水样比对试验、标准样品试验等质控手段来识别。对于因实际排放浓度过低而产生的上述数据,仍判断为有效数据。

监测值如出现急剧升高、急剧下降或连续不变的情况时,需要通过现场检查、实际水样比对试验、标准样品试验等质控手段来识别,再做判别和处理。

水污染源自动监测系统的运维记录中应当记载运行过程中报警、故障维修、日常维护、校准等内容,运维记录可作为数据有效性判别的证据。

水污染源自动监测系统应可调阅和查看详细的日志,日志记录可作为数据有效性判别的证据。

(二)无效数据判别

当流量为零时,自动监测系统输出的监测值为无效数据。

水质自动分析仪、数据采集传输仪以及监控中心平台接收到的数据误差大于 1% 时,监控中心平台接收到的数据为无效数据。

发现标准样品试验不合格、实际水样比对试验不合格时,从此次不合格时刻至上次校准校验(自动校准、自动标样核查、实际水样比对试验中的任何一项)合格时刻期间的自动监测数据均判断为无效数据,从此次不合格时刻起至再次校准校验合格时刻期间的数据作为非正常采样监测时段数据,判断为无效数据。

水质自动分析仪停运期间、因故障维修或维护期间、有计划(质量保证和质量控制)地维护保养期间、校准和校验等非正常采样监测时间段内输出的监测值为无效数据,但对该时段数据做标记,作为监测仪器检查和校准的依据予以保留。

判断为无效的数据应注明原因,并保留原始记录。

四、有效均值的计算

(一)数据统计

正常采样监测时段获取的有效数据,应全部参与统计。

监测值为零值、零点漂移限值范围内的负值或低于仪器检出限,并判断为有效数据时,应采用修正后的值参与统计。修正规则为:COD_{Cr} 修正值为 2mg/L,NH_3-N 修正值为 0.01mg/L,TP 修正值为 0.005mg/L,TN 修正值为 0.025mg/L。

(二)有效日均值

有效日均值是以每日为一个监测周期内获得的某个污染物(COD_{Cr}、NH_3-N、TP、

TN)的所有有效监测数据的平均值,参与统计的有效监测数据数量应不少于当日应获得数据数量的75%。有效日均值是以流量为权的某个污染物的有效监测数据的加权平均值。有效日均值的加权平均值计算公式如式(7-22)所示。

$$C_d = \frac{\sum_{i=1}^{n} C_i Q_i}{\sum_{i=1}^{n} Q_i} \quad (7-22)$$

式中 C_d——有效日均值,mg/L;
C_i——第 i 个有效监测数据,mg/L;
Q_i——C_i 对应时段的累积流量,m³。

(三)有效月均值

有效月均值是以每月为一个监测周期内获得的某个污染物(COD_{Cr}、NH_3-N、TP、TN)的所有有效日均值的算术平均值,参与统计的有效日均值数量应不少于当月应获得数据数量的75%。有效月均值的算术平均值计算公式如式(7-23)所示。

$$C_m = \frac{\sum_{i=1}^{n} C_{di}}{n} \quad (7-23)$$

式中 C_m——有效月均值,mg/L;
C_{di}——第 i 个有效日均值,mg/L;
n——当月参与统计的有效日均值的数量。

五、无效数据的处理

正常采样监测时段,当 COD_{Cr}、NH_3-N、TP 和 TN 监测值判断为无效数据,且无法计算有效日均值时,其污染物日排放量可以用上次校准校验合格时刻前30个有效日排放量中的最大值进行替代,污染物浓度和流量不进行替代。

非正常采样监测时段,当 COD_{Cr}、NH_3-N、TP 和 TN 监测值判断为无效数据,且无法计算有效日均值时,优先使用人工监测数据进行替代,每天获取人工监测数据应不少于4次,替代数据包括污染物日均浓度、污染物日排放量。如无人工监测数据替代,其污染物日排放量可以用上次校准校验合格时刻前30个有效日排放量中的最大值进行替代,污染物浓度和流量不进行替代。

流量为零时的无效数据不进行替代。

任务实施

1. 从水污染源自动监测系统的数据有效性判别流程、判别指标、判别方法、有效均值的计算和无效数据的处理等方面进行学习。
2. 依据规范要求对水污染源自动监测系统的数据有效性进行判别。

知识测试

1. 监测值如出现急剧升高、急剧下降或连续不变的情况时,需要通过现场检查、

（　　）、（　　）等质控手段来识别，再做判别和处理。

2. 当流量为零时，自动监测系统输出的监测值为（　　）。

3. 水质自动分析仪、数据采集传输仪以及监控中心平台接收到的数据误差大于（　　）%时，监控中心平台接收到的数据为无效数据。

4. 参与有效日均值统计的有效监测数据数量应不少于当日应获得数据数量的（　　）%。

效果评价

评价表

项目名称	项目七　水污染源自动监测系统运行管理		学生姓名	
任务名称	任务四　水污染源自动监测系统数据有效性判别		分数	
考核内容			分值	考核得分
简述数据有效性判别流程			25 分	
说出标准样品试验误差考核办法			25 分	
列举哪些数据被判别为无效数据			25 分	
说出无效数据的处理办法			25 分	
总体得分				
教师评语：				

任务五 水污染源自动监测系统运营管理

引导问题

1. 水污染源自动监测系统投入使用后，如何确保水污染源自动监测系统的正常运行？对运行管理的单位和个人有什么要求？

2. 确保水污染源自动监测系统的正常运行，保证数据的有效性离不开日常的维护和管理。系统的维护要从哪些方面进行？有哪些要求呢？

笔记

知识准备

一、运营管理的意义

环保设施运营市场化，彻底打破了原有的计划经济管理模式，实现了环保设施的社会化投资、专业化建设、市场化运营、规范化管理、规模化发展的目标。运营的市场化，可以加强对环境保护设施运行状况的监督，提高环境保护设施运行管理的水平，发挥环境保护投资效益，进而促进环境保护设施运营的市场化。

运营的市场化给生态环境行政主管部门、排污企业、监测仪器生产厂商以及环保运营公司都带来诸多益处。在排污企业中，环保专业人员较少，对自动监测仪器了解甚少，在运营质量上便大打折扣，试剂更换不及时，仪器故障无法修复，数据传输不足，不仅导致运营费用高，而且常常出现超标排污的现象。当专业运营公司接管了排污企业环保设施的运营后，首先要对排污企业负责，精心维护自动监测设备，它是排污企业监督污水处理效率的依据。其次，为生态环境行政主管部门服务。自动监测设备是生态环境行政主管部门征收排污费的依据。

市场化运营管理是趋势。运营公司不仅要受生态环境部门的监督检查，也要接受排污企业的监管。对于专业化运营公司来说，要想在环保设施运营市场上有所作为，就必须深入了解自动监测设备的原理、方法，掌握相关的化学分析知识，把环保设施管理好，充分发挥好污染治理的投资效能。专业化的市场运营，维护维修效率高，服务相对完善，运营成本相对较低。运营市场化使得排污企业和生态环境行政主管部门真正实现了"双赢"。

二、环境保护设施专门运营单位资质认定

为保证运营工作的正常开展，运营单位和运维人员应取得以下资质证书。

（1）自动监控系统（水）运营服务认证证书

自动监控系统（水）运营服务认证根据企业运营规模及服务质量，分为一级、二级

和三级 3 个级别，认证工作由中国环境保护产业协会根据《水污染源在线监测系统运营服务认证实施规则》开展相关认证工作。

（2）自动监控（水）运维工证书

为保证水污染专业运行维护人员以及相关管理人员的业务水平和从业能力，水污染源运营工作一般要求持证上岗，其证书由中国环境保护产业协会联合各省市环保产业协会和有关培训机构，开展自动监控（水）运维培训工作，培训合格后颁发自动监控（水）运维工证书。

三、常见运营模式与责任划分

1. 各方责任与义务

（1）运营单位

① 承担委托责任，负责所辖区域污染源自动监测系统的日常运行、维护、检修、换件、耗材更换等事项，保证污染源自动监测系统的正常运转，保证监测工作正常开展。

② 定期进行仪器现场巡查，进行必要的校准、维护、维修、耗材更换工作，以保障仪器准确可靠运行。

③ 按仪器运行要求定期对系统进行校准，以保证仪器数据的准确有效。

④ 运行机构应对所有自动监测站一一对应建立专人负责制，制定操作及维修规程和日常保养制度，建立日常运行记录和设备台账，建立相应的质量保证体系，并接受生态环境管理部门的台账检查。

⑤ 运行机构应每月向有关生态环境管理部门作运行工作报告，陈述每个站点和自动监测系统的运行情况。

⑥ 应设立固定的运营维护站，并由相对固定的人员负责运行维护工作。

⑦ 维护站应备有常用耗材、配件及必要的交通工具，以保障维修及时。

⑧ 运行机构必须接受环保部门的监督、指导、考核，及时汇报重大事故或仪器严重故障的情况。

（2）生态环境行政主管部门

① 对运营商的运营维护工作进行监督、指导、考核。

② 定期对监测仪器进行年检、抽检，以保证数据的准确性。若考核不合格，可对运营商进行相应程度的惩罚。

③ 协助运营商进行运营费的收缴或按合同拨付运营费。

（3）排污企业

① 为仪器的正常运转提供必要的条件保证（如正常供电、空调、防雷、防盗、防火等）。

② 负责提供仪器运转的场地场所，负责仪器的安全保护工作。

③ 按合同要求支付运营维护费。

④ 支付第三方监测比对费用及废液处理费用。

2. 运营承包方式

（1）部分托管

部分托管运营指运营商只负责用户仪器设备的日常维护、维修、校准、管理工作，确保仪器设备的正常运转，确保数据准确可靠。对于仪器运行过程中需要更换的耗材及配件由用户负责购买，运营商负责更换。因此，由耗材及备件缺失造成的仪器设备停运、数据异常等故障，运营商不承担任何责任。

部分托管运营收费组成：运营管理费和运营维护费。

（2）全面托管

全面托管运营指运营商全面负责用户仪器的日常维护、维修、校准、管理工作，负责仪器设备的耗材、配件供应及更换，用户只需调取数据，其他工作由运营商负责完成。运营商确保用户仪器设备的正常运转，确保用户数据及时、准确、可靠上报。

全面托管运营收费组成：年耗材费、年配件费、运营管理费和运营维护费。

四、仪器运行参数设置及管理

1. 仪器运行参数设置要求

① 自动监测仪器量程应根据现场实际水样排放浓度合理设置，量程上限应设置为现场执行的污染物排放标准限值的 2～3 倍。当实际水样排放浓度超出量程设置要求时应按本任务中"八、检修和故障处理要求"中⑦的要求进行人工监测。

② 针对模拟量采集时，应保证数据采集传输仪的采集信号量程设置、转换污染物浓度量程设置与自动监测仪器设置的参数一致。

2. 仪器运行参数管理要求

① 对自动监测仪器的操作、参数的设定修改，应设定相应操作权限。

② 对自动监测仪器的操作、参数修改等动作，以及修改前后的具体参数都要通过纸质或电子的方式记录并保存，同时在仪器的运行日志里做相应的不可更改的记录，应至少保存 1 年。

③ 纸质或电子记录单中需注明对自动监测仪器参数的修改原因，并在启用时进行确认。

五、采样方式及数据上报要求

1. 采样方式

（1）瞬时采样

pH 水质自动分析仪、温度计和流量计对瞬时水样进行监测。连续排放时，pH 值、温度和流量至少每 10min 获得一个监测数据；间歇排放时，数据数量不小于污水累计排放小时数的 6 倍。

（2）混合采样

COD_{Cr}、TOC、NH_3-N、TP、TN 水质自动分析仪对混合水样进行监测。

连续排放时，每日从零点计时，每 1h 为一个时间段，水质自动采样系统在该时段进行时间等比例或流量等比例采样（如：每 15min 采一次样，1h 内采集 4 次水样，保证该时间段内采集样品量满足使用要求），水质自动分析仪测试该时段的混合水样，其测定结果应计为该时段的水污染源连续排放平均浓度。

间歇排放时，每 1h 为一个时间段，水质自动采样系统在该时段进行时间等比例或流量等比例采样（依据现场实际排放量设置，确保在排放时可采集到水样），采样结束后由水质自动分析仪测试该时段的混合水样，其测定结果应计为该时段的水污染源排放平均浓度。如果某个采样周期内所采集样品量无法满足仪器分析要求，则对该时段作无数据处理。

2. 数据上报要求

① 应保证数据采集传输仪、自动监测仪器与监控中心平台时间一致。

② 数据采集传输仪应在 COD_{Cr}、TOC、NH_3-N、TP、TN 水质自动分析仪测定完成后开始采集分析仪的输出信号，并在 10min 内将数据上报平台，监测数据个数不小于污水累计排放小时数。

③ COD_{Cr}、TOC、NH_3-N、TP、TN 水质自动分析仪存储的测定结果的时间标记应为该水质自动分析仪从混匀桶内开始采样的时间，数据采集传输仪上报数据时报文内的时间标记与水质自动分析仪测量结果存储的时间标记保持一致。水质自动分析仪和数据采集传输仪应能存储至少一年的数据。

④ 数据上报过程中如出现数据传输不通的问题，数据采集传输仪应对未传输成功的数据作记录，下次传输时自动对未传输成功的数据进行补传。

六、检查维护要求

1. 日检查维护

每天应通过远程查看数据或现场查看的方式检查仪器运行状态、数据传输系统以及视频监控系统是否正常，并判断水污染源自动监测系统运行是否正常。如发现数据有持续异常等情况，应前往站点检查。

2. 周检查维护

每 7d 对水污染源自动监测系统至少进行 1 次现场检查维护，检查维护内容如下：

① 检查自来水供应、泵取水情况；检查内部管路是否通畅，仪器自动清洗装置是否运行正常；检查各仪器的进样水管和排水管是否清洁，必要时进行清洗。定期对水泵和过滤网进行清洗。

② 检查监测站房内电路系统、通信系统是否正常。

③ 对于用电极法测量的仪器，检查电极填充液是否正常，必要时对电极探头进行清洗。

④ 检查各水污染源自动监测仪器标准溶液和试剂是否在有效使用期内，保证按相关要求定期更换标准溶液和试剂。

⑤ 检查数据采集传输仪运行情况，并检查连接处有无损坏，对数据进行抽样检查，对比水污染源自动监测仪、数据采集传输仪及监控中心平台接收到的数据是否一致。

⑥ 检查水质自动采样系统管路是否清洁，采样泵、采样桶和留样系统是否正常工作，留样保存温度是否正常。

⑦ 若部分站点使用气体钢瓶，应检查载气气路系统是否密封，气压是否满足使用要求。

3. 月检查维护

每月的现场维护应包括对水污染源自动监测仪器进行一次保养，对仪器分析系统进行维护；对数据存储或控制系统工作状态进行一次检查；检查监测仪器接地情况，检查监测站房防雷措施。

① 水污染源自动监测仪器：根据相应仪器操作维护说明，检查和保养易损耗件，必要时更换；检查及清洗取样单元、消解单元、检测单元、计量单元等。

② 水质自动采样系统：根据情况更换蠕动泵管、清洗混合采样瓶等。

③ TOC水质自动分析仪：检查TOC-COD_{Cr}转换系数是否适用，必要时进行修正。对TOC水质自动分析仪的泵、管、加热炉温度进行一次检查，检查试剂余量（必要时添加或更换），检查卤素洗涤器、冷凝器水封容器、增湿器（必要时加蒸馏水）。

④ pH水质自动分析仪：用酸液清洗一次电极，检查pH电极是否钝化，必要时进行校准或更换。

⑤ 温度计：每月至少进行一次现场水温比对试验，必要时进行校准或更换。

⑥ 超声波明渠流量计：检查流量计液位传感器高度是否发生变化，检查超声波探头与水面之间是否有干扰测量的物体，对堰体内影响流量计测定的干扰物进行清理。

⑦ 管道电磁流量计：检查管道电磁流量计的检定证书是否在有效期内。

4. 季度检查维护

水污染源自动监测仪器：根据相应仪器操作维护说明，检查及更换易损耗件，检查关键零部件可靠性，如计量单元准确性、反应室密封性等，必要时进行更换。对于水污染源自动监测仪器所产生的废液应用专用容器予以回收，并交由有危险废物处理资质的单位处理，不得随意排放或回流入污水排放口。

5. 检查维护记录

运行人员在对水污染源自动监测系统进行故障排查与检查维护时，应做好记录。

6. 其他检查维护

① 保证监测站房的安全性，进出监测站房应进行登记，包括出入时间、人员、出入站房原因等，应设置视频监控系统。

② 保持监测站房的清洁，保持设备的清洁，保证监测站房内的温度、湿度满足仪器正常运行的需求。

③ 保持各仪器管路通畅，出水正常，无漏液。

④ 对电源控制器、空调、排气风扇、供暖、消防设备等辅助设备要进行经常性检查。

⑤ 其他维护：按相关仪器说明书的要求进行仪器维护保养、易耗品的定期更换工作。

七、运行技术及质量控制要求

1. 运行技术要求

对COD_{Cr}、TOC、NH_3-N、TP、TN水质自动分析仪按照要求定期进行自动标样核查和自动校准，自动标样核查结果应满足表7-11要求。

对COD_{Cr}、TOC、NH_3-N、TP、TN、pH水质自动分析仪，温度计及超声波明渠流量计按照要求定期进行实际水样比对试验，比对试验结果应满足表7-11的要求，实际水样国家环境监测分析方法标准见表7-10。

2. COD_{Cr}、TOC、NH_3-N、TP、TN 水质自动分析仪

(1) 自动标样核查和自动校准

选用浓度约为现场工作量程上限值 0.5 倍的标准样品定期进行自动标样核查。如果自动标样核查结果不满足表 7-11 的规定,则应对仪器进行自动校准。仪器自动校准完后应使用标准溶液进行验证(可使用自动标样核查代替该操作),验证结果应符合表 7-11 的规定,如不符合则应重新进行 1 次校准和验证,6h 内如仍不符合规定,则应进入人工维护状态。标样自动核查相对误差计算公式见式(7-24):

$$\Delta A = \frac{x - B}{B} \times 100\% \tag{7-24}$$

式中 ΔA——相对误差;
B——标准样品标准值,mg/L;
x——分析仪测量值,mg/L。

自动监测仪器自动校准及验证时间如果超过 6h 则应采取人工监测的方法向相应环境保护主管部门报送数据,数据报送每天不少于 4 次,间隔不得超过 6h。

自动标样核查周期最长不得超过 24h,校准周期最长不得超过 168h。

(2) 实际水样比对试验

对 COD_{Cr}、TOC、NH_3-N、TP、TN 水质自动分析仪应每月至少进行 1 次实际水样比对试验。试验结果应满足表 7-11 中规定的性能指标要求,实际水样比对试验的结果不满足表 7-11 中规定的性能指标要求时,应对仪器进行校准和标准溶液验证后再次进行实际水样比对试验。如第 2 次实际水样比对试验结果仍不符合表 7-11 规定,仪器应进入维护状态,同时上次仪器自动校准或自动标样核查至此次实际水样比对试验期间所有的数据为无效数据。

仪器维护时间超过 6h 时,应采取人工监测的方法向相应生态环境主管部门报送数据,数据报送每天不少于 4 次,间隔不得超过 6h。

在规定的水样采集口采集实际废水排放样品,采用水质自动分析仪与国家环境监测分析方法标准(表 7-10)分别对相同的水样进行分析,两者测量结果组成一个测定数据对,至少获得 3 个测定数据对。按式(7-25)或式(7-26)计算实际水样比对试验的绝对误差或相对误差。

$$C = x_n - B_n \tag{7-25}$$

$$\Delta C = \frac{x_n - B_n}{B_n} \times 100\% \tag{7-26}$$

式中 C——实际水样比对试验绝对误差,mg/L;
x_n——第 n 次分析仪测量值,mg/L;
B_n——第 n 次实验室标准方法测定值,mg/L;
ΔC——实际水样比对试验相对误差。

3. pH 水质自动分析仪和温度计

每月至少进行 1 次实际水样比对试验,如果比对结果不符合表 7-11 的要求,应对 pH 水质自动分析仪和温度计进行校准,校准完成后需再次进行比对,直至合格。

在规定的水样采集口采集实际废水排放样品,采用 pH 水质自动分析仪和温度计分别与国家环境监测分析方法标准(表 7-10)对相同的水样进行分析,根据式(7-27)计

算仪器测量值与国家环境监测分析方法标准测定值的绝对误差：

$$C = x - B \tag{7-27}$$

式中　C——实际水样比对试验绝对误差，pH 无量纲，温度的单位为℃；
　　　x——pH 水质自动分析仪或温度计的测量值，pH 无量纲，温度的单位为℃；
　　　B——实验室标准方法测定值，pH 无量纲，温度的单位为℃。

4. 超声波明渠流量计

每季度至少用便携式明渠流量计比对装置对现场安装使用的超声波明渠流量计进行 1 次比对试验（比对前应对便携式明渠流量计进行校准），如比对结果不符合表 7-11 的要求，应对超声波明渠流量计进行校准，校准完成后需再次进行比对，直至合格。

除国家颁布的超声波明渠流量计检定规程所规定的方法外，可按以下方法进行现场比对试验，具体按现场实际情况执行。

① 便携式明渠流量计比对装置：可采用磁致伸缩液位计加标准流量计算公式的方式进行现场比对。

② 液位比对：分别用便携式明渠流量计比对装置（液位测量精度≤1mm）和超声波明渠流量计测量同一水位观测断面处的液位值，进行比对试验，每 2min 读取一次数据，连续读取 6 次，按式(7-28)计算每一组数据的误差值，选取最大的 H_i 作为流量计的液位误差。

$$H_i = |H_{1i} - H_{2i}| \tag{7-28}$$

式中　H_i——液位比对误差；
　　　H_{1i}——第 i 次便携式明渠流量计比对装置测量液位值，mm；
　　　H_{2i}——第 i 次超声波明渠流量计测量液位值，mm；
　　　i——1，2，3，4，5，6。

③ 流量比对：分别用便携式明渠流量计比对装置和超声波明渠流量计测量同一水位观测断面处的瞬时流量，进行比对试验，待数据稳定后开始计时，计时 10min，分别读取便携式明渠流量计比对装置该时段内的累积流量和超声波明渠流量计该时段内的累积流量，按式(7-29)计算流量误差：

$$\Delta F = \frac{F_1 - F_2}{F_1} \times 100\% \tag{7-29}$$

式中　ΔF——流量比对误差；
　　　F_1——便携式明渠流量计比对装置累积流量，m^3；
　　　F_2——超声波明渠流量计累积流量，m^3。

5. 有效数据率

以月为周期，每个周期内水污染源自动监测仪实际获得的有效数据个数占应获得的有效数据个数的百分比不得小于 90%。

6. 其他质量控制要求

应按照相关要求对水样分析、自动监测实施质量控制。

对某一时段、某些异常水样，应不定期进行平行监测、加密监测和留样比对试验。

水污染源自动监测仪器所使用的标准溶液应正确保存且经有证的标准样品验证合格后方可使用。

八、检修和故障处理要求

① 水污染源自动监测系统需维修的,应在维修前报相应生态环境管理部门备案;需停运、拆除、更换、重新运行的,应经相应生态环境管理部门批准同意。

② 不可抗力和突发性原因致使水污染源自动监测系统停止运行或不能正常运行时,应当在24h内报告相应生态环境管理部门并书面报告停运原因和设备情况。

③ 运行单位发现故障或接到故障通知,应在规定的时间内赶到现场处理并排除故障,无法及时处理的应安装备用仪器。

④ 水污染源自动监测仪器经过维修后,在正常使用和运行之前应确保其维修全部完成并通过校准和比对试验。若自动监测仪器进行了更换,在正常使用和运行之前,确保其性能指标满足要求。维修和更换的仪器,可由第三方或运行单位自行出具比对检测报告。

⑤ 数据采集传输仪发生故障,应在相应生态环境管理部门规定的时间内修复或更换,并能保证已采集的数据不丢失。

⑥ 运行单位应备有足够的备品备件及备用仪器,对其使用情况进行定期清点,并根据实际需要进行增购。

⑦ 水污染源自动监测仪器因故障或维护等原因不能正常工作时,应及时向相应生态环境管理部门报告,必要时采取人工监测方式,监测间隔不大于6h,数据报送每天不少于4次。

九、运行技术档案与运行记录

1. 运行技术档案和运行记录的基本要求

水污染源自动监测系统运行的技术档案包括仪器的说明书、系统安装记录和验收记录、仪器的检测报告以及各类运行记录表格。

运行记录应清晰、完整,现场记录应在现场及时填写。可从记录中查阅和了解仪器设备的使用、维修和性能检验等全部历史资料,以对运行的各台仪器设备做出正确评价。与仪器相关的记录可放置在现场并妥善保存。

2. 运维记录表格

运维记录表格参见附录E(扫描二维码可查看),比对监测报告格式见附录F(扫描二维码可查看),各运行单位可根据实际需求和管理需要调整及增加不同的表格:

① 水污染源自动监测系统基本情况(附录表E-1);

附录E

② 巡检维护记录表(附录表E-2);

③ 水污染源自动监测仪器参数设置记录表(附录表E-3);

④ 标样核查及校准结果记录表(附录表E-4);

⑤ 检查记录表(附录表E-5和表E-6);

⑥ 易耗品更换记录表(附录表E-7);

⑦ 标准样品更换记录表(附录表E-8);

⑧ 实际水样比对试验结果记录表(附录表E-9);

附录F

⑨ 水污染源自动监测系统运行比对监测报告格式(附录F)。

任务五 水污染源自动监测系统运营管理

任务实施

1. 从水污染源自动监测系统运营管理的资质要求、运营模式与责任划分、运营公司的基本要素、日常管理和运行技术规范等方面进行学习。
2. 依据规范要求对水污染源自动监测系统进行规范运行和运营管理。

知识测试

1. 全面托管运营指运营商全面负责用户仪器的日常维护、维修、校准、管理工作，负责仪器设备的耗材、配件供应及更换，用户只需（　　），其他工作由运营商负责完成。
2. 自动监测仪器量程应根据现场实际水样排放浓度合理设置，量程上限应设置为现场执行的污染物排放标准限值的（　　）倍。
3. 仪器中的运行日志至少要保存（　　）。
4. 每（　　）天对水污染源自动监测系统至少进行1次现场维护。
5. 自动标样核查周期最长不得超过（　　）h，校准周期最长不得超过（　　）h。

笔记

效果评价

评价表

项目名称	项目七　水污染源自动监测系统运行管理		学生姓名	
任务名称	任务五　水污染源自动监测系统运营管理		分数	

考核内容	分值	考核得分
简述运营管理的意义及对运营单位每个人的资质要求	20分	
简述水污染源自动监测系统数据上报要求	20分	
说出水污染源自动监测系统日检查维护内容	20分	
说出水污染源自动监测系统周检查维护内容	20分	
简述水污染源自动监测系统质控要求	20分	
总本得分		
教师评语：		

157

项目八　固定污染源自动监测系统运行维护

项目描述

固定污染源自动监测系统是环境保护和污染控制的重要工具,旨在实时、连续地监测工业企业等固定污染源的排放情况。这类系统通过自动监测设备收集污染物排放数据,并将数据上传至环保监管部门,实现对污染物排放的动态监管。固定污染源自动监测系统的推广应用,能够提高环境监测的效率和精确度,及时发现超标排放行为,为环保执法提供有力支持。该系统也为企业自身的排放管理提供了依据,有助于企业优化生产流程,减少污染物排放。

笔记

学习目标

知识目标	技能目标	素质目标
1. 掌握固定污染源自动监测系统的组成及工作原理; 2. 掌握固定污染源自动监测系统的调试和安装内容; 3. 掌握固定污染源自动监测系统的运维流程	1. 能准确说出固定污染源自动监测系统的安装调试流程; 2. 能进行固定污染源污染物折算浓度和排放量的计算; 3. 能分析和处理固定污染源监测系统基本故障	1. 培养严谨细致、精益求精的职业态度; 2. 培养爱岗敬业、诚实守信的职业品质; 3. 培养按照规范操作的工作意识

任务一　固定污染源自动监测系统采样与分析

引导问题

CEMS（continuous emission monitoring system）是固定污染源烟气连续排放监测系统的英文缩写。它是为适应固定污染源废气排放监测、污染源排放监管以及总量减排核算等国家环境管理需求而安装使用的一种污染物排放连续监测计量分析仪器。CEMS是如何完成自动采样及分析的呢?

知识准备

一、CEMS系统组成

CEMS由颗粒物监测单元和（或）气态污染物监测单元、烟气参数监测单元、数

学习情境三 污染源自动监测系统运行管理

据采集与处理单元组成（图8-1）。CEMS可以测量烟气中颗粒物浓度、气态污染物浓度、烟气参数（温度、压力、流速或流量、湿度、含氧量等），同时计算烟气中污染物排放速率和排放量，显示（可支持打印）和记录各种数据及参数，形成相关图表，并通过数据、图文等方式传输至管理部门。

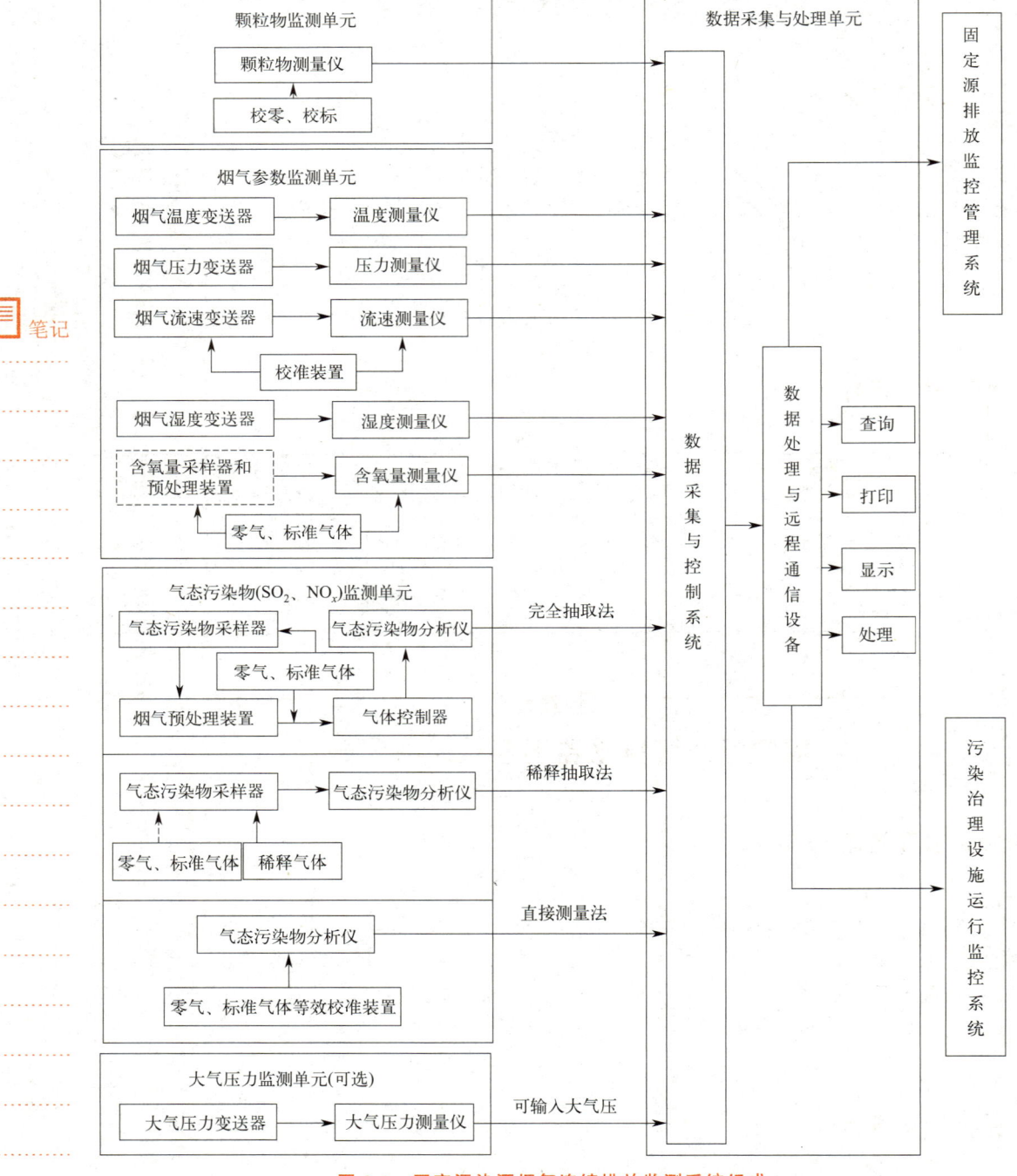

图8-1　固定污染源烟气连续排放监测系统组成

160

（一）颗粒物监测单元

对烟气中的烟尘浓度进行实时测量，主要构成为颗粒物监测仪（或称烟尘仪）及反吹、数据传输等辅助部件。烟气中颗粒物又称烟尘或粉尘，一般是指颗粒物粒径为 $0.01 \sim 200 \mu m$ 的固态物质。

（二）气态污染物监测单元

监测烟气中以气态形式存在的污染物的浓度。烟气中气态污染物主要包括二氧化硫（SO_2）、氮氧化物（NO_x）、一氧化碳（CO）、二氧化碳（CO_2）、氯化氢（HCl）、氟化氢（HF）、氨气（NH_3）、汞（Hg）以及挥发性有机污染物（VOCs）等。安装在火电行业的常规CEMS监测的气态污染物通常为 SO_2 和 NO_x。

（三）烟气参数监测单元

对排放烟气的温度、压力、湿度、流速（流量）以及含氧量等参数进行连续监测。测量温度和压力用于污染物、流量的工况与标态之间的转换，统一为标准状态下；测量湿度用于干、湿基数据状态转换以及计算标干流量；测量流速（流量）用于排放速率和排放量的计算；测量含氧量用于计算污染物的折算浓度，判断是否满足排放限值。

笔记

（四）数据采集与处理单元

数据采集与处理单元采集现场的各污染物浓度数据并进行处理、存储，以表格和图文显示，而且具备故障警告、安全管理和打印等功能；系统设置通信接口，用于数据输出和通信功能。CEMS一般使用工控机作为数采和记录工具。

二、CEMS采样与分析方法

CEMS的工作原理和技术分类按其测量分析方式可分为两大类：一类是抽取测量方式，将烟气从烟囱或烟道中抽取出来进行测试分析；另一类是直接测量方式，将测量分析单元安装在烟囱或烟道上，直接对排放烟气进行测试分析。抽取测量方式依据其采样单元的不同又分为完全抽取和稀释抽取两种方式。CEMS采取不同的采样和分析测量方式，测量分析单元对应使用的分析方法和原理也不相同，出具的数据状态更是有较大差异。常见的CEMS技术分类和工作原理见表8-1。

表8-1 常见的CEMS技术分类和工作原理

监测参数	技术分类和工作原理		
	抽取测量方式		直接测量方式
	完全抽取式	稀释抽取式	
颗粒物	光散射法、β射线法、振荡天平法	光散射法	浊度法、光散射法、光闪烁法
二氧化硫	非分散红外法、非分散紫外法、气体过滤相关红外法、紫外差吸收法、傅里叶红外法	紫外荧光法	紫外差吸收法、非分散红外法、气体过滤相关红外法
氮氧化物	非分散红外法、非分散紫外法、气体过滤相关红外法、紫外差吸收法、傅里叶红外法	化学发光法	紫外差吸收法、非分散红外法、气体过滤相关红外法
氧气	电化学法、氧化锆法、顺磁法		氧化锆法
流速	皮托管法、热平衡法、超声波法		
温度	铂电阻法、热电偶法		
湿度	阻容法、红外法、极限电流法		红外法、阻容法、极限电流法

（一）气态污染物采样

气态污染物 CEMS 测量按照采样和测量方式可分为完全抽取方式、稀释抽取方式和直接（原位）测量方式三种。详细的气态污染物采样技术分类见图 8-2。

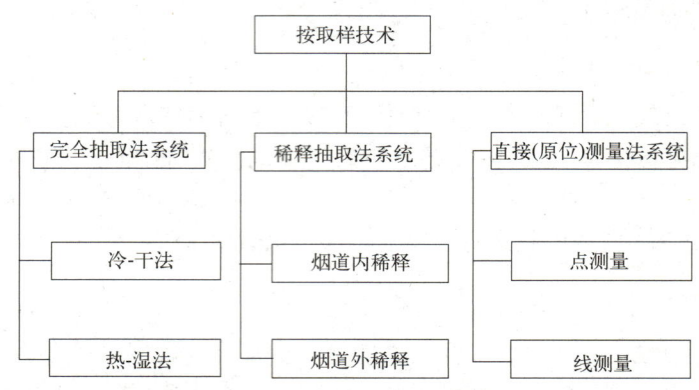

图 8-2 详细的气态污染物采样技术分类

1. 完全抽取式 CEMS

完全抽取式 CEMS 是指直接从烟囱或烟道内抽取烟气，经过适当的预处理后将烟气送入分析仪进行检测的 CEMS。完全抽取式又可分为冷-干抽取式和热-湿抽取式，所谓冷-干式和热-湿式是针对样气预处理步骤而言。

烟气经抽取后全过程不除湿（保持烟气在露点温度以上），分析仪直接分析热湿态样气，称为热-湿抽取式。热-湿抽取式测量的污染物浓度为湿基值。热-湿式系统由取样单元和高温分析单元组成。取样单元包括带加热过滤器的高温取样探头、伴热取样管线、高温取样泵、高温条件运行的细过滤器、流量计、反吹控制器、校准阀组。高温分析单元包括使用高温测量气室及检测器的分析仪。图 8-3 为典型热-湿式 CEMS 系统流程图。

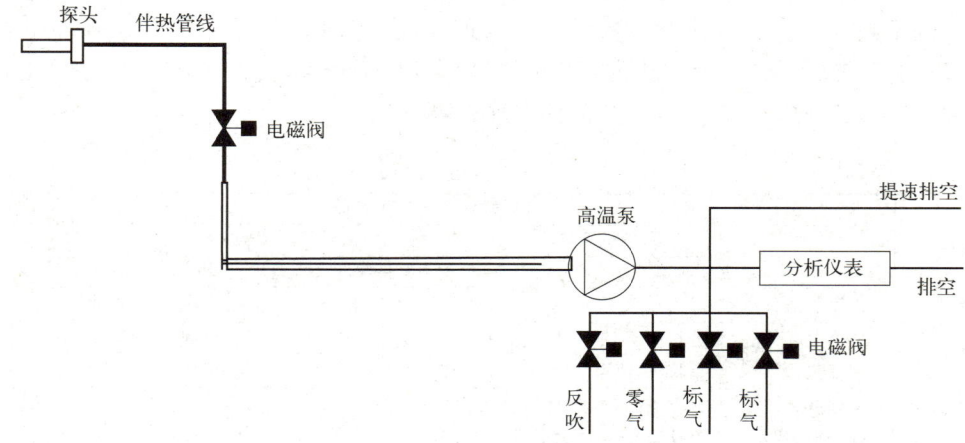

图 8-3 热-湿式 CEMS 系统流程图

由于我国排放标准以干基排放的气态污染物浓度计，所以我国安装的 CEMS 以冷-干直接抽取式居多。样气在进入分析仪之前，经冷却除湿设备除去水分变成干态后再分析的 CEMS 称为冷-干抽取式 CEMS。冷-干抽取式测量的气态污染物浓度为干基值。

冷-干式又可分为后处理式和前处理式两种。后处理式需要对采样探头和传输管路加热，保证样气在输送过程中不会因传输管道温度低于采样气体露点温度而结露，然后在进入分析仪前再除去水分；前处理式即在烟气抽出烟道后就应用制冷技术或化学反应除水技术除去烟气中的水分，使样气传输时无须加热。

经典的冷-干直接抽取式（后处理式）CEMS 基本流程是：通过具有加热装置的烟尘过滤器将样气采集至加热输气管线，在分析小屋内通过两级冷凝脱水后，经过细过滤器进入分析仪，对烟气成分和浓度进行分析。其基本结构包括采样探头、采样伴热管、过滤器、除湿器、采样泵、气体分析仪及辅助单元。图 8-4 为典型冷-干式 CEMS 系统流程图。

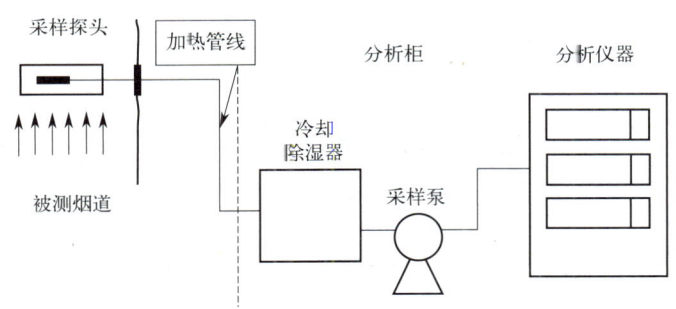

图 8-4　典型冷-干式 CEMS 系统流程图

2. 稀释抽取式 CEMS

稀释抽取式 CEMS 是指使用经多级处理后的洁净空气对烟气样品进行一定比例稀释后再使用气体分析仪进行分析并取得数据，之后将所得数据乘以稀释倍数得出实际样品浓度的 CEMS。由于经稀释后的样气露点很低，通常不需要加热传输，但稀释式样气并未除湿，因此直接测量得到的污染物浓度值仍为湿基，还须实测烟气湿度来计算干基值。

稀释抽取式 CEMS 的关键技术在于稀释取样探头，它包括临界小孔（critical orifice）、文丘里管（venturi）和喷嘴（nozzle），其主要作用是将样气按比例精确稀释，根据稀释探头在烟道内和烟道外，又可将稀释抽取式分为烟道内稀释式和烟道外稀释式。稀释探头在烟气混合稀释之前应对烟气进行过滤以去除颗粒物。为补偿样气和标气温度差异对稀释比的影响，有些稀释探头在前段还装有加热装置，以确保样气和标气以基本恒定的温度通过声速喷嘴。

典型稀释抽取式 CEMS 基本结构由稀释取样探头、稀释气处理单元、取样管线、气体分析仪、稀释探头控制器等组成。图 8-5 为稀释抽取式 CEMS 系统流程图。

3. 原位测量式 CEMS

原位测量式 CEMS 是指利用直接安装在烟道内的传感器或穿过烟道的特殊光束，无须对被测成分进行采样和预处理而直接测定烟气中污染物浓度的 CEMS。原位测量式 CEMS 测得的污染物浓度值为湿基值，需要用烟气湿度来计算干基值。

原位测量式 CEMS 按测量范围一般分为两类：一类是直接在烟道中测量的传感器或发射一束光穿过烟道，利用烟气的特征吸收光谱进行气态污染物的分析测量，一般概念上的原位测量式 CEMS 即是指这种系统；另一类是指使用电化学传感器或光电传感器，传感器安装在探头的端部，探头插入烟道，测量较小范围为烟气中污染物的浓度，

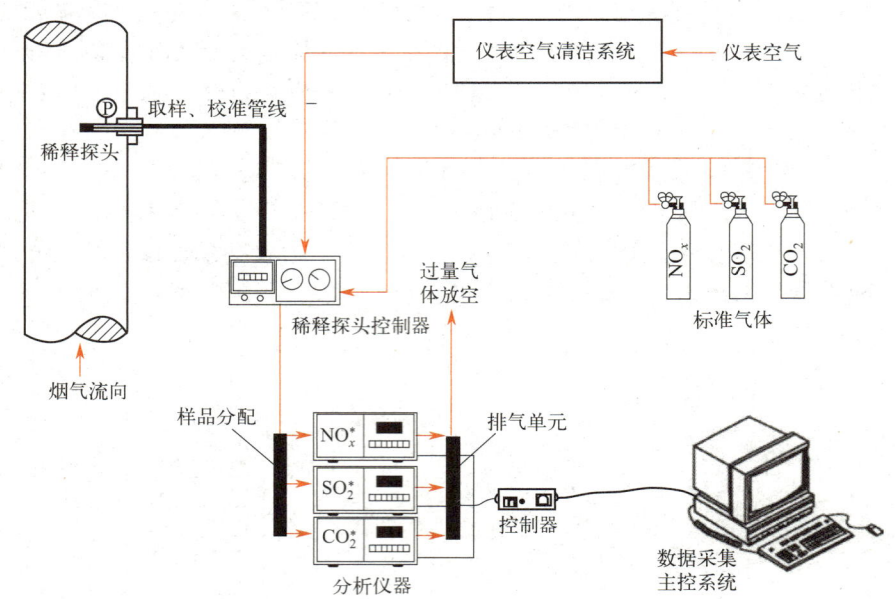

图 8-5　稀释抽取式 CEMS 系统流程图

相当于点测量，氧化锆法测氧仪、阻容法湿度仪都属于这种方式。

根据仪器构造和测量点位置的不同，原位测量式 CEMS 可分为外置式（图 8-6）和内置式（图 8-7）；根据光源发射和接收段的位置及光线是否两次穿过被测烟气可分为双光程和单光程。原位测量式 CEMS 有将探头和光谱仪紧凑相连的一体式结构，也有将探头和光谱仪分开的分体式结构，探头和光谱仪之间采用光纤进行光信号传输。

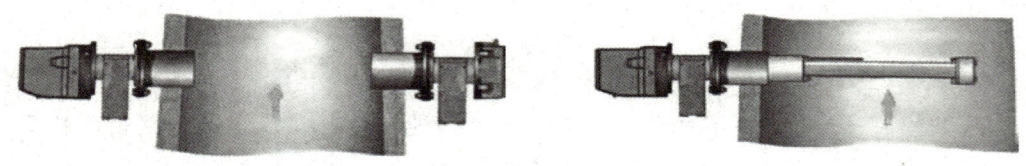

图 8-6　外置式探头　　　　　　　　图 8-7　内置式探头

（二）气态污染物分析

1. SO_2 分析技术

紫外荧光法基于分子发射光谱法。采用紫外灯照射在 SO_2 气体分子上，让它成为激发态的 SO_2，当激发态的 SO_2 分子返回到基态时，就会发射出荧光光子。

当 SO_2 分子被适当波长（190～230nm）的紫外光子撞击时，就保留了一些过剩的能量，能引起 SO_2 分子中的一个电子跃迁到一个更高的能量轨道。

$$SO_2 + h\nu_1 \longrightarrow SO_2^*$$

SO_2 受到激发，成为激发态的 SO_2^* 以后，因为系统将寻求最低能量稳定状态，SO_2^* 分子很快回到它的基态，以荧光波长（240～420nm）光子的形式释放出过剩能量。

$$SO_2^* \longrightarrow SO_2 + h\nu_2$$

实际应用中用 214nm 的紫外线激发,产生的荧光光子的中心波长为 330nm;用 220nm 的紫外线激发,产生的荧光光子的中心波长为 320nm。

在低湿度条件下,标准状态下浓度在 $0\sim143\text{mg/m}^3$ 范围内时,荧光的强度与 SO_2 浓度呈线性关系。

紫外分析仪主要包括光源系统(光源及光源预处理系统)、检测系统、样气预处理系统、反应室、采样系统。紫外分析仪原理如图 8-8 所示。

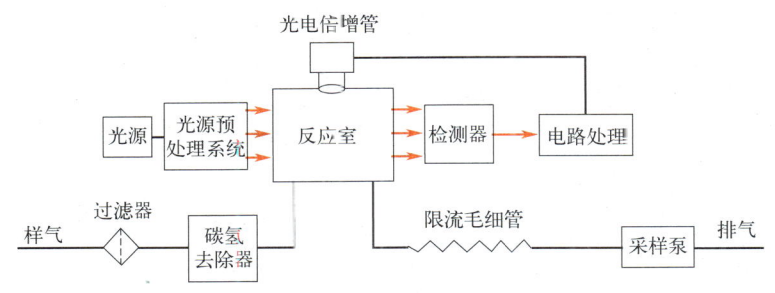

图 8-8 紫外分析仪原理

(1) 光源及光源预处理系统

光源及光源预处理系统主要是通过聚焦、滤波等光学处理手段,处理掉对系统有影响的杂散光,满足 SO_2 激发荧光的条件。光源采用紫外光源(UV)。

市场上的紫外分析仪在光源及光源预处理系统上,有两种技术路线:一种是紫外荧光分析仪,采用氙灯为光源,通过镜片组反射获得所需的激发波长;另一种采用锌灯为光源,采用滤光片让 213.8nm 的主共振线通过,获得激发波长。

紫外荧光分析仪采用氙灯作为光源,氙灯属于宽光谱的广角光源,波长覆盖 $190\sim2000\text{nm}$,实际激发 SO_2 发出荧光的是 220nm,为了设计要求,氙灯发出的光经透镜组聚焦后汇聚到镜片组,经过多次反射挑出波长 220nm 的紫外线进入反应室。该设计的优点是氙灯的寿命比较长,一般为 2 年的时间。紫外荧光分析仪原理如图 8-9 所示。

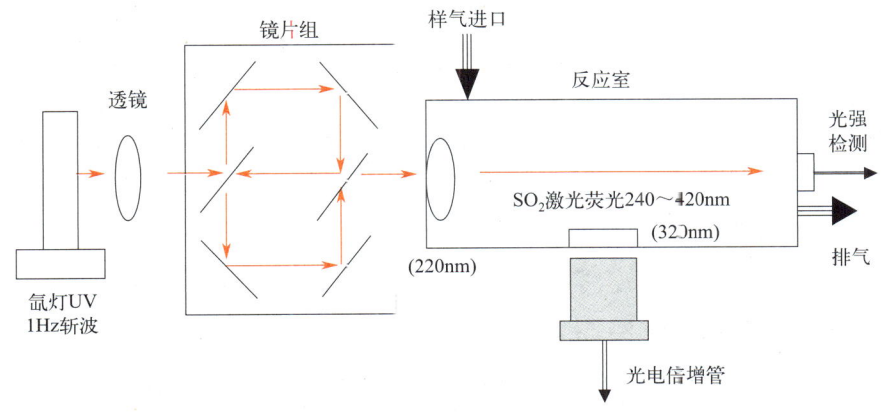

图 8-9 紫外荧光分析仪原理

采用锌灯作光源,光源属于线状光源,通过工艺处理,只产生 214nm 单波长的光,通过窄带滤光片滤掉可能产生影响的杂散光，达到激发波长的要求。优点是光学系统简单，缺点是光源的寿命不超过一年。

（2）检测系统

检测系统分为两部分：检测器和光电倍增管。

光源光强会随着光学系统的污染或时间逐步减小，影响激发的荧光光强，影响测量的样气浓度，一般采用光电二极管作为检测器检测光源光强的变换，建立光强变化与样气浓度的数据模型，对由光源光强变化造成的测量误差进行补偿。光电倍增管增益高和响应时间短，又由于它的输出电流和入射光子数成正比，所以它被广泛使用在弱光信号的测量中，其优点是测量精度高，可以测量比较暗弱的光信号。采用光电倍增管类弱电检测器进行荧光的检测，可以保证高的测量精度。在紫外荧光的测量中，主要选用荧光的主波长进行测量，所以在反应室与光电倍增管间应增加窄带滤光片。

（3）样气预处理系统

样气进入分析仪之前，须进行过滤、除碳氢化合物处理。过滤可以过滤掉烟尘和样气传输过程中形成的固态化合物，保护反应室免受污染。除碳氢化合物的作用主要是避免碳氢化合物引起的荧光猝灭现象，避免测量误差。

（4）反应室

为避免荧光强度受温度的影响，反应室温度一般稳定在50℃。

（5）采样系统

采样系统主要包括限流器，压力、流量测试装置和采样泵。通过限流器将流量稳定为0.5～1L/min（不同分析仪所需流量不同），压力、流量测试装置用来监控分析仪的运行状况，出现问题时报警。

2. NO_x 分析技术

化学发光分析法是分子发光光谱分析法中的一类，化学发光分析技术又称为冷光，它是在没有任何光、热或电场等激发的情况下由化学反应而产生的光辐射。

NO和O_3碰撞在一起发生化学反应，NO吸收了大量的能量生成激发态的NO_2^*，激发态的NO_2^*不稳定，它会很快回到基态，伴随着NO_2^*返回基态的过程，有大量能量需要释放，将产生500～3000nm的红外辐射，波峰大约在1200nm。

在化学发光中，在NO浓度较低的情况下，NO和O_3发生化学反应发出的光与NO的浓度呈线性关系，NO浓度越高，产生的光子越多，光的能量越强。采用带通滤光片选择600～900nm范围内的光，用近红外的光学检测器检测光学高通范围内化学发光辐射的总强度，确定NO的浓度。

化学发光法的原理如下：

$$NO + O_3 \longrightarrow NO_2^* + O_2$$

$$NO_2^* \longrightarrow NO_2 + h\nu$$

烟气中的氮氧化物主要包括NO和NO_2，NO_2不能与O_3发生化学发光反应，要检测样气中氮氧化物总量，需要把NO_2转化为NO。常用的转化方法为金属还原法，即利用特定活泼度的金属在高温下与NO_2反应，夺取其中的一个O原子，使其还原为NO。通常采用金属钼（Mo）作为还原剂，其反应式为：

$$3NO_2 + Mo \xrightarrow{315℃} 3NO + MoO_3$$

化学发光分析主要包括臭氧发生单元、钼转化单元、反应室、检测单元（光学检测器）、采样系统。化学发光分析仪能同时检测 NO、NO_2 和 NO_x 三个组分。如图 8-10 所示，样气经过过滤器后分为两路：一路经过电磁阀组后直接通入反应室，实现 NO 测量；另一路经过钼转化炉将 NO_2 转化为 NO，实现 NO_x 的测量。阀组实现两路测量的切换。NO_x 测量值减去 NO 测量值即为 NO_2 的测量值，故 NO_2 是计算值。

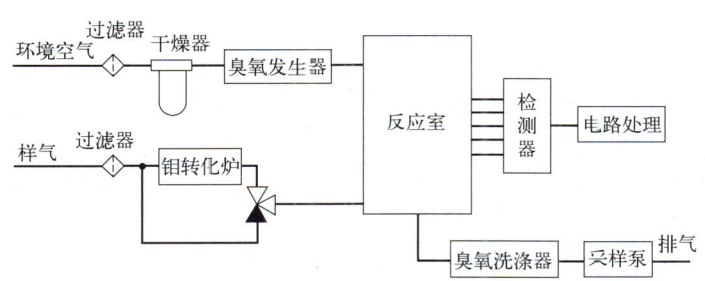

图 8-10　NO 化学发光法分析仪组成

（1）臭氧发生单元

为了最大程度地促进化学反应，分析仪需要在内部提供浓度（3000～5000）×10^{-6} 的臭氧。在 NO_x 化学发光分析仪中，采用环境空气产生臭氧气体，空气经过过滤、干燥后进入石英管，用 UV 光照射石英管中的氧气产生 O_3，提供的 O_3 浓度要超过反应所需要的 O_3 浓度，以确保 NO 完全转换成 NO_2。

（2）钼转化单元

分析仪需要检测 NO_x，但由于 NO_2 不与 O_3 发生化学反应，在转换炉中需要进行催化还原反应，将 NO_2 转换成 NO，再进入反应室分析。

催化剂容易受到 NH_3 的影响，Mo 与 NH_3 反应生成另外一种物质，造成钼转化炉失效。在样气中 NH_3 浓度比较高的情况下，会使转化炉失效。

（3）反应室

为避免荧光强度受温度的影响，反应室温度一般稳定在 50℃。

（4）采样系统

采样系统一般通过采样泵实现，因为排气中有 O_3 组分，O_3 具有超强的氧化性，会氧化采样泵的泵膜，所以在采样泵前必须有活性炭除 O_3 的装置。

（5）光学检测器

大部分厂家的产品通过光电倍增管检测 NO 和 O_3 反应室的光强。光电倍增管（PMT）是一种具有极高灵敏度和超快时间响应的光探测器件。一个光电倍增管通常是一个包含各种专门设计的电极的真空管。光子进入光电倍增管冲击光电阴极，使它发出电子。这些电子被加速和放大，实现 12 次以上倍增，放大倍数可达到 $10^8 \sim 10^{10}$ 倍。最后，在高电位的阳极收集到放大了的光电流。输出电流和入射光子数成正比。整个过程时间约 10^{-8} s。

（三）颗粒物采样与分析

颗粒物 CEMS 按采样和分析方式分为直接测量式和抽取测量式。我国应用较多的颗粒物监测技术是浊度法和散射法,安装量最大的是原位后散射法烟尘仪。近年随着烟气超低排放的推进,抽取式烟尘仪的安装量增加迅速。

1. 原位光散射法颗粒物 CEMS

光散射法的测量原理是将一束光线射入待测烟气中,激光束与烟尘颗粒相互作用产生散射,散射光的强弱与烟尘的散射截面成正比,当烟尘浓度升高时,烟尘的散射截面积成比例增大,散射光增强,通过测量散射光的强弱,可以得到烟尘中颗粒物的浓度。

(1)后向散射仪器

后向散射仪器的光学系统主要由光源、挡尘镜片、聚光透镜组成。光路示意如图8-11所示。高稳定调制激光信号穿越烟道,照射烟尘粒子,被照射的烟尘粒子反射激光信号,反射的信号强度与烟尘浓度成正比。通过检测烟尘反射的微弱光信号,即可计算出烟道烟尘的浓度。

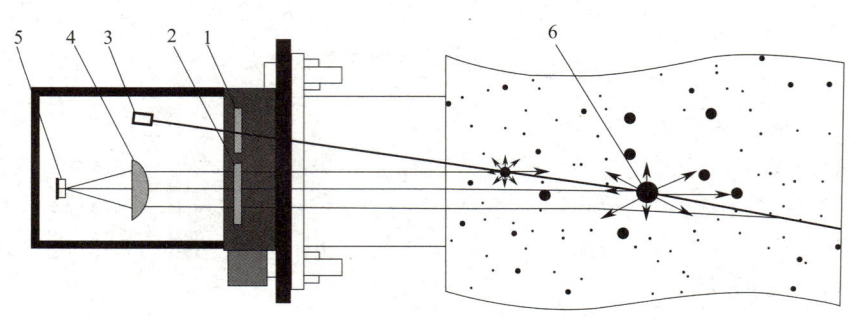

图 8-11 后向散射仪器光路示意

1—发射窗口片;2—接收窗口片;3—光源 P_0;4—聚光透镜 L;5—探测器;6—颗粒物

激光源输出功率为 P_0,经窗口镜片衰减 K_1 后照射浓度为 C 的烟尘颗粒,如果烟尘颗粒的等效散射系数为 K_2(该系数与烟尘颗粒的组分、结构形状、颜色、姿态相关),烟尘散射的功率为 $P_0K_1K_2C$,穿过窗口镜片后的功率为 $P_0K_1K_2CK_1$,再经过汇聚增益系数为 K_3 的透镜 L,接收到的散射光功率 P_r 由式(8-1)计算:

$$P_r = P_0 K_1 K_2 C K_1 K_3 = C/A \tag{8-1}$$

式中 P_r——散射光功率,mW;

P_0——输入光功率,mW;

K_1——窗口镜片衰减系数;

K_2——烟尘颗粒的等效散射系数;

K_3——透镜汇聚增益系数;

C——烟尘颗粒浓度,mg/m³;

A——参考浓度系数。

其中,系数 A 可通过手工采样法测定的颗粒物浓度标定得到,从而根据检测到的 P_r 可计算出烟尘浓度值 C。

(2)前向散射仪器

前向散射仪器的光学系统如图 8-12 所示,主要由光源、反射镜 G1、发射窗口片 G2、接收窗口片 G3 与聚光透镜组成。

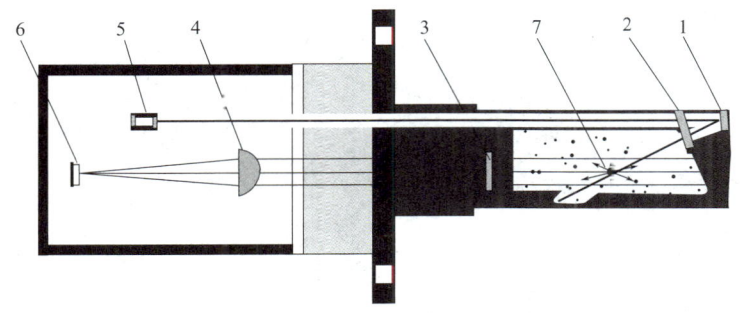

图 8-12　前向散射仪器光路示意图

1—反射镜 G1；2—发射窗口片 G2；3—接收窗口片 G3；4—聚光透镜；5—光源；6—探测器；7—颗粒物

激光源输出功率为 P_0，经反射镜衰减 K_1 和发射窗口片衰减 K_2 后照射浓度为 C 的烟尘颗粒，如果烟尘颗粒的等效散射系数为 K_3（该系数与烟尘颗粒的组分、结构形状、颜色、姿态相关），烟尘颗粒散射的功率为 $P_0K_1K_2K_3C$，这部分光穿过接收窗口片后衰减 K_4，经汇聚增益系数为 K_5 的透镜后，探测器接收到的散射光功率 P_r 由式（8-2）计算：

$$P_r = P_0 K_1 K_2 K_3 C K_4 K_5 = C/A \tag{8-2}$$

式中　P_r——散射光功率，mW；

P_0——输入光功率，mW；

K_1——反射镜 G1 衰减系数；

K_2——发射窗口片 G2 衰减系数；

K_3——烟尘颗粒的等效散射系数；

K_4——接收窗口片 G3 衰减系数；

K_5——透镜汇聚增益系数；

C——烟尘颗粒浓度，mg/m³；

A——参考浓度系数。

其中，系数 A 可通过手工采样法测定的颗粒物浓度标定得出，从而根据检测到的 P_r 计算出烟尘浓度值 C。

光散射法一般为探头式，安装在烟道单侧即可，不需要准直等，安装方便；一般具备自动零点和量程校准功能；灵敏度高，最低量程可以做到 0～5mg/m³，适合在低浓度的小直径烟道上使用。

2. 抽取式颗粒物 CEMS

（1）光散射法（直接抽取法）

直接抽取式颗粒物测量仪一般以前散射法颗粒物测量仪作为核心主机，配套将湿烟气处理成非饱和烟气的抽气加热系统。以 LFS1000-MO/LFS800 为例，由一体化探头（MP）、综合处理单元（IPU）、风机单元（FU）构成，如图 8-13 所示。

一体化探头（MP）组合烟道流速测试、颗粒物采样功能，是等速采样的保障。MP 安装于被测烟道上，直接抽取采样烟道内的含尘饱和湿烟气送往 IPU。

IPU 通过内部电控单元完成对饱和湿烟气的等速采样、加热、颗粒物浓度测量等

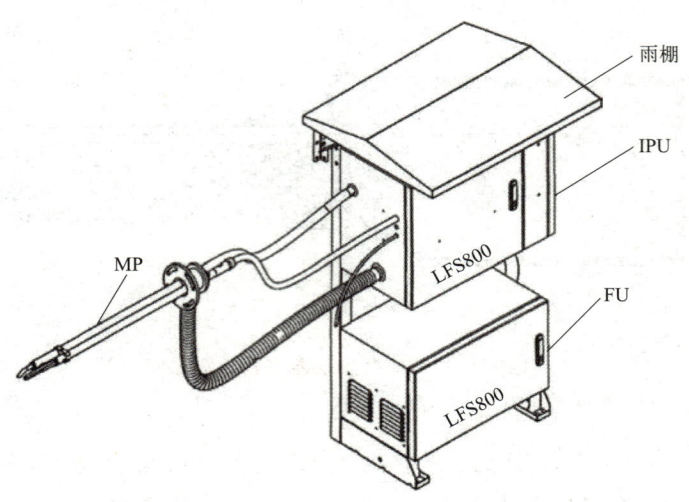

图 8-13　LFS800 外形结构

功能。IPU 主要由电控单元、差压传感器、进气阀、出气阀、射流泵、温度传感器、激光分析模组、温压流模块构成。

FU 由空气过滤器、风机构成，为 IPU 单元提供一定压力、流量的洁净气体。

直接抽取法工作原理如图 8-14 所示。

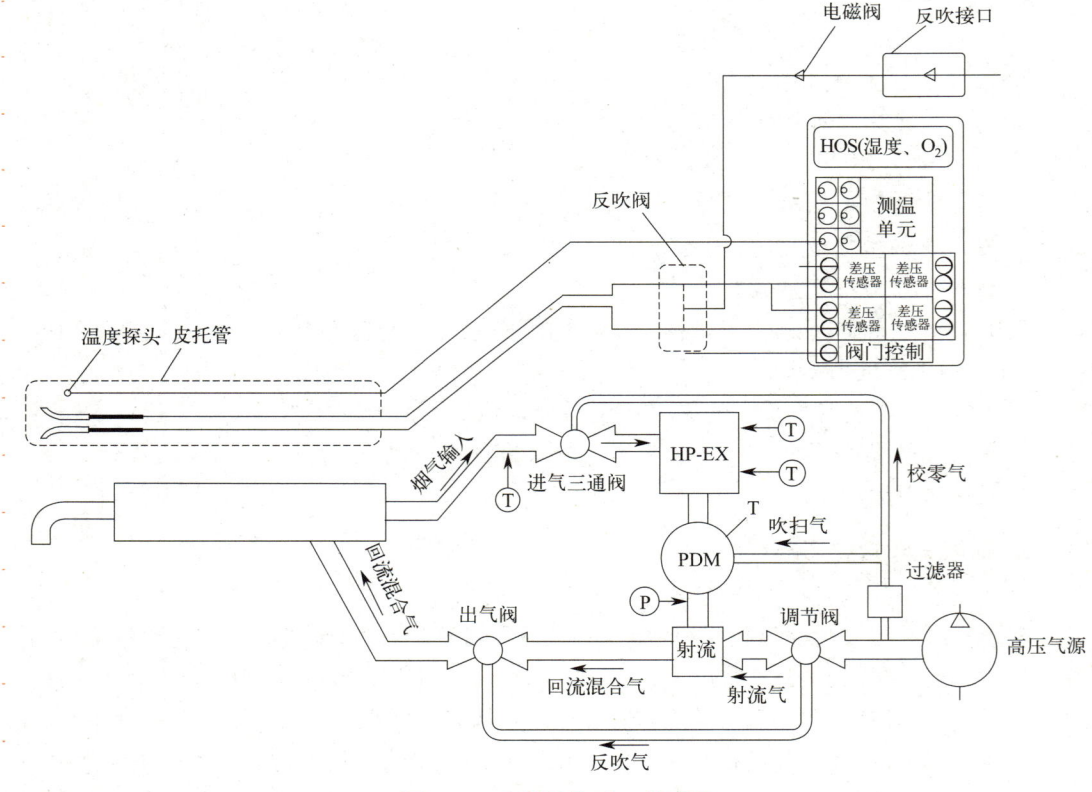

图 8-14　直接抽取法工作原理

此方法的特点如下：

① 采用多种先进技术，包括相关噪声对消技术、亚微瓦级激光发射功率稳定技术、极低噪声跨阻放大器（TIA）、干扰控制与信号完整性设计和抗恶劣环境设计技术等，提供快速、可靠和准确的测量值。

② 超低量程，超高灵敏度，最小量程 $0 \sim 5mg/m^3$，最低检出限 $0.01mg/m^3$。

③ 直接抽取，设备简单，没有稀释误差。

④ 测速、采样一体化探头，实时跟踪烟道流速，完美实现等速采样。

⑤ 饱和湿烟气传输过程中进行连续加热恒温，确保被测烟气温度远高于其露点温度，有效防止烟气冷凝产生的测量误差和对取样回路的腐蚀。

⑥ 高可靠、小体积、大扭矩进气阀和出气阀，确保在强污染环境中的可靠运行。

⑦ 采用可控射流抽取技术，安装简单，不易堵塞，结构紧凑，抗恶劣环境，维护量小。

⑧ 独有设备自诊断功能，及时给出故障和参数异常提示。

⑨ 断电后利用备用电池供电，关闭阀门，隔离烟道与仪器，有效保护仪器内部机构。

（2）光散射法（稀释抽取法）

稀释抽取法前散射粉尘仪主要分为两大部分，即稀释取样测量模块和控制显示模块。

稀释取样测量模块通过安装法兰，直接安装在烟道上。主要由玻璃纤维增强塑料防雨罩、探杆、取样管喷嘴及其检测系统和温度、流量检测装置等组成。

控制显示模块主要由防水机柜、电气安装板、显示面板、高压风机、空气过滤器组件、等速调节执行器、连接电缆等组成。控制显示模块具有参数设置、控制设备加热、状态切换、信号采集、信号计算及输出等功能。

稀释抽取法湿法粉尘仪是一个高度敏感的连续测量系统，采用抽取法，稀释加热，根据光散射原理测量粉尘浓度。

粉尘仪中的稀释抽取法指的是在被测烟气受到光学传感器测量之前将烟气和高温洁净空气混合，按照一定比例进行稀释的采样方法。通过射流泵将含尘湿烟气抽进取样探杆，在探杆前端与高温稀释气混合，经过探杆全程加热迅速升至设定温度（高于烟气露点）。该采样方法可把烟气的腐蚀性和湿度迅速降低，当烟气进入测量腔时，烟气温度高于露点，避免采样过程中堵塞污染管路和光学测量时的水雾干扰。烟气稀释装置还可利用原稀释用高温洁净气间断性地对探头和管路进行反吹，减少人工维护量和等速采样干扰。在处于反吹自清洁的状态时，同时控制粉尘传感器进入自动在线零点及满量程校验状态，保障传感器测量精度。取样管路上的球阀能够进行测量和反吹自清洁状态的切换，控制周期可以设定，并且在设备断电后，备用电源会启动并让球阀切换到反吹清洁状态阻断烟气进入稀释取样测量模块。稀释加热管路中添加等速采样调节阀，当外界流速信号接入控制模块后，通过采样流量控制实现采样流速与外界流速一致的功能。高温混合气进入测量室，由高精度粉尘测量传感器进行测量，并得到原始散射光信号。

（3）β射线法

β射线法的工作原理是通过β射线衰减量，测量采样期间增加的颗粒物质量。当β

射线通过介质时，β粒子与介质中的电子相互碰撞损失能量而被吸收。在低能条件下，吸收程度取决于介质的质量，与颗粒物粒径、成分、颜色及分散状态无关。被测烟气被采样泵吸入采样管，经膜过滤后排出。颗粒物沉积在采样滤膜上，当β射线通过沉积颗粒物的滤膜时发生能量衰减，通过对衰减的β射线能量的测定，可以计算出颗粒物的浓度。

β射线法颗粒物 CEMS 主要由颗粒物采样系统、光散射监测系统、β射线监测系统、供气系统和数据采集与仪器控制系统等组成。β射线法颗粒物 CEMS 整体结构如图 8-15 所示。

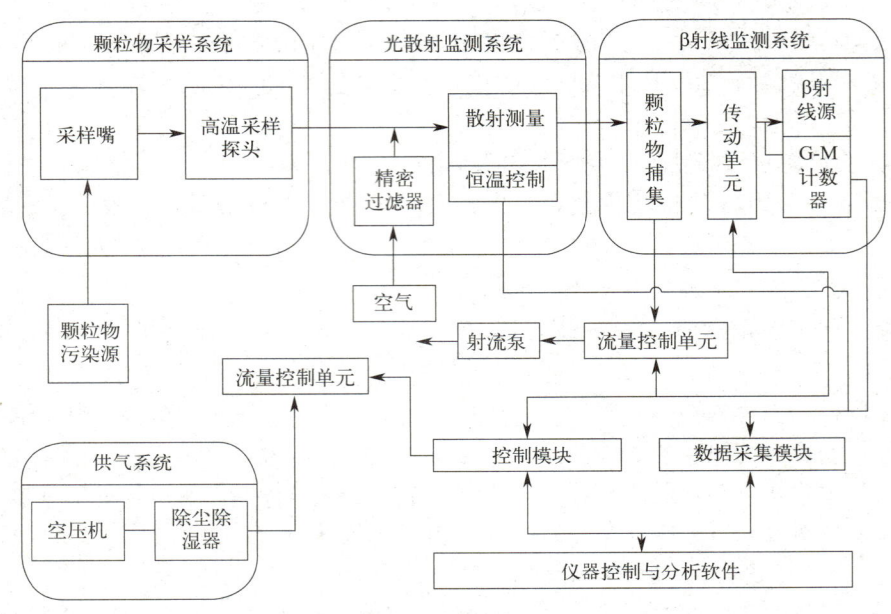

图 8-15　β射线法颗粒物 CEMS 整体结构

系统整体工作流程：通过颗粒物采样系统的采样嘴、全程高温采样探头、供气系统、流量控制单元，对样气进行等速采样。抽取样气，使其经过光散射监测系统，检测通过气室的样气浓度，实时测试出烟气中颗粒物浓度。同时，β射线检测模块也进行采样、捕集、传动和分析，样气中的颗粒物被采集放置于 ^{14}C β射线源和 G-M 计数器之间的滤纸上，探测器检测β射线通过滤纸后的强度，经过控制模块、数据采集模块对获得的数据进行分析处理，得到烟气中的颗粒物浓度值，并用β射线检测单元的浓度校准光散射模块检测的浓度。

采用β射线动态校准技术，对散射测量值校准因子进行实时修正，保证光散射测量数据的实时性和准确性，解决了高湿环境下低浓度烟气颗粒物自动监测的准确性和实时性问题，同时解决了颗粒物粒径、成分、颜色及分散状态对测量数据影响的问题。

采用全程高温加热技术，实现了样气完全汽化，防止采样探头堵塞，减小烟气中水分对颗粒物测量的影响。

采用等速采样技术，获得具有代表性的样品，避免了采样引起的测量误差。

（四）烟气参数测量

烟气参数连续监测单元是 CEMS 必不可少的重要组成部分，用于污染物排放浓度状态的转换、折算以及污染物排放速率、排放量的计算。烟气参数包括烟气含氧量、烟气流速、烟气压力、烟气温度和烟气湿度。

烟气含氧量是反映燃烧效果的重要指标，因此一些重点行业的污染物排放标准均设置了"基准含氧量"作为燃烧效果控制指标。当污染源排放烟气实际含氧量高于基准含氧量时，可认为该排放源排放烟囱或烟道漏风，或人为鼓风。因此废气排放浓度限值均指通过含氧量折算后的浓度。含氧量是计算污染物排放折算浓度的重要参数，同时也是环境监督执法中判断污染物排放是否超标的重要参数。常用的含氧量分析仪的分析原理主要有氧化锆法、顺磁法（磁风法、磁压法或磁力矩法）、电化学法等。

烟气流速是烟气自动监测系统中用于计算污染物排放速率和排放总量的重要参数。流速的测量方式一般包括点测量和线测量两种，无论是点测量还是线测量，均必须与手工烟气流速测量得到的烟囱或烟道截面的平均流速进行比较，并通过得到的速度场系数进行校验，从而计算出准确的烟气流量，因此烟气流速测量的测定非常关键。目前烟气流速测量方法主要有压差法、热传感法、声波法、靶式流量计法、光闪烁法、红外法等。

烟气压力包括两个部分，即推动烟囱或烟道内气流前进的动压和烟气对烟道壁造成的静压，动压和静压加和等于全压，一般参与污染物浓度状态转换计算的压力参数指的是烟气的静压，静压一般用表压力或真空度表示，使用压力变送器或传感器直接测量。

烟气温度是污染物浓度状态转换计算的重要参数，其监测技术比较成熟，通常采用热电偶法或铂电阻法。

烟气湿度一般指烟气的绝对湿度，即水分含量，用于污染物干基浓度和湿基浓度的转换计算。目前烟气湿度自动测量方法主要有阻容法（湿敏传感器法）、极限电流法、激光红外法等。

任务实施

根据固定污染源现场情况，选择合适的监测参数，并配置合理的 CEMS 采样与分析方法。

知识测试

1. CEMS 由（　　）单元、（　　）单元、（　　）单元、数据采集与处理单元组成。
2. 对烟气参数的测定包括对烟气的温度、压力、（　　）、（　　）以及（　　）等参数进行连续监测。
3. 抽取测量方式依据其采样单元的不同分为（　　）和（　　）两种方式。
4. 光散射法利用颗粒物对光的散射作用检测颗粒物浓度，灵敏度高，适合在浓度（　　）（选"低"或"高"）的小直径烟道上使用。
5. 粉尘仪中的稀释抽取法指的是在被测烟气受到光学传感器测量之前将烟气和（　　）混合，按照一定比例进行稀释的采样方法。

学习情境三 污染源自动监测系统运行管理

 效果评价

评价表

项目名称	项目八 固定污染源自动监测系统运行管理	学生姓名	
任务名称	任务一 固定污染源自动监测系统采样与分析	分数	

考核内容	分值	考核得分
简述 CEMS 系统的组成	25 分	
简述冷-干直接抽取法测气态污染物的工作流程	25 分	
简述稀释抽取法 CEMS 系统工作原理	25 分	
简述颗粒物直接抽取法的工作原理及优点	25 分	
总体得分		

教师评语：

笔记

任务二
固定污染源自动监测系统安装与调试

 引导问题

在本项目中已经学习了固定污染源自动监测样品的采集与分析，固定污染源自动监测系统主要包含哪些部分？如何按照规范要求正确安装固定污染源自动监测系统？如何正确调试固定污染源自动监测系统？

对照前置课程所学手工监测，比较手工监测和固定污染源自动监测的优劣。

 知识准备

一、固定污染源烟气排放连续监测系统安装

（一）安装位置要求

1. 一般要求

① 位于固定污染源排放控制设备的下游和比对监测断面上游。

② 不受环境光线和电磁辐射的影响。

③ 烟道振动幅度尽可能小。

④ 安装位置应尽量避开烟气中水滴和水雾的干扰，如不能避开，应选用合适的检测探头及仪器。

⑤ 安装位置不漏风。

⑥ 安装 CEMS 的工作区域应设置一个防水低压配电箱，内设漏电保护器、不少于 2 个 10A 插座，保证监测设备所需电力。

⑦ 应合理布置采样平台与采样孔：

a. 采样或监测平台长度应≥2m，宽度应≥2m 或不小于采样枪长度外延 1m，周围设置 1.2m 以上的安全防护栏，有牢固并符合要求的安全措施，便于日常维护（清洁光学镜头、检查和调整光路准直、检测仪器性能和更换部件等）和比对监测。

b. 采样或监测平台应易于人员和监测仪器到达。当采样平台设置在离地面高度≥2m 的位置时，应有通往平台的斜梯（或 Z 字梯、旋梯），宽度应≥0.9m；当采样平台设置在离地面高度≥20m 的位置时，应有通往平台的升降梯。

c. 当 CEMS 安装在矩形烟道内时，若烟道截面的高度＞4m，则不宜在烟道顶层开设参比方法采样孔；若烟道截面的宽度＞4m，则应在烟道两侧开设参比方法采样孔，并设置多层采样平台。

d. 在 CEMS 监测断面下游应预留参比方法采样孔，采样孔位置和数目按照《固定污染源排气中颗粒物测定与气态污染物采样方法》（GB/T 16157—1996）的要求确定。

现有污染源参比方法采样孔内径应≥80mm，新建或改建污染源参比方法采样孔内径应≥90mm。在互不影响测量的前提下，参比方法采样孔应尽可能靠近 CEMS 监测断面。当烟道为正压烟道或有毒气时，应采用带闸板阀的密封采样孔。采样平台与采样孔如图 8-16 所示。

2. 具体要求

① 应优先选择在垂直管段和烟道负压区域，确保所采集样品的代表性。

② 测定位置应避开烟道弯头和断面急剧变化的部位。对于圆形烟道，颗粒物 CEMS 和流速 CMS 应设置在距弯头、阀门、变径管下游方向≥4 倍烟道直径，距上述部件上游方向≥2 倍烟道直径处；气态污染物 CEMS 应设置在距弯头、阀门、变径管下游方向≥2 倍烟道直径，距上述部件上游方向≥0.5 倍烟道直径处。对于矩形烟道，应以当量直径计，其当量直径按式(8-3) 计算：

$$D = \frac{2AB}{A+B} \quad (8-3)$$

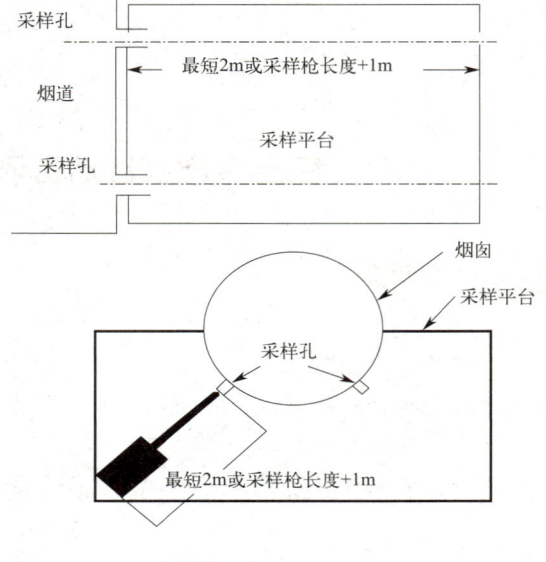

图 8-16 采样平台与采样孔示意图

式中 D——当量直径；
A，B——边长。

③ 对于新建排放源，采样平台应与排气装置同步设计、同步建设，确保采样断面满足上述②的要求；对于现有排放源，当无法找到满足要求的采样位置时，应尽可能选择在气流稳定的断面安装 CEMS 采样或分析探头，并采取相应措施保证监测断面烟气分布相对均匀，断面无紊流。

对烟气分布均匀程度的判定采用相对均方根 σ_r 法，当 $\sigma_r \leq 0.15$ 时视为烟气分布均匀。σ_r 按式(8-4) 计算：

$$\sigma_r = \sqrt{\frac{\sum_{i=1}^{n}(v_i - \overline{v})^2}{(n-1) \times \overline{v}^2}} \quad (8-4)$$

式中 σ_r——流速相对均方根；
v_i——测点烟气流速，m/s；
$\overline{v}$——截面烟气平均流速，m/s；
n——截面上的速度测点数目。

④ 为了便于颗粒物和流速参比方法的校验和比对监测，CEMS 不宜安装在烟道内烟气流速＜5m/s 的位置。

⑤ 当一个固定污染源排气先通过多个烟道或管道后才进入该固定污染源的总排气管时，应尽可能将 CEMS 安装在总排气管上，但要便于用参比方法校验 CEMS，不得只在其中的一个烟道或管道上安装 CEMS，并将测定值作为该源的排放结果，但允许在每个烟道或管道上安装 CEMS。

⑥ 固定污染源烟气净化设备设置有旁路烟道时，应在旁路烟道内安装 CEMS 或烟温、流量 CMS。其安装、运行、维护、数据采集、记录和上传应符合 HJ 75—2017 的要求。

（二）安装施工要求

① 施工单位应熟悉 CEMS 的原理、结构、性能，编制施工方案、施工技术流程图、设备技术文件、设计图样、监测设备及配件货物清单交接明细表、施工安全细则等有关文件。

② 设备技术文件应包括资料清单、产品合格证、机械结构、电气、仪表安装的技术说明书、装箱清单、配套件、外购件检验合格证和使用说明书等。

③ 设计图样应符合技术制图、机械制图、电气制图、建筑结构制图等标准的规定。

④ 设备安装前的清理、检查及保养应符合以下要求：

a. 按交货清单和安装图样明细表清点检查设备及零部件，缺损件应及时处理，更换补齐。

b. 运转部件如取样泵、压缩机、监测仪器等，滑动部位均需清洗、注油润滑防护。

c. 因运输变形的仪器、设备的结构件应校正，并重新涂刷防锈漆及表面油漆，保养完毕后应恢复原标记。

⑤ 现场端连接材料（垫片、螺母、螺栓、短管、法兰等）为焊件组对成焊时，壁（板）的错边量应符合以下要求：

a. 管子或管件对口、内壁齐平，最大错边量≥1mm。

b. 采样孔的法兰与连接法兰几何尺寸极限偏差不超过±5mm，法兰端面的垂直度极限偏差≤0.2%。

c. 采用透射法原理颗粒物监测仪器发射单元和颗粒物监测仪反射单元，测量光束从发射孔的中心射出到对面中心线相叠合的极限偏差≤0.2%。

⑥ 从探头到分析仪的整条采样管线的敷设应采用桥架或穿管等方式，保证整条管线具有良好的支撑。管线倾斜度≥5°，防止管线内积水，在每隔 4~5m 处装线卡箍。当使用伴热管线时应具备稳定、均匀加热和保温的功能，其设置加热温度≥120℃，且应高于烟气露点温度10℃以上，其实际温度值应能够在机柜或系统软件中显示查询。

⑦ 电缆桥架安装应满足最大直径电缆的最小弯曲半径要求。电缆桥架的连接应采用连接片。配电套管应采用钢管和 PVC 管材质配线管，其弯曲半径应满足最小弯曲半径要求。

⑧ 应将动力与信号电缆分开敷设，保证电缆通路及电缆保护管的密封，自控电缆应符合输入和输出分开、数字信号和模拟信号分开的配线和敷设的要求。

⑨ 安装精度和连接部件坐标尺寸应符合技术文件和图样规定。监测站房仪器应排列整齐，监测仪器顶平直度和平面度应不大于 5mm，监测仪器牢固固定，可靠接地。二次接线正确、牢固可靠，配导线的端部应标明回路编号。配线工艺整齐，绑扎牢固，绝缘性好。

⑩ 各连接管路、法兰、阀门封口垫圈应牢固完整，均不得有漏气、漏水现象。保持所有管路畅通，保证气路阀门、排水系统安装后应畅通和启闭灵活。自动监测系统空

载运行 24h 后，管路不得出现脱落、渗漏、振动强烈现象。

⑪ 反吹气应为干燥清洁气体，反吹系统应进行耐压强度试验，试验压力为常用工作压力的 1.5 倍。

⑫ 电气控制和电气负载设备的外壳防护应符合技术要求，户内达到防护等级 IP24 级，户外达到防护等级 IP54 级。

⑬ 防雷、绝缘要求如下：

a. 系统仪器设备的工作电源应有良好的接地措施，接地电缆应采用大于 $4mm^2$ 的独芯护套电缆，接地电阻小于 4Ω，且不能和避雷接地线共用。

b. 平台、监测站房、交流电源设备、机柜、仪表和设备金属外壳、管缆屏蔽层和套管的防雷接地，可利用厂内区域保护接地网，采用多点接地方式。厂区内不能提供接地线或提供的接地线达不到要求的，应在子站附近重做接地装置。

c. 监测站房的防雷系统应符合相关规定。电源线和信号线设防雷装置。

d. 电源线、信号线与避雷线的平行净距离≥1m，交叉净距离≥0.3m。

e. 从烟囱或主烟道上数据柜引出的数据信号线要经过避雷器引入监测站房，应将避雷器接地端同站房保护地线可靠连接。

f. 信号线为屏蔽电缆线，屏蔽层应有良好绝缘，不可与机架、柜体发生摩擦、打火，屏蔽层两端及中间均需做接地连接。

二、固定污染源烟气排放连续监测系统技术指标调试检测

（一）基本要求

调试检测的基本要求如下：

① 现场完成 CEMS 安装、初调后，使烟气 CEMS 投入运行，调试检测前 CEMS 连续运行时间不少于 168h。

② 在 CEMS 连续运行 168h 后可进入调试检测阶段，调试检测周期为 72h，在调试检测期间不允许计划外的仪器维护、检修和调节。

③ 如果因 CEMS 故障、固定排放源故障、断电等原因调试检测中断，在上述因素恢复正常后，需要重新开始进行为期 72h 的调试检测。

④ 调试检测必须采用有证标准物质和标准样品，标准气体要求贮存在铝瓶或不锈钢瓶中，不确定度不超过±2%。较低浓度的标准气体可以使用高浓度的标准气体采用等比例稀释方法获得，等比例稀释装置的精密度在 1‰以内。

⑤ 对于光学法颗粒物 CEMS，校准时须对实际测量光路进行全光路校准，确保发射光先经过出射镜片，再经过实际测量光路，到校准镜片后，再经过入射镜片到达接收单元，不得只对激光发射器和接收器进行校准。

⑥ 对于抽取式气态污染物 CEMS，当对全系统进行零点校准、量程校准、示值误差和系统响应时间的检测时，零气和标准气体应通过预设管线输送至采样探头处，经由样品传输管线回到站房，经过全套预处理设施后进入气体分析仪。

⑦ 调试检测合格后，应组织编制调试检测报告，作为验收的依据。

（二）内容和方法

1. CEMS 调试检测技术指标

CEMS 调试检测的技术指标要求见表 8-2。

表 8-2　CEMS 调试检测的技术指标要求

检测项目			技术指标要求
气态污染物 CEMS	二氧化硫	示值误差	当满量程≥100μmol/mol(286mg/m³)时,示值误差不超过±5%(相对于标准气体标称值); 当满量程<100μmol/mol(286mg/m³)时,示值误差不超过±2.5%(相对于仪表满量程值)
		系统响应时间	≤200s
		零点漂移、量程漂移	不超过±2.5%
		准确度	排放浓度≥250μmol/mol(715mg/m³)时,相对准确度≤15% 50μmol/mol(143mg/m³)≤排放浓度<250μmol/mol(715mg/m³)时,绝对误差不超过±20μmol/mol(57mg/m³) 20μmol/mol(57mg/m³)≤排放浓度<50μmol/mol(143mg/m³)时,绝对误差不超过±30% 排放浓度<20μmol/mol(57mg/m³)时,绝对误差不超过±6μmol/mol(17mg/m³)
	氮氧化物	示值误差	当满量程≥200μmol/mol(410mg/m³)时,示值误差不超过±5%(相对于标准气体标称值); 当满量程<200μmol/mol(410mg/m³)时,示值误差不超过±2.5%(相对于仪表满量程值)
		系统响应时间	≤200s
		零点漂移、量程漂移	不超过±2.5%
		准确度	排放浓度≥250μmol/mol(513mg/m³)时,相对准确度≤15% 50μmol/mol(103mg/m³)≤排放浓度<250μmol/mol(513mg/m³)时,绝对误差不超过±20μmol/mol(41mg/m³) 20μmol/mol(41mg/m³)≤排放浓度<50μmol/mol(103mg/m³)时,绝对误差不超过±30% 排放浓度<20μmol/mol(41mg/m³)时,绝对误差不超过±6μmol/mol(12mg/m³)
	其他气态污染物	准确度	相对准确度≤15%
氧气 CMS	O_2	示值误差	不超过±5%(相对于标准气体标称值)
		系统响应时间	≤200s
		零点漂移、量程漂移	不超过±2.5%
		准确度	>5.0%时,相对准确度≤15% ≤5.0%时,绝对误差不超过±1.0%
颗粒物 CEMS	颗粒物	零点漂移、量程漂移	±2.0% F.S.
		相关系数	当参比方法测定颗粒物平均浓度>50mg/m³ 时≥0.85 当参比方法测定颗粒物平均浓度≤50mg/m³ 时≥0.70
		置信区间半宽	≤10%(该排放源检测期间参比方法实测状态均值)
		允许区间半宽	≤25%(该排放源检测期间参比方法实测状态均值)
流速 CMS	流速	精密度	≤5%
		相关系数①	≥9 个数据时,相关系数≥0.90
		准确度	流速>10m/s时,相对误差不超过±10% 流速≤10m/s时,相对误差不超过±12%
温度 CMS	温度	绝对误差	不超过±3℃
湿度 CMS	湿度	准确度	烟气湿度>5.0%时,相对误差不超过±25% 烟气湿度≤5.0%时,绝对误差不超过±1.5%

①当精密度不满足 HJ 75—2017 要求时,进行相关系数校准时应满足本条件要求。
注：氮氧化物以 NO_2 计。

2. 颗粒物 CEMS 相关技术指标的调试检测

（1）颗粒物 CEMS 零点漂移、量程漂移技术指标的调试检测

在检测开始时，人工或自动校准仪器零点和量程，记录最初的模拟零点和量程读数。每隔 24h 测定（人工或自动）和记录一次零点、量程读数，随后校准仪器零点和量程。连续操作 3d，按式(8-5)～式(8-8) 计算零点漂移、量程漂移。

① 零点漂移：

$$\Delta Z_i = Z_i - Z_{0i} \tag{8-5}$$

$$Z_d = \frac{\Delta Z_{max}}{R} \times 100\% \tag{8-6}$$

式中　Z_{0i}——第 i 次零点读数初始值；

　　　Z_i——第 i 次零点读数值；

　　　Z_d——零点漂移；

　　　ΔZ_i——第 i 次零点测试值的绝对误差；

　　　ΔZ_{max}——零点测试绝对误差最大值；

　　　R——仪器满量程值。

② 量程漂移：

$$\Delta S_i = S_i - S_{0i} \tag{8-7}$$

$$S_d = \frac{\Delta S_{max}}{R} \times 100\% \tag{8-8}$$

式中　S_{0i}——第 i 次量程读数初始值；

　　　S_i——第 i 次量程读数值；

　　　S_d——量程漂移；

　　　ΔS_i——第 i 次量程测试值的绝对误差；

　　　ΔS_{max}——量程测试绝对误差最大值；

　　　R——仪器满量程值。

（2）颗粒物 CEMS 相关校准技术指标的调试检测

在检测期间，通过调节颗粒物控制装置，使颗粒物 CEMS 在高、中、低不同排放浓度条件下进行测试。每个排放浓度至少有 5 个参比数据。

参比方法与颗粒物 CEMS 监测同时段进行，颗粒物 CEMS 每分钟记录 1 个分钟均值，取与参比方法同时段显示值的平均值与参比方法测定的断面浓度平均值组成 1 个数据对，至少获得 15 个有效数据对。但应报告所有的数据，包括舍去的数据对。

将由参比方法测定的标准状态干烟气下颗粒物断面浓度平均值转换为实际烟气状况下颗粒物断面浓度平均值，由式(8-9) 计算：

$$Y = Y_s \times \frac{273}{273+t} \times \frac{B_a + p_s}{101325} \times (1 - X_{sw}) \tag{8-9}$$

式中　Y——实际烟气状况下颗粒物断面浓度平均值，mg/m^3；

　　　Y_s——标准状态干烟气下颗粒物断面浓度平均值，mg/m^3；

　　　t——测定断面平均烟温，℃；

　　　B_a——测定期间的大气压，Pa；

　　　p_s——测定断面烟气静压，Pa；

X_{sw}——测定断面烟气平均含湿量,%。

以颗粒物 CEMS 显示值为横坐标(X),以参比方法测定的已转换为实际烟气状况下的颗粒物断面浓度为纵坐标(Y),由最小二乘法建立两变量之间的关系。一元线性回归方程见式(8-10):

$$\hat{Y} = b_0 + b_1 X \tag{8-10}$$

式中 $\hat{Y}$——预测颗粒物浓度,mg/m³;
b_0——线性相关校准曲线截距,计算见式(8-11);
b_1——线性相关校准曲线斜率,计算见式(8-13);
X——颗粒物 CEMS 显示值,无量纲。

截距计算公式:

$$b_0 = \overline{Y} - b_1 \overline{X} \tag{8-11}$$

式中 $\overline{X}$——颗粒物 CEMS 显示值的平均值,计算见式(8-12);
$\overline{Y}$——实际烟气状况下参比方法颗粒物断面浓度平均值,mg/m³,计算见式(8-12)。

笔记

$$\overline{X} = \frac{1}{n}\sum_{i=1}^{n} X_i \qquad \overline{Y} = \frac{1}{n}\sum_{i=1}^{n} Y_i \tag{8-12}$$

式中 X_i——第 i 个颗粒物 CEMS 显示值,无量纲;
Y_i——第 i 个实际烟气状况下参比方法颗粒物断面浓度平均值,mg/m³;
n——数据对数目。

斜率计算公式:

$$b_1 = \frac{S_{XY}}{S_{XX}} \tag{8-13}$$

$$S_{XX} = \sum_{i=1}^{n}(X_i - \overline{X})^2 \qquad S_{XY} = \sum_{i=1}^{n}(X_i - \overline{X})(Y_i - \overline{Y}) \tag{8-14}$$

置信区间的计算见式(8-15)。颗粒物 CEMS 测定的一批显示值,要求有 95% 的把握认为此批显示值的每一个值均应落在由距上述校准曲线为该非放源排放限值的 ±10% 的两条直线组成的区间内。

$$CI = t_{df} S_E \sqrt{\frac{1}{n}} \tag{8-15}$$

式中 CI——在平均值 X 处的 95% 置信区间半宽;
t_{df}——$df = n - 2$,t_{df} 值见表 8-3;
S_E——相关校准曲线的分散性或偏差性(回归线精密度),计算见式(8-16)。

$$S_E = \sqrt{\frac{1}{n-2}\sum_{i=1}^{n}(\hat{Y}_i - Y_i)^2} \tag{8-16}$$

在平均值 X 处,对参比方法实测状态均值百分比的置信区间半宽计算见式(8-17):

$$CI = \frac{CI}{EL} \times 100\% \tag{8-17}$$

式中 EL——排放源的颗粒物浓度排放限值。

【注意】当颗粒物排放限值小于颗粒物参比采样测试全部测量有效数据的平均值时,EL 值取颗粒物参比采样测试全部测量有效数据的平均值。

允许区间的计算见式(8-18)。颗粒物 CEMS 测定的一批显示值，要求有 95% 的把握认为该批数据中 75% 的数据应落在由距上述校准曲线为该排放源限值在检测期间参比方法实测状态均值的 ±25% 的两条直线组成的区间内。

$$TI = k_t S_E \qquad (8\text{-}18)$$

式中　TI——在平均值 X 处的 95% 允许区间半宽；
　　　k_t——计算见式(8-19)；
　　　S_E——计算见式(8-16)。

$$k_t = u_n V_{df} \qquad (8\text{-}19)$$

式中　u_n——由表 8-3 提供，75% 允许因子（在平均值 X 处，$n=n$）；
　　　V_{df}——$df = n-2$，V_{df} 值见表 8-3。

在平均值 X 处，对参比方法实测状态均值百分比的允许区间半宽计算见式(8-20)：

$$TI = \frac{TI}{EL} \times 100\% \qquad (8\text{-}20)$$

线性相关系数计算见式(8-21)：

$$r = \sqrt{1 - \frac{S_E^2}{S_Y^2}} \qquad (8\text{-}21)$$

式中　r——线性相关系数；
　　　S_Y——计算见式(8-22)。

$$S_Y = \sqrt{\frac{\sum_{i=1}^{n}(Y_1 - \overline{Y})^2}{n-1}} \qquad (8\text{-}22)$$

当一元线性回归方程无法满足相关系数的指标要求时，可选用其他校验方法（如一元多次方程式、对数指数方程式、幂指数方程式、K 系数等）进行调试。

表 8-3　计算置信区间和允许区间参数表

f	t_{df}	V_{df}	n	$u_n(75)$
7	2.356	1.7972	7	1.233
8	2.306	1.7110	8	1.233
9	2.262	1.6452	9	1.214
10	2.228	1.5931	10	1.208
11	2.201	1.5506	11	1.203
12	2.179	1.5153	12	1.199
13	2.160	1.4854	13	1.195
14	2.145	1.4597	14	1.192
15	2.131	1.4373	15	1.189
16	2.120	1.4176	16	1.187
17	2.110	1.4001	17	1.185
18	2.101	1.3845	18	1.183
19	2.093	1.3704	19	1.181
20	2.086	1.3576	20	1.179
21	2.080	1.3460	21	1.178
22	2.074	1.3353	22	1.177
23	2.069	1.3255	23	1.175
24	2.064	1.3165	24	1.174
25	2.060	1.3081	25	1.173

续表

f	t_{df}	V_{df}	n	$u_n(75)$
30	2.042	1.2737	30	1.170
35	2.030	1.2482	35	1.167
40	2.021	1.2284	40	1.165
45	2.014	1.2125	45	1.163
50	2.009	1.1993	50	1.162

注：$f=n-1$。

校验颗粒物 CEMS：将建立的手工采样参比方法测定结果与颗粒物 CEMS 测定结果的一元线性回归方程的斜率和截距输入 CEMS 的数据采集处理系统，将颗粒物 CEMS 的测定显示值修正到与手工采样参比方法一致的颗粒物浓度（mg/m³）。

手工采样断面排气流速应＞5m/s，当不能满足要求时：

① 在 2.5～5m/s 时，取实测平均流速计算采样流量进行恒流采样，校验方法仍采用一元线性回归方程。

② 低于 2.5m/s 时，取 2.5m/s 流速计算采样流量进行恒流采样。至少取 9 个有效数据对计算 K 系数，即手工方法平均值/CEMS 显示值平均值，然后将 K 系数输入 CEMS 的数据采集处理系统，校验后的颗粒物浓度＝K×CEMS 颗粒物显示值。

当无法调节颗粒物控制装置或燃烧清洁能源时，亦可采用 K 系数的方法。

由于用相关系数评价回归方程是必需的质量控制程序，但是标准没有提出对 K 值进行评价的指标来确保 K 系数的可靠性，因此在实际中一般不用。

3. 气态污染物（含氧量） CEMS 相关技术指标的调试检测

（1）气态污染物 CEMS 和氧气 CMS 零点漂移、量程漂移技术指标的调试检测

① 零点漂移　仪器通入零气（经过滤的不含颗粒物、待测气体的清洁干空气或高纯氮气），校准仪器至零点，记录 Z_{0i}。24h 后再通入零气，待读数稳定后记录零点读数 Z_i，按调零键，仪器调零。连续操作 3 天，按式(8-5) 和式(8-6) 计算零点漂移 Z_d。

② 量程漂移　仪器通入高浓度标准气体（80%～100%的满量程），校准仪器至该标准气体的浓度值 S_{0i}。24h 后再通入同一标准气体，待读数稳定后记录标准气体读数 S_i，按校准键，校准仪器。连续操作 3 天，按式(8-7) 和式(8-8) 计算量程漂移 S_d。

（2）气态污染物 CEMS 和氧气 CMS 示值误差、系统响应时间技术指标的调试检测

① 示值误差　仪器通入零气，调节仪器零点。通入高浓度（80%～100%的满量程值）标准气体，调整仪器显示浓度值与标准气体浓度值一致。

仪器经上述校准后，按照零气、高浓度标准气体、零气、中浓度（50%～60%的满量程值）标准气体、零气、低浓度（20%～30%的满量程值）标准气体的顺序通入标准气体。若低浓度标准气体浓度高于排放限值，则还需通入浓度低于排放限值的标准气体，完成超低排放改造后的火电污染源还应通入浓度低于排放水平的标准气体。待显示浓度值稳定后读取测定结果；重复测定 3 次，取平均值，按式(8-23)、式(8-24) 计算示值误差。

当满足以下条件时：

a. SO_2 满量程不小于 100μmol/mol；

b. NO_x 满量程不小于 200μmol/mol；

c. 测试含氧量示值误差。

示值误差按式(8-23)计算：

$$L_{ei} = \frac{\overline{C_{di}} - C_{si}}{C_{si}} \times 100\% \qquad (8-23)$$

式中　L_{ei}——标准气体的示值误差；
　　　$\overline{C_{di}}$——标准气体测定浓度平均值；
　　　C_{si}——标准气体浓度值；
　　　i——第i种浓度。

当满足以下条件时：
a. SO_2 满量程小于 $100\mu mol/mol$；
b. NO_x 满量程小于 $200\mu mol/mol$。
示值误差按式(8-24)计算：

$$L_{ei} = \frac{\overline{C_{di}} - C_{si}}{F.S.} \times 100\% \qquad (8-24)$$

式中　F.S.——分析仪满量程值。

② 响应时间　待 CEMS 运行稳定后，按照系统设定采样流量通入零点气体，待读数稳定后按照相同流量通入量程校准气体，同时用秒表开始计时。关闭标气，使系统抽取样气。观察分析仪示值，至读数由零开始跃变止，记录样气管路传输时间 T_1。继续观察并记录待测分析仪器显示值上升至标准气体浓度标称值 90% 时的仪表响应时间 T_2。系统响应时间为 T_1 和 T_2 之和。重复测定3次，取平均值，应符合表8-2的要求。

(3) 气态污染物 CEMS 和氧气 CMS 准确度技术指标的调试检测

气态污染物 CEMS 和氧气 CMS 与参比方法同步测定，数据采集器每分钟记录1个累积平均值，连续记录至参比方法测试结束，取与参比方法同时段的平均值，参比方法每个数据的测试时间为 5~10min。

取参比方法与 CEMS 同时段测定值组成一个数据对，参比方法与 CEMS 测量值均为标态干基浓度，每天至少取9对有效数据用于相对准确度计算，但应报告所有的数据，包括舍去的数据对，连续进行3天。

相对准确度的计算见式(8-25)~式(8-29)：

$$RA = \frac{|\overline{d}| + |cc|}{\overline{RM}} \times 100\% \qquad (8-25)$$

式中　RA——相对准确度；
　　　$\overline{RM}$——参比方法全部数据对测量结果的平均值，计算见式(8-26)；
　　　$\overline{d}$——CEMS 与参比方法测量各数据对差的平均值，计算见式(8-27)；
　　　cc——置信系数，计算见式(8-29)。

$$\overline{RM} = \frac{1}{n}\sum_{i=1}^{n} RM_i \qquad (8-26)$$

式中　n——数据对个数；
　　　RM_i——第 i 个数据对中的参比方法测定值。

$$\overline{d} = \frac{1}{n}\sum_{i=1}^{n} d_i \qquad (8-27)$$

$$d_i = CEMS_i - RM_i \qquad (8-28)$$

式中 d_i——每个数据对之差；

CEMS_i——第 i 个数据对中的 CEMS 测定值。

在计算数据对差的和时，保留差值的正、负号。

$$cc = \pm t_{f,0.95} \frac{S_d}{\sqrt{n}} \qquad (8-29)$$

式中 $t_{f,0.95}$——由表 8-4 查得，$f = n - 1$；

S_d——参比方法与 CEMS 测定值数据对的差的标准偏差，计算见式(8-30)。

$$S_d = \sqrt{\frac{\sum_{i=1}^{n}(d_i - \bar{d})^2}{n-1}} \qquad (8-30)$$

表 8-4　计算置信系数用 t 值表（95% 置信水平）

项目	f											
	5	6	7	8	9	10	11	12	13	14	15	16
$t_{f,0.95}$	2.571	2.447	2.365	2.306	2.262	2.228	2.201	1.179	2.160	2.145	2.131	2.120

笔记

（4）校验气态污染物 CEMS 和氧气 CMS

气态污染物 CEMS 和氧气 CMS 准确度达不到技术指标的要求时，将偏差调节系数输入 CEMS 的数据采集处理系统，按式(8-31) 和式(8-32) 对 CEMS 测定数据进行调节，经调节仍不能达到要求时，应选择有代表性的位置安装气态污染物 CEMS，重新进行检测。

$$\mathrm{CEMS}_{aci} = \mathrm{CEMS}_i \times E_{ac} \qquad (8-31)$$

式中 CEMS_{adi}——CEMS 在 i 时间调节后的数据；

CEMS_i——CEMS 在 i 时间测得的数据；

E_{ac}——偏差调节系数。

$$E_{ac} = 1 + \frac{\bar{d}}{\overline{\mathrm{CEMS}_i}} \qquad (8-32)$$

式中 $\bar{d}$——各数据对差的平均值；

$\overline{\mathrm{CEMS}_i}$——第 i 个数据对中的 CEMS 测定数据的平均值。

4. 流速 CMS 速度场系数技术指标的调试检测

用参比方法测定断面烟气平均流速和同时段流速 CMS 测定的烟气平均流速，按式(8-33) 计算速度场系数：

$$K_V = \frac{F_S}{F_p} \times \frac{\bar{V}_S}{V_p} \qquad (8-33)$$

式中 K_V——速度场系数；

F_S——参比方法测定断面面积，m^2；

F_p——流速 CMS 所在测定断面面积，m^2；

$\bar{V}_S$——参比方法测定断面的平均流速，m/s；

V_p——流速 CMS 在固定点或测定线所在断面的测定流速，m/s。

流速 CMS 速度场系数精密度技术指标调试检测时，每天至少获得 5 个有效速度场系数，计算速度场系数日平均值。但必须报告所有数据，包括舍去的数据。至少连续获得3天的日平均值，并按式(8-34)、式(8-35)计算速度场系数精密度：

$$CV = \frac{S}{\overline{K_V}} \times 100\% \tag{8-34}$$

$$S = \sqrt{\frac{\sum_{i=1}^{n}(\overline{K_{Vi}} - \overline{K_V})^2}{n-1}} \tag{8-35}$$

式中　CV——速度场系数精密度（相对标准偏差），%；
　　　S——速度场系数的标准偏差；
　　　$\overline{K_V}$——速度场系数日平均值的平均值；
　　　$\overline{K_{Vi}}$——速度场系数日平均值；
　　　n——日平均速度场系数的个数。

5. 温度 CMS 准确度技术指标的调试检测

检测期间，温度 CMS 与参比方法同步测定，数据采集器每分钟记录1个累积平均值，连续记录至参比方法测试结束，取与参比方法同时段的平均值，参比方法每个数据的测试时间不得低于 5min。

取参比方法与 CEMS 同时段测定值组成一个数据对，每天至少取 5 对有效数据用于相对准确度计算，但应报告所有的数据，包括舍去的数据对，连续进行 3d。用 CEMS 温度显示值减去参比方法断面测定平均值，用式(8-36)计算温度准确度：

$$\Delta T = \frac{1}{n}\sum_{i=1}^{n}(T_{CMS} - T_i) \tag{8-36}$$

式中　ΔT——烟温绝对误差，℃；
　　　n——测定次数（≥5）；
　　　T_{CMS}——烟温 CMS 与参比方法同时段测定的平均烟温，℃；
　　　T_i——参比方法测定的平均烟温，℃（可与颗粒物参比方法测定同时进行）。

6. 湿度 CMS 准确度技术指标的调试检测

检测期间，湿度 CMS 与参比方法同步测定，数据采集器每分钟记录1个平均值，连续记录至参比方法测试结束，取与参比方法同时段的平均值。

取参比方法与 CEMS 同时段测定值组成一个数据对，每天至少取 5 对有效数据用于相对准确度计算，但应报告所有的数据，包括舍去的数据对，连续进行 3d。并按式(8-37)、式(8-38)计算湿度绝对误差和相对误差。

绝对误差：

$$\Delta X_{sw} = \frac{1}{n}\sum_{i=1}^{n}(X_{swCMS} - X_{swi}) \tag{8-37}$$

相对误差：

$$R_{es} = \frac{\Delta X_{sw}}{X_{swi}} \times 100\% \tag{8-38}$$

式中　ΔX_{sw}——烟气湿度绝对误差，%；
　　　n——测定次数（≥5）；

X_{swCMS}——烟气湿度 CMS 与参比方法同时段测定的平均烟气湿度,%;

X_{swi}——参比方法测定的平均烟气湿度,%;

R_{es}——烟气湿度相对误差,%。

任务实施

1. 对固定污染源烟气排放连续监测系统的安装、调试等内容进行学习。
2. 依据规范要求对固定污染源烟气排放连续监测系统进行安装和调试。

知识测试

1. 采样或监测平台长度应≥(　　)m,宽度应≥(　　)m 或不小于采样枪长度外延(　　)m,周围设置(　　)m 以上的安全防护栏,有牢固且符合要求的安全措施,便于日常维护和比对监测。

2. 当 CEMS 安装在矩形烟道内时,若烟道截面的宽度＞(　　)m,则应在烟道两侧开设参比方法采样孔,并设置多层采样平台。

3. 测定位置应避开烟道弯头和断面急剧变化的部位。对于圆形烟道,颗粒物 CEMS 和流速 CMS 应设置在距弯头、阀门、变径管下游方向≥(　　)倍烟道直径,距上述部件上游方向≥(　　)倍烟道直径处。

4. 为了便于颗粒物和流速参比方法的校验和比对监测,CEMS 不宜安装在烟道内烟气流速＜(　　)m/s 的位置。

5. 现场完成 CEMS 安装、初调后,使烟气 CEMS 投入运行,调试检测前 CEMS 连续运行时间不少于(　　)h。

笔记

效果评价

评价表

项目名称	项目八　固定污染源自动监测系统运行管理	学生姓名	
任务名称	任务二　固定污染源自动监测系统安装与调试	分数	

考核内容	分值	考核得分
简述采样孔的开孔位置要求,以及颗粒物采样孔和气态污染物采样孔位置的不同	30 分	
简述为保证维护安全和比对方便,对采样平台有哪些要求	30 分	
简述调试检测过程的要求,以及如遇到停电或者故障应该如何处理	30 分	
列举调试检测包含的项目	10 分	
总体得分		

教师评语:

任务三 固定污染源自动监测系统验收

 引导问题

在本项目中已经学习了固定污染源自动监测样品的采集与分析，固定污染源自动监测系统的调试方法，那么系统安装到站点后可以直接运行吗？当然不行，还要进行验收，那如何完成验收？有哪些要求呢？

 笔记

 知识准备

一、总体要求

CEMS 在完成安装、调试检测并和主管部门联网后，应进行技术验收，包括 CEMS 技术指标验收和联网验收。

二、技术验收条件

CEMS 在完成安装、调试检测并符合下列要求后，可组织实施技术验收工作。

① CEMS 的安装位置及手工采样位置应符合固定污染源烟气排放连续监测系统安装要求。

② 数据采集和传输以及通信协议均应符合《污染物在线监控（监测）系统数据传输标准》（HJ 212—2017）的要求，并提供一个月内数据采集和传输自检报告，报告应对数据传输标准的各项内容作出响应。

③ 根据固定污染源烟气排放连续监测系统技术指标调试检测的要求进行了 72h 的调试检测，并提供调试检测合格报告及调试检测结果数据。

④ 调试检测后至少稳定运行 7d。

三、CEMS 技术指标验收

1. 一般要求

① CEMS 技术指标验收包括颗粒物 CEMS、气态污染物 CEMS、烟气参数 CMS 技术指标验收。

② 验收时间由排污单位与验收单位协商决定。

③ 现场验收期间，生产设备应正常且稳定运行，可通过调节固定污染源烟气净化设备达到某一排放状况，该状况在测试期间应保持稳定。

④ 日常运行中更换 CEMS 分析仪表或变动 CEMS 取样点位时，应分别满足"安装位置要求""安装施工要求"的要求，并进行再次验收。

⑤ 现场验收时必须采用有证标准物质或标准样品，较低浓度的标准气体可以使用高浓度的标准气体采用等比例稀释方法获得，等比例稀释装置的精密度在1%以内。标准气体要求贮存在铝瓶或不锈钢瓶中，不确定度不超过±2%。

⑥ 对于光学法颗粒物CEMS，校准时须对实际测量光路进行全光路校准，确保发射光先经过出射镜片，再经过实际测量光路，到校准镜片后，再经过入射镜片到达接收单元，不得只对激光发射器和接收器进行校准。对于抽取式气态污染物CEMS，当对全系统进行零点校准和量程校准、示值误差和系统响应时间的检测时，零气和标准气体应通过预设管线输送至采样探头处，经由样品传输管线回到站房，经过全套预处理设施后进入气体分析仪。

⑦ 验收前检查直接抽取式气态污染物采样伴热管的设置。冷-干法CEMS冷凝器的设置温度和实际控制温度应保持在2~6℃。

2. 颗粒物CEMS技术指标验收

（1）验收内容

颗粒物CEMS技术指标验收包括颗粒物CEMS的零点漂移、量程漂移和准确度验收。

（2）颗粒物CEMS零点漂移、量程漂移

在验收开始时，人工或自动校准仪器零点和量程，测定和记录初始的零点、量程读数，待颗粒物CEMS准确度验收结束，且至少距离初始零点、量程测定6h后再次测定（人工或自动）和记录一次零点、量程读数，随后校准零点和量程。按式（8-39）~式（8-42）计算零点漂移、量程漂移。

① 零点漂移：

$$\Delta Z_i = Z_i - Z_{0i} \tag{8-39}$$

$$Z_d = \frac{\Delta Z_{max}}{R} \times 100\% \tag{8-40}$$

式中 Z_{0i}——第i次零点读数初始值；

Z_i——第i次零点读数值；

Z_d——零点漂移；

ΔZ_i——第i次零点测试值的绝对误差；

ΔZ_{max}——零点测试绝对误差最大值；

R——仪器满量程值。

② 量程漂移：

$$\Delta S_i = S_i - S_{0i} \tag{8-41}$$

$$S_d = \frac{\Delta S_{max}}{R} \times 100\% \tag{8-42}$$

式中 S_{0i}——第i次量程读数初始值；

S_i——第i次量程读数值；

S_d——量程漂移；

ΔS_i——第i次量程测试值的绝对误差；

ΔS_{max}——量程测试绝对误差最大值；

R——仪器满量程值。

（3）颗粒物 CEMS 准确度

采用参比方法与 CEMS 同步测量测试断面烟气中颗粒物平均浓度，至少获取 5 对同时间区间且相同状态的测量结果，按式（8-43）和式（8-44）计算颗粒物 CEMS 准确度。

绝对误差：

$$\bar{d}_i = \frac{1}{n}\sum_{i=1}^{n}(C_{\text{CEMS}} - C_i) \tag{8-43}$$

相对误差：

$$R_e = \frac{\bar{d}_i}{C_i} \times 100\% \tag{8-44}$$

式中　$\bar{d}_i$——绝对误差，mg/m³；

n——测定次数（≥5）；

C_i——参比方法测定的第 i 个浓度，mg/m³；

C_{CEMS}——CEMS 与参比方法同时段测定的浓度，mg/m³；

R_e——相对误差，%。

3. 气态污染物 CEMS 和氧气 CMS 技术指标验收

（1）验收内容

气态污染物 CEMS 和氧气 CMS 技术指标验收包括零点漂移、量程漂移、示值误差、系统响应时间和准确度验收。现场验收时，先做示值误差和系统响应时间的验收测试，不符合技术要求的，可不再继续开展其余项目验收。

（2）气态污染物 CEMS 和氧气 CMS 示值误差、系统响应时间

① 示值误差：通入零气（经过滤的不含颗粒物、待测气体的清洁干空气或高纯氮气），调节仪器零点。通入高浓度（80%~100%的满量程值）标准气体，调整仪器显示浓度值与标准气体浓度值一致。仪器经上述校准后，按照零气、高浓度（80%~100%的满量程值）标准气体、零气、中浓度（50%~60%的满量程值）标准气体、零气、低浓度（20%~30%的满量程值）标准气体的顺序通入标准气体。若低浓度标准气体浓度高于排放限值，则还需通入浓度低于排放限值的标准气体，完成超低排放改造后的火电污染源还应通入浓度低于超低排放水平的标准气体。待显示浓度值稳定后读取测定结果。重复测定 3 次，取平均值。按式（8-45）、式（8-46）计算示值误差。

当满足以下条件时：

a. SO_2 满量程不小于 100 μmol/mol；

b. NO_x 满量程不小于 200 μmol/mol；

c. 测试含氧量示值误差。

示值误差按式（8-45）计算：

$$L_{ei} = \frac{\overline{C_{di}} - C_{si}}{C_{si}} \times 100\% \tag{8-45}$$

式中　L_{ei}——标准气体的示值误差；

$\overline{C_{di}}$——标准气体测定浓度平均值；

C_{si}——标准气体浓度值；

i——第 i 种浓度。

当满足以下条件时：
a. SO_2 满量程小于 $100\mu mol/mol$；
b. NO_x 满量程小于 $200\mu mol/mol$。
示值误差按式（8-46）计算：

$$L_{ei} = \frac{\overline{C_{di}} - C_{si}}{F.S.} \times 100\% \qquad (8-46)$$

式中　F.S.——分析仪满量程值。

② 系统响应时间：待 CEMS 运行稳定后，按照系统设定采样流量通入零点气体，待读数稳定后按照相同流量通入量程校准气体，同时用秒表开始计时；观察分析仪示值，至读数开始跃变止，记录并计算样气管路传输时间 T_1；继续观察并记录待测分析仪器显示值上升至标准气体浓度标称值 90% 时的仪表响应时间 T_2；系统响应时间为 T_1 和 T_2 之和。重复测定 3 次，取平均值。

(3) 气态污染物 CEMS 和氧气 CMS 零点漂移、量程漂移

① 零点漂移：系统通入零气（经过滤的不含颗粒物、待测气体的清洁干空气或高纯氮气），校准仪器至零点，测试并记录初始读数 Z_0。待气态污染物和氧气准确度验收结束，且至少距初始测试 6h 后，再通入零气，待读数稳定后记录零点读数 Z_1。按式（8-39）和式（8-40）计算零点漂移 Z_d。

② 量程漂移：系统通入高浓度（80%～100%的满量程值）标准气体，校准仪器至该标准气体的浓度值，测试并记录初始读数 S_0。待气态污染物和氧气准确度验收结束，且至少距初始测试 6h 后，再通入同一标准气体，待读数稳定后记录标准气体读数 S_i。按式（8-41）和式（8-42）计算量程漂移 S_d。

(4) 气态污染物 CEMS 和氧气 CMS 准确度

参比方法与 CEMS 同步测量烟气中气态污染物和氧气浓度，至少获取 9 个数据对，每个数据对取 5～15min 均值。绝对误差按式（8-43）计算，相对误差按式（8-44）计算，相对准确度按式（8-25）～式（8-30）计算。

4. 烟气参数 CMS 技术指标验收

(1) 验收内容

烟气参数指标验收包括流速准确度、烟温准确度、湿度准确度验收。

参比方法与流速、烟温、湿度 CMS 同步测量，至少获取 5 个同时段测试断面值数据对，分别计算流速准确度、烟温准确度、湿度准确度。

(2) 流速准确度

烟气流速准确度计算方法见式（8-47）和式（8-48）：

绝对误差：

$$\overline{d_{Vi}} = \frac{1}{n}\sum_{i=1}^{n}(V_{CMS} - V_i) \qquad (8-47)$$

相对误差：

$$RE_V = \frac{\overline{d_{Vi}}}{V_i} \times 100\% \qquad (8-48)$$

式中　$\overline{d_{Vi}}$——流速绝对误差，m/s；

n——测定次数（≥5）；

V_{CMS}——流速 CMS 与参比方法同时段测定的烟气平均流速，m/s；

V_i——参比方法测定的测试断面的烟气平均流速，m/s；

RE_V——流速相对误差，%。

（3）烟温准确度

烟温绝对误差计算见式（8-49）：

$$\Delta T = \frac{1}{n}\sum_{i=1}^{n}(T_{CMS}-T_i) \tag{8-49}$$

式中　ΔT——烟温绝对误差，℃；

n——测定次数（≥5）；

T_{CMS}——烟温 CMS 与参比方法同时段测定的平均烟温，℃；

T_i——参比方法测定的平均烟温，℃（可与颗粒物参比方法测定同时进行）。

（4）湿度准确度

湿度准确度计算方法见式(8-50) 和式(8-51)。

绝对误差：

$$\Delta X_{sw} = \frac{1}{n}\sum_{i=1}^{n}(X_{swCMS}-X_{swi}) \tag{8-50}$$

相对误差：

$$RE_{sw} = \frac{\Delta X_{sw}}{X_{swi}} \times 100\% \tag{8-51}$$

式中　ΔX_{sw}——烟气湿度绝对误差，%；

n——测定次数（≥5）；

X_{swCMS}——烟气湿度 CMS 与参比方法同时段测定的平均烟气湿度，%；

X_{swi}——参比方法测定的平均烟气湿度，%；

RE_{sw}——烟气湿度相对误差，%。

5. 技术指标验收测试报告格式

报告应包括以下信息（附录 G，可扫描二维码查看）：

① 报告的标识——编号；

② 检测日期和编制报告的日期；

③ CEMS 标识——制造单位、型号和系列编号；

④ 安装 CEMS 的企业名称和安装位置所在的相关污染源名称；

⑤ 环境条件记录情况（大气压力、环境温度、环境湿度）；

⑥ 示值误差、系统响应时间、零点漂移和量程漂移验收引用的标准；

⑦ 准确度验收引用的标准；

⑧ 所用可溯源到国家标准的标准气体；

⑨ 参比方法所用的主要设备、仪器等；

⑩ 检测结果和结论；

⑪ 测试单位；

⑫ 三级审核签字；

⑬ 备注（技术验收单位认为与评估 CEMS 的性能相关的其他信息）。

附录 G

6. 示值误差、系统响应时间、零点漂移和量程漂移验收技术要求

示值误差、系统响应时间、零点漂移和量程漂移验收技术要求见表 8-5。

表 8-5　示值误差、系统响应时间、零点漂移和量程漂移验收技术要求

检测项目			技术要求
气态污染物 CEMS	二氧化硫	示值误差	当满量程≥100μmol/mol(286mg/m³)时,示值误差不超过±5%(相对于标准气体标称值); 当满量程<100μmol/mol(286mg/m³)时,示值误差不超过±2.5%(相对于仪表满量程值)
		系统响应时间	≤200s
		零点漂移、量程漂移	不超过±2.5%
	氮氧化物	示值误差	当满量程≥200μmol/mol(410mg/m³)时,示值误差不超过±5%(相对于标准气体标称值); 当满量程<200μmol/mol(410mg/m³)时,示值误差不超过±2.5%(相对于仪表满量程值)
		系统响应时间	≤200s
		零点漂移、量程漂移	不超过±2.5%
氧气 CMS	O_2	示值误差	±5%(相对于标准气体标称值)
		系统响应时间	≤200s
		零点漂移、量程漂移	不超过±2.5%
颗粒物 CEMS	颗粒物	零点漂移、量程漂移	不超过±2.0%

注：氮氧化物以 NO_2 计。

7. 准确度验收技术要求

准确度验收技术要求见表 8-6。

表 8-6　准确度验收技术要求

检测项目			技术要求
气态污染物 CEMS	二氧化硫	准确度	排放浓度≥250μmol/mol(715mg/m³)时,相对准确度≤15%
			50μmol/mol(143mg/m³)≤排放浓度<250μmol/mol(715mg/m³)时,绝对误差不超过±20μmol/mol(57mg/m³)
			20μmol/mol(57mg/m³)≤排放浓度<50μmol/mol(143mg/m³)时,相对误差不超过±30%
			排放浓度<20μmol/mol(57mg/m³)时,绝对误差不超过±6μmol/mol(17mg/m³)
	氮氧化物	准确度	排放浓度≥250μmol/mol(513mg/m³)时,相对准确度≤15%
			50μmol/mol(103mg/m³)≤排放浓度<250μmol/mol(513mg/m³)时,绝对误差不超过±20μmol/mol(41mg/m³)
			20μmol/mol(41mg/m³)≤排放浓度<50μmol/mol(103mg/m³)时,相对误差不超过±30%
			排放浓度<20μmol/mol(41mg/m³)时,绝对误差不超过±6μmol/mol(12mg/m³)
	其他气态污染物	准确度	相对准确度≤15%
氧气 CMS	O_2	准确度	>5.0%时,相对准确度≤15%
			≤5.0%时,绝对误差不超过±1.0%
颗粒物 CEMS	颗粒物	准确度	排放浓度>200mg/m³时,相对误差不超过±15%
			100mg/m³<排放浓度≤200mg/m³时,相对误差不超过±20%
			50mg/m³<排放浓度≤100mg/m³时,相对误差不超过±25%
			20mg/m³<排放浓度≤50mg/m³时,相对误差不超过±30%
			10mg/m³<排放浓度≤20mg/m³时,绝对误差不超过±6mg/m³
			排放浓度≤10mg/m³时,绝对误差不超过±5mg/m³

续表

检测项目			技术要求
流速 CMS	流速	准确度	流速>10m/s时,相对误差不超过±10%
			流速≤10m/s时,相对误差不超过±12%
温度 CMS	温度	准确度	绝对误差不超过±3℃
湿度 CMS	湿度	准确度	烟气湿度>5.0%时,相对误差不超过±25%
			烟气湿度≤5.0%时,绝对误差不超过±1.5%

注:氮氧化物以 NO_2 计,以上各参数区间划分以参比方法测量结果为准。

四、联网验收

1. 联网验收内容

联网验收由通信及数据传输验收、现场数据比对验收和联网稳定性验收三部分组成。

(1) 通信及数据传输验收

数据采集和处理子系统与监控中心之间的通信应稳定,不出现经常性的通信连接中断、报文丢失、报文不完整等通信问题。为保证监测数据在公共数据网上传输的安全性,所采用的数据采集和处理子系统应进行加密传输。监测数据在向监控系统传输的过程中,应由数据采集和处理子系统直接传输。

(2) 现场数据比对验收

数据采集和处理子系统稳定运行一个星期后,对数据进行抽样检查,对比上位机接收到的数据和现场机存储的数据是否一致,精确至一位小数。

(3) 联网稳定性验收

在连续一个月内,子系统能稳定运行,不出现除通信稳定性、通信协议正确性、数据传输正确性以外的其他联网问题。

2. 联网验收技术指标要求

联网验收技术指标要求见表 8-7。

表 8-7 联网验收技术指标要求

验收检测项目	考核指标
通信稳定性	1. 现场机在线率为 95% 以上; 2. 正常情况下,掉线后,应在 5min 之内重新上线; 3. 单台数据采集传输仪每日掉线次数在 3 次以内; 4. 报文传输稳定性在 99% 以上,当出现报文错误或丢失时,启动纠错逻辑,要求数据采集传输仪重新发送报文
数据传输安全性	1. 对所传输的数据应按照 HJ 212—2017 中规定的加密方法进行加密处理传输,保证数据传输的安全性; 2. 服务器端对请求连接的客户端进行身份验证
通信协议正确性	现场机和上位机的通信协议应符合 HJ 212—2017 的规定,正确率 100%
数据传输正确性	系统稳定运行一星期后,对一星期的数据进行检查,对比接收的数据和现场的数据一致,精确至一位小数,抽查数据正确率 100%
联网稳定性	系统稳定运行一个月,不出现除通信稳定性、通信协议正确性、数据传输正确性以外的其他联网问题

 任务实施

请同学们绘制固定污染源自动监测系统验收流程图。

知识测试

1. 调试检测后至少稳定运行（　　）d 才能进行验收。
2. 颗粒物 CEMS 技术指标验收包括颗粒物的（　　）、量程漂移和（　　）验收。
3. 气态污染物 CEMS 和氧气 CMS 技术指标验收包括零点漂移、量程漂移、（　　）、（　　）和准确度验收。
4. 烟气参数指标验收包括（　　）、（　　）、（　　）验收。

 效果评价

评价表

项目名称	项目八　固定污染源自动监测系统运行管理	学生姓名	
任务名称	任务三　固定污染源自动监测系统验收	分数	

考核内容	分值	考核得分
简述固定污染源烟气排放连续监测系统验收技术要求	20 分	
说出颗粒物 CEMS 技术指标验收方法	20 分	
说出气态污染物 CEMS 和氧气 CMS 技术指标验收方法	20 分	
说出烟气参数 CMS 技术指标验收方法	20 分	
简述联网验收内容	20 分	
总体得分		

教师评语：

任务四 CEMS 数据采集与处理

 引导问题

CEMS 应具有具备数据采集、处理、存储、表格或图文显示、故障警告和打印等功能的操作软件，系统应设置通信接口，用于数据输出和通信功能。CEMS 监测项目较多，不同的样品采集方式污染物浓度的计算方式也有所不同，本节来学习如何折算污染物的浓度。

 笔记

 知识准备

一、数据采集、记录及存储要求

① 由 CEMS 的控制功能协调整个系统的时序，系统能够将采集和记录的实时数据自动处理为 1min 数据和小时数据。

② 至少每 5s 采集一组系统测量的实时数据，主要包括颗粒物测量一次物理量、气态污染物体积/实测质量浓度、烟气含氧量、烟气流速、烟气温度、烟气静压、烟气湿度等。

③ 至少每 1min 记录并存储一组系统测量的分钟数据，数据为该时段的平均值，主要包括颗粒物一次物理量和质量浓度、气态污染物体积/质量浓度、烟气含氧量、烟气流速和流量、烟气温度、烟气静压、烟气湿度及大气压值。若测量结果有湿/干基不同转换数值，则应同时显示并记录该测量值湿基和干基的测量数据。

④ 小时数据应包含本小时内至少 45min 的分钟有效数据，数据为该时段的平均值，主要包括颗粒物质量浓度（折算浓度）、颗粒物排放量、气态污染物质量浓度（折算浓度）、气态污染物排放量、烟气含氧量、烟气流量、烟气温度、烟气静压、烟气湿度和生产负荷等。小时数据记录表即为日报表。

⑤ 日数据应包含本日至少 20h 的小时有效数据，数据为该时段的平均值，主要包括颗粒物质量浓度和排放量、气态污染物质量浓度和排放量、烟气含氧量、烟气流量、烟气温度、烟气静压、烟气湿度和生产负荷等。日数据记录表即为月报表。

⑥ 月数据应包含本月至少 25 天（其中二月份至少 23 天）的日有效数据，数据均为该时段的平均值，主要包括颗粒物排放量、气态污染物排放量、烟气含氧量、烟气流量、烟气温度、烟气静压、烟气湿度和生产负荷等。月数据记录表即为年报表。

⑦ 数据报表中应统计记录当日、当月、当年各指标数据的最大值、最小值和平均值。

⑧ 当 1h 污染物折算浓度均值超过排放标准限值时，CEMS 应能发出并记录超标报警信息。

⑨ CEMS 日报表、月报表和年报表中的污染物浓度、烟气流量和烟气含氧量均为干基标准状态值。氮氧化物（NO_x）质量浓度均以 NO_2 计。

二、数据格式要求

CEMS 记录处理实时数据和定时段数据时,数据格式应至少符合表 8-8 和表 8-9 的要求。

表 8-8　CEMS 数据格式一览表

序号	项目名称		单位	小位数
1	SO_2、NO_x 体积浓度	>100	$\mu mol/mol$	0
		≤100		1
2	SO_2、NO_x 质量浓度	>300	mg/m^3	0
		≤300		1
3	颗粒物质量浓度	>100	mg/m^3	0
		≤100		1
4	烟气含氧量		%(体积分数)	2
5	烟气流速		m/s	1
6	烟气温度		℃	1
7	烟气静压(表压)		Pa(或 kPa)	0(或 2)
8	大气压		kPa	1
9	烟气湿度		%(体积分数)	2
10	烟道截面积		m^2	2
11	污染物排放速率		kg/h	3
12	污染物排放量		kg	3
13	CO_2 体积浓度		%(体积分数)	2
14	小时烟气流量		m^3/h	0
15	日排放量		$\times 10^4 m^3/d$	3
16	污染源负荷		%	1
17	颗粒物测量一次物理量		无量纲	—

表 8-9　CEMS 数据时间标签一览表

数据时间类型	时间标签	定义	描述与示例
实时数据	YYYYMMDDHHMMSS	时间标签为数据采集的时刻,数据为相应时刻采集的测量瞬时值	20140628130815 为 2014 年 6 月 28 日 13 时 8 分 15 秒的测量瞬时值
分钟数据	YYYYMMDDHHMM	时间标签为测量开始时间,数据为此时刻后一分钟的测量平均值	201406281308 为 2014 年 6 月 28 日 13 时 8 分 00 秒至 13 时 9 分 00 秒之间的测量平均值
小时数据	YYYYMMDDHH	时间标签为测量开始时间,数据为此时刻后一小时的测量分钟平均值	2014062813 为 2014 年 6 月 28 日 13 时 00 分 00 秒至 14 时 00 分 00 秒之间的测量分钟平均值
日数据	YYYYMMDD	时间标签为测量开始时间,数据为当日 0 时至 24 时(第二天 0 时)的测量小时平均值	20140628 为 2014 年 6 月 28 日 0 时 00 分 00 秒至 29 日 0 时 00 分 00 秒的测量小时平均值
月数据	YYYYMM	时间标签为测量开始时间,数据为当月 1 日至最后一日的测量日平均值	201406 为 2014 年 6 月 1 日至 30 日的测量日平均值

三、数据状态标记要求

CEMS 分钟数据记录表和小时数据记录表的各数据组均应采用明显标记记录系统和(或)污染源在该时段的操作情况和运行状态。一般可采用英文字母标记的方式,例如:

① 分钟数据记录表标记方法:"F"表示排放源停运,"C"表示全系统校准,"M"

表示维护保养,"T"表示超测量上限,"D"表示 CEMS 系统故障维修,"Md"表示数据缺失,"O"表示超标排放。

② 小时数据记录表标记可在分钟数据记录表基础上增加新的标记:"F"表示本小时内污染源停运状态(停炉或闷炉)大于等于 45min(污染源排放异常);"T"表示本小时内污染物排放浓度平均值超过系统测量上限(污染源排放异常、测量数据无效);"C"表示本小时内系统处于校验、校准状态,其时间大于 15min(测量数据无效);"M"表示本小时内系统处于维护、修理状态,其时间大于 15min(测量数据无效);"D"表示本小时内系统处于故障、断电状态,其时间大于 15min(测量数据无效)。

数据标记优先级顺序从高到低依次为 F→D→M→C→T。

CEMS 数据记录必须具备数据标记功能,除了采用字母标记外,也可采用数字或颜色等标记符号进行明确区分。

四、数据处理计算方法、公式和要求

(一)污染物浓度转换计算公式

① 污染物工况浓度(实测状态)与标况浓度(标准状态)转换按式(8-52)计算:

$$C_{sn} = C_s \times \frac{101325}{B_a + p_s} \times \frac{273 + t_s}{273} \tag{8-52}$$

式中　C_{sn}——污染物标准状态下的质量浓度,mg/m^3;
　　　C_s——污染物工况条件下的质量浓度,mg/m^3;
　　　B_a——CEMS 安装地点的环境大气压值,Pa;
　　　p_s——CEMS 测量的烟气静压值,Pa;
　　　t_s——CEMS 测量的烟气温度,℃。

【注意】式(8-52)中工况浓度与标况浓度的干/湿基状态应相同。

② 污染物干基浓度和湿基浓度转换按式(8-53)计算:

$$C_{干} = \frac{C_{湿}}{1 - X_{sw}} \tag{8-53}$$

式中　$C_{干}$——污染物干基浓度,mg/m^3($\mu mol/mol$);
　　　$C_{湿}$——污染物湿基浓度,mg/m^3($\mu mol/mol$);
　　　X_{sw}——烟气绝对湿度(又称水分含量),%。

【注意】式(8-53)中干基浓度与湿基浓度的工况状态条件应相同;含氧量干/湿基浓度转换计算方法与式(8-53)相同。

③ 气态污染物体积浓度与标准状态下质量浓度转换可按式(8-54)计算:

$$C_Q = \frac{M}{22.4} \times C_V \tag{8-54}$$

式中　C_Q——污染物的质量浓度,mg/m^3;
　　　M——污染物的摩尔质量,g/mol;
　　　C_V——污染物的体积浓度,$\mu mol/mol$。

④ 当系统未使用 NO_2 转换器而分别测量 NO 和 NO_2 浓度时,氮氧化物(NO_x)质量浓度按式(8-55)或式(8-56)计算:

$$C_{NO_x} = C_{NO} \times \frac{M_{NO_2}}{M_{NO}} + C_{NO_2} \tag{8-55}$$

式中　C_{NO_x}——氮氧化物的质量浓度，mg/m³；
　　　C_{NO}——一氧化氮的质量浓度，mg/m³；
　　　C_{NO_2}——二氧化氮的质量浓度，mg/m³；
　　　M_{NO_2}——二氧化氮的摩尔质量，g/mol；
　　　M_{NO}——一氧化氮的摩尔质量，g/mol。

$$C_{NO_x} = (C_{NOV} + C_{NO_2V}) \times \frac{M_{NO_2}}{22.4} \tag{8-56}$$

式中　C_{NOV}——一氧化氮的体积浓度，μmol/mol；
　　　C_{NO_2V}——二氧化氮的体积浓度，μmol/mol。

（二）污染物质量浓度统计计算公式

① 污染物质量浓度分钟数据按式（8-57）计算：

$$\overline{C_{Qj}} = \frac{\sum_{i=1}^{n} C_{Qi}}{n} \tag{8-57}$$

式中　$\overline{C_{Qj}}$——CEMS 第 j 分钟测量得到的污染物干基标态质量浓度平均值，mg/m³；
　　　C_{Qi}——CEMS 最大间隔 5s 采集测量的污染物干基标态质量浓度瞬时值，mg/m³；
　　　n——CEMS 在该分钟内有效测量的瞬时数据数（n 为整数，$n \geq 12$）。

【注意】**其他监测因子如烟气含氧量、烟气流速、烟气温度、烟气静压、烟气湿度，计算方法和公式与式（8-57）相同。**

② 污染物质量浓度小时数据按式（8-58）计算：

$$\overline{C_{Qh}} = \frac{\sum_{j=1}^{k} \overline{C_{Qj}}}{k} \tag{8-58}$$

式中　$\overline{C_{Qh}}$——CEMS 第 h 小时测量得到的污染物排放干基标态质量浓度平均值，mg/m³；
　　　k——CEMS 在该小时内有效测量的分钟均值数（$k \geq 45$）。

【注意】**其他监测因子如烟气含氧量、烟气流速、烟气温度、烟气静压、烟气湿度，计算方法和公式与式（8-58）相同。**

③ 污染物质量浓度日均值数据按式（8-59）计算：

$$\overline{C_{Qd}} = \frac{\sum_{h=1}^{m} \overline{C_{Qh}}}{m} \tag{8-59}$$

式中　$\overline{C_{Qd}}$——CEMS 第 d 天测量得到的污染物排放干基标态质量浓度平均值，mg/m³；
　　　m——CEMS 在该天内有效测量的小时均值数（$m \geq 20$）。

【注意】**其他监测因子如烟气含氧量、烟气流速、烟气温度、烟气静压、烟气湿度，计算方法和公式与式（8-59）相同。**

（三）污染物折算浓度计算公式

① 对于污染物排放标准中规定了标准过量空气系数的污染源类型，其污染物排放折算浓度按式（8-60）计算：

$$C_{\text{折}} = C_{\text{sn干}} \times \frac{\alpha}{\alpha_s} \tag{8-60}$$

式中　$C_{\text{折}}$——折算成实际过量空气系数时的污染物排放浓度，mg/m^3；

　　　$C_{\text{sn干}}$——污染物标准状态下干基质量浓度，mg/m^3；

　　　α——实际测量的污染源过量空气系数；

　　　α_s——污染物排放标准中规定的该行业标准过量空气系数。

② 式（8-60）中实际测量的过量空气系数 α 按式（8-61）计算：

$$\alpha = \frac{21\%}{21\% - C_{\text{VO}_2\text{干}}} \tag{8-61}$$

式中　$C_{\text{VO}_2\text{干}}$——排放烟气中含氧量干基体积浓度，%。

③ 对于污染物排放标准中规定了基准含氧量的污染源类型，其污染物排放折算浓度按式（8-62）计算：

$$C_{\text{折}} = C_{\text{sn干}} \times \frac{21\% - C_{\text{O}_2 s}}{21\% - C_{\text{VO}_2\text{干}}} \tag{8-62}$$

笔记

式中　$C_{\text{O}_2 s}$——污染物排放标准中规定的该行业基准含氧量，%。

④ 对于污染物排放标准中没有规定标准过量空气系数或基准含氧量的污染源类型，其污染物排放折算浓度按等于标态干基质量浓度计算。

（四）污染物排放流量计算公式

① 烟囱或烟道断面烟气排放平均流速按式（8-63）计算：

$$\overline{V_s} = K_v \overline{V_p} \tag{8-63}$$

式中　K_v——CEMS 设置速度场系数；

　　　$\overline{V_p}$——CEMS 最大间隔 5s 采集测量的烟气流速值，m/s；

　　　$\overline{V_s}$——烟囱或烟道断面烟气流速的瞬时值，m/s。

② 烟气排放小时工况流量按式（8-64）计算：

$$Q_{sh} = 3600 F \overline{V_{sh}} \tag{8-64}$$

式中　Q_{sh}——工况条件下小时烟气流量（湿基），m^3/h；

　　　$\overline{V_{sh}}$——CEMS 测量的烟气流速的小时均值，m/s；

　　　F——CEMS 安装点位烟囱或烟道断面的面积，m^2。

③ 标准状态下干烟气小时排放流量按式（8-65）计算：

$$Q_{snh} = Q_{sh} \times \frac{273}{273 + t_s} \times \frac{B_a + p_s}{101325} \times (1 - X_{sw}) \tag{8-65}$$

式中　Q_{snh}——标准状态下小时干烟气流量（干基），m^3/h。

④ 标准状态下干烟气日排放流量按式（8-66）计算：

$$Q_{snd} = \sum_{h=1}^{l} Q_{snh} \times 10^{-4} \tag{8-66}$$

式中　Q_{snd}——标准状态下干烟气日排放流量，$10^4 m^3/d$；

　　　l——CEMS 在该日内有效测量小时数据数。

⑤ 标准状态下干烟气月排放流量按式（8-67）计算：

$$Q_{snm} = \sum_{d=1}^{p} Q_{snd} \times 10^{-4} \qquad (8\text{-}67)$$

式中 Q_{snm}——标准状态下干烟气月排放流量，$10^4 \text{ m}^3/\text{m}$；

p——CEMS 在该日内有效测量日数据数。

⑥ 标准状态下干烟气年排放流量按式（8-68）计算：

$$Q_{sny} = \sum_{m=1}^{q} Q_{snm} \times 10^{-4} \qquad (8\text{-}68)$$

式中 Q_{sny}——标准状态下干烟气年排放流量，$10^4 \text{ m}^3/\text{m}$；

q——CEMS 在该日内有效测量月数据数。

（五）污染物排放速率和排放量计算公式

① 烟气污染物小时排放速率按式（8-69）计算：

$$G_h = \overline{C_{Qh}} Q_{snh} \times 10^{-6} \qquad (8\text{-}69)$$

式中 G_h——CEMS 第 h 小时监测污染物排放速率，kg/h。

② 烟气污染物日排放速率按式（8-70）计算：

$$G_d = \sum_{h=1}^{l} D_h \times 10^{-3} \qquad (8\text{-}70)$$

式中 G_d——CEMS 第 d 天监测污染物排放速率，t/d。

③ 烟气污染物月排放速率按式（8-71）计算：

$$G_m = \sum_{d=1}^{p} G_d \qquad (8\text{-}71)$$

式中 G_m——CEMS 第 m 月监测污染物排放速率，t/m。

④ 烟气污染物年排放总量按式（8-72）计算：

$$G_y = \sum_{m=1}^{q} (G_m \times 1) \qquad (8\text{-}72)$$

式中 G_y——CEMS 全年监测污染物排放总量，t。

（六）其他计算公式

1. 烟气中 CO_2 的排放浓度

可以根据 O_2 的测量浓度按式（8-73）进行计算：

$$C_{CO_2} = C_{CO_2\,max} \times \left(1 - \frac{C_{O_2}}{20.9/100}\right) \qquad (8\text{-}73)$$

式中 C_{CO_2}——烟气中 CO_2 排放的体积浓度，%；

C_{O_2}——烟气中 O_2 的体积浓度，%；

$C_{CO_2\,max}$——燃料燃烧产生的最大 CO_2 体积浓度，%，其近似值可由表 8-10 查得。

表 8-10 $C_{CO_2\,max}$ 近似值表

燃料类型	烟煤	贫煤	无烟煤	燃料油	石油气	液化石油气	湿性天然气	干性天然气	城市煤气
浓度%	18.4~18.7	18.9~19.3	19.3~20.2	15.0~16.0	11.2~11.4	13.8~15.1	10.6	11.5	10.0

2. 排气密度和气体分子量的计算

（1）排气密度的计算

排气密度和其分子量、气温、压力的关系见式（8-74）：

$$\rho_s = \frac{M_s(B_a + p_s)}{8312(273 + t_s)} \tag{8-74}$$

式中　ρ_s——排气密度，kg/m^3；

　　　M_s——排气气体的分子量，$kg/kmol$；

　　　B_a——大气压力，Pa；

　　　p_s——排气的静压，Pa；

　　　t_s——排气的温度，℃。

　　　8312——常数，$8312 = \frac{22.4 \times 101300}{273}$，$J/K$。

标准状态下湿排气的密度按式（8-75）计算：

笔记

$$\rho_n = \frac{M_s}{22.4} = \frac{1}{22.4}\left[(M_{O_2}X_{O_2} + M_{CO}X_{CO} + M_{CO_2}X_{CO_2} + M_{N_2}X_{N_2})(1 - X_{sw} + M_{H_2O}X_{sw})\right] \tag{8-75}$$

式中　ρ_n——标准状态下湿排气的密度，kg/m^3；

　　　M_s——湿排气气体的分子量，$kg/kmol$；

　　　M_{O_2}，M_{CO}，M_{CO_2}，M_{N_2}，M_{H_2O}——排气中氧、一氧化碳、二氧化碳、氮气和水的摩尔质量，$kg/kmol$；

　　　X_{O_2}，X_{CO}，X_{CO_2}，X_{N_2}——干排气中氧、一氧化碳、二氧化碳、氮气的体积分数，%；

　　　X_{sw}——排气中水分的体积分数，%。

测量状态下烟道内湿排气的密度按式（8-76）计算：

$$\rho_s = \rho_n \frac{273}{273 + t_s} \times \frac{B_a + p_s}{101300} \tag{8-76}$$

式中　ρ_s——测量状态下烟道内湿排气的密度，kg/m^3；

　　　p_s——排气的静压，Pa。

（2）排气气体分子量的计算

已知各成分气体的体积分数 X_i 和其分子量 M_i，排气气体的分子量按式（8-77）计算：

$$M_s = \sum X_i M_i \tag{8-77}$$

式中　M_s——排气气体的分子量，$kg/kmol$；

　　　X_i——某一成分气体的体积分数，%；

　　　M_i——某一成分气体的分子量，$kg/kmol$。

干排气气体的分子量 M_{sd} 按照式（8-78）计算：

$$M_{sd} = X_{O_2}M_{O_2} + X_{CO}M_{CO} + X_{CO_2}M_{CO_2} + X_{N_2}M_{N_2} \tag{8-78}$$

湿排气气体分子量 M_s 按式（8-79）计算：

$$M_s = (X_{O_2}M_{O_2} + X_{CO}M_{CO} + X_{CO_2}M_{CO_2} + X_{N_2}M_{N_2})(1 - X_{sw}) + X_{sw}M_{H_2O} \tag{8-79}$$

3. 污染源负荷的记录和填报

污染源负荷按污染源实际负荷与额定负荷的百分比计算，可以是实际发电功率与额定发电功率的比值，或实际蒸汽流量与额定蒸汽流量的比值，或实际产能与额定产能的比值。

系统未接入污染源实际负荷仪表数据的，污染源负荷由污染源管理单位人员手工记录填报。

4. 其他记录要求

当1h平均值和（或）排放量为零时，数据记录表内填报"0"；对系统未设置的测量参数，数据记录表或报表中记录填报"/"；对系统设置的测量参数，但因故障或停电无数据，数据记录表或报表中记录填报"×"。

五、数据软件功能要求

（一）安全管理和使用权限要求

① 软件应具有安全管理功能，操作人员需使用用户名或工号和相应密码登录或注销后，才能进入和退出软件控制界面。

② 软件应具备至少二级的系统操作使用管理权限：

a. 系统管理员：具备软件的最高管理和操作权限，可以进行所有的系统设置工作，如查询历史数据，设定和修改操作人员密码、操作级别，设定和修改系统的参数设置等。

b. 一般操作人员：具备软件的基本操作权限，只能进行实时数据查询、例行维护和检查，不能查看和修改软件参数等其他系统设置。

③ 软件应对全部外部人员控制操作均自动记录、保存，形成系统操作、运行状态记录日志，并可查询。

④ 系统受外界强干扰或偶然意外或掉电后又上电等情况造成程序中断时，应能实现自动启动，自动恢复运行状态并记录出现故障时的时间和恢复运行时的时间。

（二）数据显示、记录、查询和管理要求

① 软件的显示和操作界面均应为简体中文。

② 软件能够显示和记录系统监测污染物和烟气参数的监测数据和超标等报警信息；可查询和导出规定存储设定时间段内的污染物和烟气参数测量和校准校验数据及状态标识。

③ 软件应可存储并查询、导出最近至少12个月的1min均值数据、至少36个月以内的1h均值数据以及至少60个月的日均值数据和月均值数据。

④ 软件应能够自动统计生成并保存《烟气排放连续监测小时平均值日报表》、《烟气排放连续监测日平均值月报表》和《烟气排放连续监测月平均值年报表》；能够生成并保存运行操作记录报告和掉电记录报告。

⑤ 软件应具有支持打印监测数据、图表和各种报表的功能。

（三）参数和公式的设置和修改要求

① 软件应具备运行参数设置功能，能够查询和修改相关参数，主要包括：

a. 系统运行参数：日期、时间、地点、污染源排放口的尺寸和截面积、污染物测量量程、超标报警值、皮托管系数以及标准过剩空气系统（标准含氧量）等。

b. 系统维护参数：系统反吹、维护的时间间隔设置，耗材和部件的维护周期等。
　　c. 系统测量参数：烟气流速速度场系数、颗粒物相关校准曲线的斜率和截距等。
　② 软件参数的设置和修改应由最高管理权限完成，且相关参数设置操作应记录在当日的系统日志中。
　③ 软件中数据状态转换等计算公式应方便查看和检查，确认无误后一般不得修改。

六、数据通信和输出要求

　① 系统接口：应配置 RS-232、RS-422、RS-485 中任一种通信接口和 RJ45 以太网接口，用于对外数据输出和通信，并可根据使用要求，实现单路或双路或多路配置。
　② 系统应具有远程数据通信功能，能够定时传输数据组，并随时接收和应答远程的数据查询、校准时钟等命令。

 任务实施

 笔记

　　在任务的学习过程中会发现，固定污染源监测数据需要大量的计算，如果是人工计算耗费时间较长，在科技快速发展的今天，监测可以自动化，数据计算也可以自动化，便利了人们的工作和生活。请查看仪器监测数据，并对数据进行解释说明。

 知识测试

　1. CEMS 小时数据应包含本小时内至少（　　）min 的分钟有效数据，数据为该时段的平均值。
　2. CEMS 日数据应包含本日至少（　　）h 的小时有效数据，数据为该时段的平均值。
　3. 软件应可存储并查询、导出最近至少（　　）个月的 1min 均值数据、至少（　　）个月以内的 1h 均值数据以及至少 60 个月的日均值数据和月均值数据。

 效果评价

评价表

项目名称	项目八　固定污染源自动监测系统运行管理	学生姓名	
任务名称	任务四　CEMS 数据采集与处理	分数	
考核内容		分值	考核得分
简述 CEMS 对每小时、每日、每月的数据记录要求		25 分	
简述污染物浓度为什么要进行折算，怎样折算		25 分	
说出污染物排放流量的折算方法		25 分	
简述 CEMS 数据管理要求		25 分	
总体得分			

教师评语：

任务五 固定污染源自动监测系统运营管理

引导问题

在前面任务的学习中，已经系统了解了固定污染源自动监测系统样品的采集、分析以及系统的安装与验收，那么应该如何运营好一个固定污染源自动监测系统呢？如何判断固定污染源烟气 CEMS 是否正常运行？环境空气自动监测系统与固定污染源自动监测系统在运行管理方面有哪些显著不同？你知道关于固定污染源自动监测系统运营管理我国已经发布了哪些相关标准？

笔记

知识准备

一、固定污染源烟气排放连续监测系统日常运行管理

CEMS 运维单位应根据 CEMS 使用说明书和 HJ 75—2017 的要求编制仪器运行管理规程，确定系统运行操作人员和管理维护人员的工作职责。运维人员应当熟练掌握烟气排放连续监测仪器设备的原理、使用和维护方法。

（一）日常巡检

CEMS 运维单位应根据 HJ 75—2017 和仪器使用说明中的相关要求制订巡检规程，并严格按照规程开展日常巡检工作并做好记录。日常巡检记录应包括检查项目、检查日期、被检项目的运行状态等内容，每次巡检应记录并归档。CEMS 日常巡检时间间隔不超过 7d。

（二）现场环境巡检

现场环境巡检主要包括以下方面：
① 检查进入现场的通道是否顺畅，平台、扶梯、护栏等是否齐全牢固；
② 平台上的设备是否有积水、积灰，是否会进入系统；
③ 设备安装是否牢固，安装点是否振动；
④ 现场环境是否感觉到有污染气体存在，是否影响 CEMS 的设备工作；
⑤ 现场设备接地是否牢固；
⑥ 现场建筑、设备的防护设施（防雨设施、保温设施、防雷设施）是否可靠；
⑦ 站房内废气、废水（冷凝水）的排放系统是否正常。

（三）烟气监测系统

1. 抽取式烟气监测系统

对采样探头、采样反吹装置、伴热管、采样泵、管路接头、流量计、烟气冷凝除水

装置及排水装置、烟气过滤器、电磁阀等进行检查，必要时更换泵膜、滤芯等易损件，清洗管路。以现场工况为准，如需提前更换易损件、易耗品，必须更换，一定严格遵守设备说明书规定的更换周期（其他各子系统也遵循此办法）。

检查定期反吹系统是否正常，到了设定时间就得进行正常的反吹，有问题及时处理；检查系统管路冷凝水管壁吸附情况，及时吹扫干净。

抽取式烟气监测系统，对仪器进行一次手工校准。同时还要对仪器光源电压、电流、温度等内部参数进行检查，确保仪器工作正常。

2. 直接测量法烟气监测系统

对反射镜净化装置的管路、风机、空气过滤滤芯、风量等进行检查，必要时更换易损件，不一定严格遵守设备说明书规定的更换周期，以现场工况为准。直接测量法烟气监测系统，对仪器光源电压、电流、温度等内部参数进行检查，确保仪器工作正常。如测量值不正常，则需对分析仪进行校准检查。

笔记

3. 稀释法烟气监测系统

对稀释采样探头、探头滤芯、活性炭、氧化剂、滤膜、压缩机排水装置、电磁阀等进行检查。必要时更换滤膜等易损易耗件，以设备耗材维护项目为参考，根据现场使用情况拟定更换周期。检查仪器的真空度是否符合要求，稀释气体压力是否符合要求，压缩机排气、排水是否通畅，必要时对相关器件进行更换或维护、维修。

检查仪器运行情况，如仪器光源强度、反应室温度、斜率、截距是否符合要求。如果超出正常值范围，应参考有关文件，对仪器进行维护、校准。

4. 标准物质

检查登记各标气的浓度、有效期、剩余标气压力，到期就要更换。检查减压阀、针阀是否腐蚀或漏气，气体管线和减压阀装置是否被腐蚀或被损坏，必要时进行处理。高压钢瓶标准气体的残压低于 0.1MPa 时，应停止使用。检查用于零气（或烟气）的吸附剂、干燥剂是否过期，到期就要更换。

（四）烟尘监测系统

检查鼓风机、风管、空气过滤器等部件工作是否正常，空气过滤器滤芯是否污染，是否需要更换；检查对穿法烟尘分析仪的光点是否偏移，必要时进行调整；检查探头玻璃镜面是否污染，必要时进行清洁；检查烟尘监测数据是否正常，必要时进行标定检查。

（五）流量监测系统

① 对于压差法流速测定仪，检查皮托管的反吹管路、控制阀等是否正常工作，皮托管是否堵塞，监测流速值是否正常等，必要时要进行相应的检查维护、校准、易损件的更换。

② 对于热敏流量计，要检查探头上的探针是否有烟灰堆积，必要时进行清理。

③ 对于超声波法，要检查鼓风机、软管、过滤器等部件是否正常，法兰孔是否堵塞，两探头位置是否偏移，监测流速值是否正常，必要时要进行相应的检查维护，如更换易损件。

（六）数据采集系统

数据采集系统主要检查：

① 检查各通信线的连接是否松动，必要时进行处理。检查数据传输卡上的费用，不够时，要进行充值。

② 检查分析仪、工控机、数据采集传输仪上的数据是否一致，如不一致，要进行调校，直到一致为止。

③ 检查烟道尺寸、大气压力、湿度等参数是否正确，是否有改动。检查速度场系数、标准空气过剩系数、颗粒物校准参数等参数是否正确，是否有改动。以保证统计计算的准确性。

④ 检查历史数据的存储情况，如分钟历史记录、小时历史记录、日历史记录、月历史记录、年历史记录等原始数据库记录，检查是否有缺失数据等异常现象。

⑤ 检查硬盘容量，及时清理，以保证数据存储的要求；检查登录日志和报警日志，及时发现问题，排除隐患。

（七）其他辅助设施

笔记

日常检查应注意：

① 把压缩气路中的冷凝水、储气装置中的水放掉（如空压机、水汽分离器、储气罐等）。

② 观察室内的温度、湿度是否正常，必要时对空调或供暖设施的控制温度进行调节，或对空调或供暖设施进行维护保养或维修更换。

③ 冷凝水的排水管位置，若排向室外，要检查冬季是否可能结冰堵塞，必要时要提前处理；观察分析站房的门窗是否密封，如不密封，导致灰尘进入站房，要对门窗进行维护处理；做好站房的清洁卫生工作。

二、固定污染源烟气排放连续监测系统日常运行质量保证要求

（一）一般要求

CEMS日常运行质量保证是保障CEMS正常稳定运行、持续提供有质量保证监测数据的必要手段。当CEMS不能满足技术指标而失控时，应及时采取纠正措施，并应缩短下一次校准、维护和校验的间隔时间。

（二）定期校准

固定污染源烟气CEMS运行过程中的定期校准是质量保证中的一项重要工作，定期校准应做到：

① 具有自动校准功能的颗粒物CEMS和气态污染物CEMS每24h至少自动校准一次仪器零点和量程，同时测试并记录零点漂移和量程漂移；

② 无自动校准功能的颗粒物CEMS每15d至少校准一次仪器的零点和量程，同时测试并记录零点漂移和量程漂移；

③ 无自动校准功能的直接测量法气态污染物CEMS每15d至少校准一次仪器的零点和量程，同时测试并记录零点漂移和量程漂移；

④ 无自动校准功能的抽取式气态污染物CEMS每7d至少校准一次仪器零点和量程，同时测试并记录零点漂移和量程漂移；

⑤ 抽取式气态污染物 CEMS 每 3 个月至少进行一次全系统的校准，要求零气和标准气体从监测站房发出，经采样探头末端与样品气体通过的路径（应包括采样管路、过滤器、洗涤器、调节器、分析仪表等）一致，进行零点和量程漂移、示值误差及系统响应时间的检测；

⑥ 具有自动校准功能的流速 CMS（流速连续监测单元）每 24h 至少进行一次零点校准，无自动校准功能的流速 CMS 每 30d 至少进行一次零点校准；

⑦ 校准技术指标应满足表 8-11 要求，并按要求记录。

表 8-11　CEMS 定期校准校验技术指标要求及数据失控时段的判别

项目	CEMS 类型		校准功能	校准周期	技术指标	技术指标要求	失控指标	最少样品数/对
定期校准	颗粒物 CEMS		自动	24h	零点漂移	不超过±2.0%	超过±8.0%	—
					量程漂移	不超过±2.0%	超过±8.0%	
			手动	15d	零点漂移	不超过±2.0%	超过±8.0%	
					量程漂移	不超过±2.0%	超过±8.0%	
	气态污染物 CEMS	抽取测量或直接测量	自动	24h	零点漂移	不超过±2.5%	超过±5.0%	—
					量程漂移	不超过±2.5%	超过±10.0%	
		抽取测量	手动	7d	零点漂移	不超过±2.5%	超过±5.0%	
					量程漂移	不超过±2.5%	超过±10.0%	
		直接测量	手动	15d	零点漂移	不超过±2.5%	超过±5.0%	
					量程漂移	不超过±2.5%	超过±10.0%	
	流速 CMS		自动	24h	零点漂移或绝对误差	零点漂移不超过±3.0%或绝对误差不超过±0.9m/s	零点漂移超过±8.0%且绝对误差超过±1.8m/s	—
			手动	30d	零点漂移或绝对误差	零点漂移不超过±3.0%或绝对误差不超过±0.9m/s	零点漂移超过±8.0%且绝对误差超过±1.8m/s	—
定期校验	颗粒物 CEMS			3 个月或 6 个月	准确度	满足准确度验收技术要求	超过准确度验收技术要求规定范围	5
	气态污染物 CEMS							9
	流速 CMS							5

（三）定期维护

CEMS 运行过程中的定期维护是日常巡检的一项重要工作，维护周期和维护内容按照表 8-12 进行。

表 8-12　CEMS 维护周期和维护内容

CEMS 类型	维护周期	维护内容	
完全抽取法 CEMS	每周	维护预备	查询日志
			检查耗材
		辅助设备检查	站房卫生检查
			站房门窗的密封性检查
			供电系统(稳压电源、USP 电源等)检查
			室内温湿度检查
			空调检查
			空气压缩机压力检查
			压缩机排水检查

续表

CEMS 类型	维护周期	维护内容	
完全抽取法 CEMS	每周	气态污染物监测设备检查	探头、管路加热温度检查
			采样系统流量检查
			反吹过滤装置 阀门检查
			手动反吹检查
			采样泵流量检查
			制冷器温度检查
			排水系统、管路冷凝水检查
			空气过滤器检查
			标气的有效期、钢瓶压力检查
			烟气分析仪状态检查
			测量数据检查
		颗粒物监测设备检查	监测数据检查
		流速监测系统检查	流速、流量、烟道压力测量数据检查
		其他烟气监测参数检查	氧含量测量数据检查
			温度测量数据检查
			湿度测量数据检查
		数据传输装置检查	通信线的连接检查
			传输设备电源检查
	每半月	气态污染物监测设备检查	烟气分析仪校准
	每月	气态污染物监测设备检查	采样管路气密性检查
			清洗采样探头、过滤装置、采样泵
		颗粒物监测设备检查	鼓风机、空气过滤器检查
			分析仪的光路检查、清洗
			校准
		流速监测系统检查	反吹装置检查
			测量传感器检查
	每季度	气态污染物监测设备检查	全系统校准
		流速监测系统检查	探头检查
稀释采样法 CEMS	每周	维护预备	查询日志
			检查耗材
		辅助设备检查	站房卫生检查
			站房门窗的密封性检查
			供电系统（稳压电源、USP 电源等）检查
			室内温湿度检查
			空调检查
			空气压缩机压力检查
			压缩机排水检查
		气态污染物监测设备检查	加热装置温度检查
			稀释气压力、真空度压力检查
			吸附剂、干燥剂检查
			稀释探头控制器检查
			反吹过滤装置、阀门检查
			手动反吹检查
			标气的有效期、钢瓶压力检查
			分析仪采样泵流量检查
			分析仪耗材检查
			分析仪状态检查
			测量数据检查
		颗粒物监测设备检查	监测数据检查
		流速监测系统检查	流速、流量、烟道压力测量数据检查

笔记

续表

CEMS 类型	维护周期	维护内容	
稀释采样法 CEMS	每周	其他烟气监测参数检查	氧含量测量数据检查
			温度测量数据检查
			湿度测量数据检查
		数据传输装置检查	通信线的连接检查
			传输设备电源检查
	每半月	气态污染物监测设备检查	分析仪校准
	每月	气态污染物监测设备检查	采样管路气密性检查
			清洗采样探头过滤装置
		颗粒物监测设备检查	鼓风机、空气过滤器检查
			分析仪的光路检查
			校准
		流速监测系统检查	反吹装置检查
			测量传感器检查
	每季度	气态污染物监测设备检查	全系统校准
		流速监测系统检查	探头检查
直接测量法 CEMS	每周	维护预备	查询日志
			检查耗材
		辅助设备检查	站房卫生检查
			站房门窗的密封性检查
			供电系统（稳压电源、USP 电源等）检查
			室内温湿度检查
			空调检查
			空气压缩机压力检查
			压缩机排水检查
		气态污染物监测设备检查	净化风机检查
			过滤器及管路检查
			标气的有效期、钢瓶压力检查
			测量数据检查
			分析仪状态检查
		颗粒物监测设备检查	监测数据检查
		流速监测系统检查	流速、流量、烟道压力测量数据检查
		其他烟气监测参数检查	氧含量测量数据检查
			温度测量数据检查
			湿度测量数据检查
		数据传输装置检查	通信线的连接检查
			传输设备电源检查
	每月	气态污染物监测设备检查	测量探头检查
			分析仪校准
		颗粒物监测设备检查	鼓风机、空气过滤器检查
			分析仪的光路检查
			校准
		流速监测系统检查	反吹装置检查
			测量传感器检查
	每季度	流速监测系统检查	探头检查

定期维护应该做到：

① 污染源停运到开始生产前应及时到现场清洁光学镜面。

② 定期清洗隔离烟气与光学探头的玻璃视窗，检查仪器光路的准直情况；定期对清吹空气保护装置进行维护，检查空气压缩机或鼓风机、软管、过滤器等部件。

③ 定期检查气态污染物 CEMS 的过滤器、采样探头和管路的结灰和冷凝水情况、气体冷却部件、转换器、泵膜老化状态；定期检查流速探头的积灰和腐蚀情况、反吹泵和管路的工作状态。

（四）定期校验

CEMS 投入使用后，燃料、除尘效率的变化、水分的影响、安装点的振动等都会对测量结果的准确性产生影响。定期校验应做到：

① 有自动校准功能的测试单元每 6 个月至少做一次校验，没有自动校准功能的测试单元每 3 个月至少做一次校验。将校验用参比方法测得的数据和 CEMS 同时段数据进行比对，按任务三中"三、CEMS 技术指标验收"方法进行。

② 校验结果应符合表 8-11 要求，不符合时，则应扩展为对颗粒物 CEMS 的相关系数的校正或/和评估气态污染物 CEMS 的准确度或/和流速 CMS 的速度场系数（或相关性）的校正，直到 CEMS 达到技术指标要求。

三、常见故障分析及排除

当 CEMS 发生故障时，系统管理维护人员应及时处理并记录。维修处理过程中，要注意以下几点：

① CEMS 需要停用、拆除或者更换的，应当事先报经主管部门批准。

② 运行单位发现故障或接到故障通知，应在 4h 内赶到现场进行处理。

③ 对于一些容易诊断的故障，如电磁阀控制失灵、膜裂损、气路堵塞、数据采集仪死机等，可携带工具或者备件到现场进行针对性维修，此类故障维修时间不应超过 8h。

④ 仪器经过维修后，在正常使用和运行之前应确保维修内容全部完成，性能通过检测程序，按国家有关技术规定对仪器进行校准检查。若监测仪器进行了更换，在正常使用和运行之前应对系统进行重新调试和验收。

⑤ 若数据存储/控制仪发生故障，应在 12h 内修复或更换，并保证已采集的数据不丢失。

⑥ 监测设备因故障不能正常采集、传输数据时，应及时向主管部门报告，必要时采用人工方法进行监测，人工监测的周期不低于每 6h 一次。

CEMS 常见故障类型、原因分析及解决方案见表 8-13～表 3-17。

表 8-13　烟气分析仪监测系统常见故障类型、原因分析及解决方案

序号	故障类型	原因分析	解决方案
1	采样流量不足	采样滤芯、伴热管、采样管、预处理系统管道、电磁阀、采样泵等可能堵塞，系统排气可能不正常	检查出故障点，疏通清洗
2	氧量不正常上升，SO_2 不正常下降	采样预处理系统中有漏气点	检出漏气点并处理
3	监测数据异常波动或数据异常	排气管不畅、计通时堵；制冷器温度不稳定，波动较大；制冷器排水不畅；伴热管温度异常；分析房环境温度过高或过低等，导致相应部件及分析仪工作异常	检查出故障点，处理解决

续表

序号	故障类型	原因分析	解决方案
4	直接测量法烟气分析仪测量值达满量程	角反射镜、前窗镜可能污染或光源老化	检查净化风系统是否正常,进行处理。清洁角反射镜面,若前面镜面光源老化,则更换光源,重新标定后仍不正常,联系仪器生产厂家
5	SO_2 分析仪上监测数据为零	可能分析仪检测器光源熄灭或其他原因	检查更换光源,若重新标定后仍不行,联系仪器生产厂家
6	SO_2 监测数据到零,氧量到20.9%	采样管路破裂或接头松脱情况下抽取的气体为空气	检出故障点并处理
7	分析仪上的监测数据与参比法测得的数据相差很大	采样管的长度不够,或法兰漏气	检出故障点并处理
8	SO_2 分析仪上监测数据不变化	可能仪器死机或其他问题	可断电重启,若仍不行,联系仪器生产厂家
9	分析仪上有数据,工控机上无数据	可能信号线松脱或其他原因	将信号线接好,若仍不行,联系仪器生产厂家
10	仪器标定不准,标定后,仍测量不准	可能仪器气室污染,或检测器损坏或其他原因	清洗或更换气室,重新标定,如还不行,联系仪器生产厂家

表 8-14 颗粒物监测系统常见故障类型、原因分析及解决方案

序号	故障类型	原因分析	解决方案
1	烟尘监测数据异常波动	测量装置异常振动,或烟尘分析仪光源温度波动	检查并处理
2	烟尘监测数据达满量程	烟尘分析仪镜面污染,或法兰孔堵塞,或仪器安装不合适	清洁镜面,或疏通法兰孔,或检查仪器安装得是否合适
3	烟尘分析仪镜面经常污染	净化风滤芯污染或净化风量太小	更换滤芯或大风量的鼓风机,或调大风量
4	烟尘分析仪的监测值白天、晚上相差很大	烟尘分析仪受环境温度影响较大	增加隔热或保温装置
5	烟尘分析仪监测值显示0	烟尘分析仪光源熄灭	更换光源
6	监测分析仪监测值超常规地高	烟尘分析仪光源老化	更换光源
7	烟尘分析仪监测值为一定值,不变化	可能死机或其他问题	重启烟尘分析仪,若仍不行,联系仪器生产厂家

表 8-15 流量监测系统常见故障类型、原因分析及解决方案

序号	故障类型	原因分析	解决方案
1	流速监测数据异常波动	流速测量装置(或差压变送器)异常振动,或测量点位烟气流不稳定	减少振动或改变测点位置
2	流速异常偏大或偏小	皮托管堵塞,或控制反吹电磁阀漏气	疏通皮托管,修复或更换电磁阀
3	传感器漂移较大,或不稳定	传感器故障,或压差传感器因安装地点温度变化、振动、电磁辐射、静电等干扰零点漂移,影响流速的准确测量	更换传感器,或定期校准仪器的零点
4	分析仪的监测值白天、晚上相差很大	传感器受环境温度影响较大	增加隔热或保温装置,更换为防护级别高的传感器
5	超声波流量计流速达最大值	测速仪镜面污染或法兰孔堵塞	清洁镜面或疏通法兰孔

表 8-16　含氧量监测系统常见故障类型、原因分析及解决方案

序号	故障类型	原因分析	解决方案
1	仪器指示偏高	管道漏气,或炉温过低,或量程电势偏低,或固体电解质管产生微小裂缝导致电极部分短路或泄漏,或仪器老化	堵漏或上紧螺钉,或校正炉温到设定值,或调整量程电势,或换管,或适当提高炉温
2	仪器指示偏低	炉温过高,或可燃性气体太多,或量程电势偏高	校正炉温,或排除可燃性气体(加净化器),或校正量程电势
3	仪器无指示	电炉没有加热,或"0～10mV""信号校正"插孔开路或接触不良,或铂电极短路	修理电源及温控电路或更换电源,或修理插孔使之接触良好或更换连线,或更换锆管
4	各档均指示满量程	在维修时电池信号线接反,或电极脱落或电极蒸发	调换电极接线,或更换锆管
5	电炉不加热	热电偶断开,或炉丝断开,或温度失控	更换热电偶或接好,或更换炉丝,或更换损坏元件

表 8-17　其他烟气参数监测系统常见故障类型、原因分析及解决方案

序号	故障类型	原因分析	解决方案
1	压力监测数据异常波动	压力取样装置(或压力变送器)异常振动	减少振动
2	压力异常偏大或偏小	压力取样管堵塞,或控制反吹电磁阀漏气	疏通取样管,处理或更换电磁阀
3	压力传感器漂移较大,或不稳定	传感器故障	更换传感器
4	湿度值为零或满量程	传感器电容腐蚀,或探杆腐蚀导致信号线短路或开路	需更换传感器或探杆
5	温度值为零或满量程	传感器损坏,或探杆腐蚀导致信号线短路或开路	需更换传感器或探杆
6	温度、湿度值漂移大,不稳定	传感器故障	更换传感器

四、数据审核和处理

(一) CEMS 数据审核

固定污染源生产状况下,经验收合格的 CEMS 正常运行时段为 CEMS 数据有效时段。CEMS 非正常运行时段(如 CEMS 故障期间、维修期间、超定期校准期限未校准时段、失控时段以及有计划的维护保养、校准等时段)均为 CEMS 数据无效时段。

污染源计划停运一个季度以内的,不得停运 CEMS,日常巡检和维护要求仍按相关技术要求执行;计划停运超过一个季度的,可停运 CEMS,但应报当地环保部门备案。污染源启运前,应提前启运 CEMS 系统,并进行校准,在污染源启运后的两周内进行校验,满足校验技术指标要求的,视为启运期间自动监测数据有效。

排污单位应在每个季度前五个工作日对上个季度的 CEMS 数据进行审核,确认上季度所有分钟、小时数据均按照附录 H 中的要求正确标记,计算本季度的污染源 CEMS 有效数据捕集率。上传至监控平台的污染源 CEMS 季度有效数据捕集率应达到 75%。

季度有效数据捕集率(%)=(季度小时数-数据无效时段小时数-污染源停运时段小时数)/(季度小时数-污染源停运时段小时数)

（二） CEMS 数据无效时段数据处理

CEMS 因发生故障需停机进行维修时，其维修期间的数据替代按表 8-18 处理，亦可以用参比方法监测的数据替代，频次不低于一天一次，直至 CEMS 技术指标调试到符合技术要求时。如使用参比方法监测的数据替代，则监测过程应按照《固定污染源排气中颗粒物测定与气态污染物采样方法》（GB/T 16157—1996）和《固定源废气监测技术规范》（HJ/T 397—2007）要求进行，替代数据包括污染物浓度、烟气参数和污染物排放量。

CEMS 系统有计划（质量保证/质量控制）的维护保养、校准及其他异常导致的数据无效时段，该时段污染物排放量按照表 8-18 处理，污染物浓度和烟气参数不修约。

CEMS 系统数据失控时段污染物排放量按表 8-19 进行修约，污染物浓度和烟气参数不修约。CEMS 系统超期未校准的时段视为数据失控时段，污染物排放量按照表 8-19 进行修约，污染物浓度和烟气参数不修约。

表 8-18　失控时段的数据处理方法

季度有效数据捕集率 α	连续失控小时数 N/h	修约参数	选取值
α≥90%	N≤24	二氧化硫、氮氧化物、颗粒物的排放量	上次校准前 180 个有效小时排放量最大值
	N>24		上次校准前 180 个有效小时排放量最大值
75%≤α<90%	—		上次校准前 180 个有效小时排放量最大值

表 8-19　维护时间和其他异常导致的数据无效时段的处理方法

季度有效数据捕集率 α	连续无效小时数 N/h	修约参数	选取值
α≥90%	N≤24	二氧化硫、氮氧化物、颗粒物的排放量	失效前 180 个有效小时排放量最大值
	N>24		失效前 720 个有效小时排放量最大值
75%≤α<90%	—		失效前 2160 个有效小时排放量最大值

五、运行技术档案与运行记录

1. 运行技术档案和运行记录的基本要求

CEMS 运行的技术档案包括仪器的说明书、系统安装记录和验收记录、仪器的检测报告以及各类运行记录表格。

运行记录应清晰、完整，现场记录应在现场及时填写。可从记录中查阅和了解仪器设备的使用、维修和性能检验等全部历史资料，以对运行的各台仪器设备做出正确评价。与仪器相关的记录可放置在现场并妥善保存。

2. 运行记录表格

运行记录表格参见附录 H（可扫描二维码查看），各运行单位可根据实际需求及管理需要调整及增加不同的表格：

① 完全抽取法 CEMS 日常巡检记录表（附录表 H-1）；
② 稀释采样法 CEMS 日常巡检记录表（附录表 H-2）；
③ 直接测量法 CEMS 日常巡检记录表（附录表 H-3）；
④ CEMS 零点/量程漂移与校准记录表（附录表 H-4）；
⑤ CEMS 校验测试记录表（附录表 H-5）；
⑥ CEMS 维修记录表（附录表 H-6）；
⑦ 易耗品更换记录表（附录表 H-7）；
⑧ 标准气体更换记录表（附录表 H-8）。

附录 H

任务实施

通过学习本任务,已经从设备维护保养要求、日常巡检要求以及校准、校验方法等方面了解了固定污染源自动监测系统运营管理中需要注意的事项。如果工作中遇到颗粒物 CEMS 发生故障,你应该如何处理呢?

知识测试

1. 具有自动校准功能的颗粒物 CEMS 和气态污染物 CEMS 每（　　）h 至少自动校准一次仪器零点和量程,无自动校准功能的颗粒物 CEMS 每（　　）d 至少校准一次仪器的零点和量程,同时测试并记录零点漂移和量程漂移。

2. 无自动校准功能的直接测量法气态污染物 CEMS 每（　　）d 至少校准一次仪器的零点和量程,无自动校准功能的抽取式气态污染物 CEMS 每（　　）d 至少校准一次仪器零点和量程,同时测试并记录零点漂移和量程漂移。

3. 具有自动校准功能的流速 CMS（流速连续监测单元）每（　　）h 至少进行一次零点校准,无自动校准功能的流速 CMS 每（　　）d 至少进行一次零点校准。

4. 运行单位发现故障或接到故障通知,应在（　　）h 内赶到现场进行处理。

5. 监测设备因故障不能正常采集、传输数据时,应及时向主管部门报告,必要时采用人工方法进行监测,人工监测的周期不低于每（　　）h 一次。

效果评价

评价表

项目名称	项目八　固定污染源自动监测系统运行管理	学生姓名	
任务名称	任务五　固定污染源自动监测系统运营管理	分数	

考核内容	分值	考核得分
简述烟气监测系统日常巡检内容	20 分	
简述烟尘监测系统日常巡检内容	20 分	
说出颗粒物 CEMS 和气态污染物 CEMS 的定期校准周期	20 分	
说出 CEMS 系统数据异常波动的故障处理办法	20 分	
说出哪些时段为失控数据时段,失控数据如何处理	20 分	
总体得分		
教师评语:		

附 录

附录 A 　地表水自动监测站运维记录表格
附录 B 　环境空气自动监测站运维记录表格

附录 A

附录 B

附录 C 　水污染源自动监测系统验收报告格式
附录 D 　水污染源自动监测系统比对监测验收报告格式

附录 C

附录 D

附录 E 　水污染源自动监测站运维记录表格
附录 F 　水污染源自动监测系统运行比对监测报告格式

附录 E

附录 F

附录 G 　固定污染源烟气排放连续监测系统技术指标验收报告
附录 H 　固定污染源烟气非放连续监测系统日常巡检、校隹和维护原始记录表

附录 G

附录 H